“十三五”江苏省高等学校重点教材（编号：2019-2-020）

城市绿地系统规划

URBAN GREEN SPACE PLANNING

（第2版）

许 浩 谷 康 申世广 刘 伟 编著

清华大学出版社
北 京

内 容 简 介

城市绿地系统规划属于国土空间规划"五级三类"体系中的专项规划之一，为国土空间总体格局优化提供重要内容支撑。为提高城市绿地系统规划的时代性、科学性和应用性，本书系统阐述了绿地系统规划的基本内容、理论和编制方法。全书内容分为两大部分共 9 章，前 4 章为总论，简述了城市绿地系统的概念、性质与任务、目的及与相关规划的关系，回顾了中外绿地系统规划的发展历程，探讨了绿地监测与分析的常用方法，以及我国绿地分类情况。后 5 章以绿地系统规划编制为中心，介绍了城市绿地系统规划的工作内容和编制程序，详解了区域绿地系统规划、城市绿地系统规划、树种与古树名木保护规划及城市绿地防灾避险规划等各项规划。本书理论与实践案例结合，系统阐述与重点探讨结合，可作为风景园林、城乡规划、环境设计等相关专业本科生的教学用书，也可供相关领域研究人员和管理人员参阅。

图书在版编目（CIP）数据

城市绿地系统规划 / 许浩等编著. -- 2 版. -- 北京 ：清华大学出版社，2025. 7.
ISBN 978-7-302-69651-3

Ⅰ. TU985.2

中国国家版本馆 CIP 数据核字第 20254Z7Y89 号

责任编辑：王雪吟然
封面设计：陈国熙
责任校对：薄军霞
责任印制：杨　艳

出版发行：清华大学出版社
　　网　　址：https://www.tup.com.cn，https://www.wqxuetang.com
　　地　　址：北京清华大学学研大厦 A 座　　**邮　　编**：100084
　　社 总 机：010-83470000　　**邮　　购**：010-62786544
　　投稿与读者服务：010-62776969，c-service@tup.tsinghua.edu.cn
　　质量反馈：010-62772015，zhiliang@tup.tsinghua.edu.cn
印 装 者：北京鑫海金澳胶印有限公司
经　　销：全国新华书店
开　　本：185mm×260mm　　**印　张**：12.5　　**字　　数**：301 千字
版　　次：2020 年 8 月第 1 版　2025 年 9 月第 2 版　　**印　　次**：2025 年 9 月第1 次印刷
定　　价：45.00 元

产品编号：110294-01　　审图号：京 S(2025)055 号

前言

经过100多年工业化、城市化的快速发展，21世纪人类社会面临着诸如温室效应、气候变化、森林减少、生物多样性减少、生态环境恶化等全球性的环境问题。这些问题为人类社会的可持续发展带来了挑战。绿地，是地球上生物的主要栖息地，代表着生命，被称作"地球之肺"。城市绿地具有多种作用，不仅能够改善城市生态环境，还为人们提供户外的休闲娱乐和体育健身场所，在灾害来临时又可作为避难地与避难通道，并能够提升城市景观品质。

从古典园林到近现代城市绿地，绿地的功能与价值随着城市功能的转型逐渐被人们所认识。在城市化与工业化发展初期，城市绿地的作用并未得到充分认识。在城市中，系统配置绿地的思想是随着城市化不断发展、人们对城市功能的再认识逐步形成起来的。城市不再仅仅是经济活动的中心，更重要的是，它作为人们的聚居地，应该提供给人们一个具有舒适性的生活休闲空间（amenity），提供给人类社会一个生态的、安全的、能够持续发展的空间。正是在19世纪、20世纪城市化浪潮和城市功能的重新定位中，绿地由原来单个的私人或公共庭院设计逐步发展为系统规划，后来随着大城市群的形成又出现了区域范围的绿地系统规划，以及跨行政区的绿道规划等。

改革开放之后，我国城市化发展迅速，2018年全国常住人口城镇化率达59.58%，出现了多个超大城市、大型城市群，这对城乡绿地的保护、规划、建设和管理提出了更高的要求。1990年起施行的《中华人民共和国城市规划法》中明确规定城市总体规划包括绿地系统规划。1992年国务院颁布的《城市绿化条例》也指出城市人民政府应当组织城市规划行政主管部门和绿化行政主管部门等共同编制城市绿化规划，合理设置公共绿地、居住区绿地、防护绿地、生产绿地和风景林地等。2019年修正的《中华人民共和国城乡规划法》中明确指出："城市总体规划、镇总体规划的内容应当包括：城市、镇的发展布局，功能分区，用地布局，综合交通体系，禁止、限制和适宜建设的地域范围，各类专项规划等。规划区范围、规划区内建设用地规模、基础设施和公共服务设施用地、水源地和水系、基本农田和绿化用地、环境保护、自然与历史文化遗产保护以及防灾减灾等内容，应当作为城市总体规划、镇总体规划的强制性内容。"可见，绿地规划在我国空间规划体系中占有重要地位，其编制质量是保证我国城乡绿地保护与建设成效的先决条件。

本书主要面向城乡规划专业、风景园林专业、环境设计专业本科学生，内容涵盖绿地规划理论、方法的主要知识点，并以大量规划案例辅助。全书结构由许浩统筹，共分为9章。

第 1 章、第 4 章、第 5 章(5.3 节、5.4 节)、第 7 章(7.1 节、7.2 节)、第 8 章(8.1 节、8.2 节)由谷康负责撰写,第 2 章、第 3 章(3.1～3.4 节)、第 5 章(5.1 节、5.2 节)、第 6 章、第 7 章(7.3 节)、第 8 章(8.3 节)由许浩、刘伟负责撰写,第 3 章(3.5 节、3.6 节)、第 9 章由申世广负责撰写,全书内容由刘伟整理、核对。硕士研究生何楠琴、张培元、沈乐知、罗雨晴等均有实质性贡献,在此一并致谢。本书部分内容为国家自然科学基金面上项目(项目号:31570703)和江苏高校品牌专业建设工程、江苏高校优势学科建设工程的研究成果。由于编写时间仓促,遗漏、不足之处在所难免,敬请广大读者谅解。

许　浩

2024 年 12 月

目录

第1章 城市绿地与城市绿地系统规划

1.1 城市绿地与城市绿地系统

1. 城市绿地

习近平总书记在党的二十大报告中提出："大自然是人类赖以生存发展的基本条件。尊重自然、顺应自然、保护自然，是全面建设社会主义现代化的内在要求。必须牢固树立和践行绿水青山就是金山银山的理念，站在人与自然和谐共生的高度谋划发展。"在此背景下，绿地作为城市中唯一有生命力的基础设施，其重要性越发凸显。它不仅在保护生态环境、提升城市宜居性方面起着关键作用，还是推动城市绿色发展、实现人与自然和谐共生发展目标的重要途径。绿地有狭义和广义之分。狭义绿地是指城市内部作为城市建设用地的一个类型。广义绿地的概念在国外比较常用，其范畴既包含城市内部绿地，也包含城市外部市域范围内的绿色开敞空间。我国城市绿地概念的范畴一直在不断发展，2018 年实施的《城市绿地分类标准》(CJJ/T 85—2017)中对城市绿地的表述为：以自然植被和人工植被为主要存在形态的城市用地，包括城市建设用地范围内用于绿化的土地和建设用地范围外对城市生态、景观和居民休闲生活具有积极作用的、绿化环境较好的区域两部分。可以看出，与狭义的绿地概念范畴不同，这一定义强调了广义绿地的概念，突出了城乡统筹的思想，位于城市建设用地外的区域绿地在限定城市空间、构建城市生态格局、满足市民多样化休闲需求等方面发挥着越来越重要的作用，建立广义的绿地概念有利于建立科学的城乡统筹绿地系统。

2. 城市绿地系统

城市绿地系统也分为广义和狭义两个范畴。狭义范畴与狭义绿地的概念相对应，例如《风景园林基本术语标准》(CJJ/T 91—2017)中对城市绿地系统的定义为：城市中各种类型、级别和规模的绿地组合而成并能行使各项功能的有机整体。广义的城市绿地系统不仅包括市区层面的绿地系统，还包括整个市域范围内的绿地系统，《城市绿地系统规划编制纲要(试行)》中将"市域绿地系统规划"单独列为一个章节，成为城市绿地系统规划编制的必要内容。2019 年实施的《城市绿地规划标准》(GB/T 51346—2019)中进一步明确绿地系统规划包括市域和城区两个层次。可见，随着城市绿地概念范围的变化，构建城乡一体化的城市绿地系统已经成为普遍共识。

城市绿地系统是城市生态系统中重要的组成部分,其结构应具备较强的整体性,且承担一定的城市职能,如提高生态环境质量、满足居民的游憩需求、彰显城市风貌、提供防灾避险场所等。就目前的规划体系而言,城市绿地系统规划是解决城市生态和人居环境问题最符合实际的技术方法。

1.2 城市绿地系统规划的性质与任务

城市绿地系统规划是指在分析研究城市自然条件、绿地现状、历史风貌等的基础上,根据国家标准,对城市中的各类绿地进行统筹安排,并制定相应指标,使绿地形成一个高效的有机系统,更好地发挥其改善生态环境,服务居民的功能作用,促进城市的健康持续发展。

总的来说,城市绿地系统规划的任务,是以城市土地利用规划、区域规划、城市总体规划、国土空间规划等相关上位规划为依据,在进行深入调查的基础上,根据城市的性质、发展要求和城市基础条件等,科学系统地制定城市各类绿地的发展指标,综合考虑各类绿地与市域大环境的关系,对其进行合理布局,使城市内外绿地联动协调形成系统,使市域内的各类绿地达到改善城市生态环境,满足居民休闲游憩需求的目的,这是一个针对城市所有绿地及其各个层次的系统性规划。城市绿地系统规划是城市总体规划的重要组成部分,也是指导城市绿地控制性规划编制及城市绿地管理的重要依据。

具体来说,城市绿地系统规划的任务有如下几点:

① 根据城市发展的要求、性质及发展方向、社会经济条件、自然条件等,确定城市绿化建设的发展目标和规划指标;

② 统筹安排市域范围的绿地空间布局;

③ 根据上位规划,统筹安排城市各类绿地,确定城市绿地系统的总体结构,各类绿地的位置、性质及指标等;

④ 对城市生物多样性的保护、绿化树种规划、古树名木的保护进行统筹安排;

⑤ 制订城市绿地分期建设及重要项目的实施计划;

⑥ 对总体规划中城市绿地系统提出调整、充实、改造、提高的意见,编制相应的图纸和文件。

1.3 城市绿地系统规划的目的

城市绿地系统规划的目的是均衡合理地将各类绿地分布于城市之中,使城市绿地的规模位置合理,形成统一系统,使绿地最大限度地发挥其环境、经济、社会效益,保证各类绿地在规划之中可以得到更好的持续正常发展。通过合理的绿地系统规划旨在达到以下目标:

① 明确建设指标,使城市绿地系统规划布局及绿地指标符合长远发展要求;

② 完善生态体系,系统考虑城市绿地与生态绿地空间布局的关系,使其布局均衡、协调,建立完善的绿地生态体系;

③ 提升环境质量,坚持生态优先的原则,注重生物多样性,丰富植物品种,加大总体绿量,提升中心城区生态环境质量;

④ 彰显城市特色，充分保护与合理利用丰富的景观空间资源和历史文化资源，推动规划的建设实施，充分考虑规划地块的落地性，利用生态学原理进行城市生态框架的布局和园林植物的配植，确保物种生态安全和可持续发展；

⑤ 彰显城市特色，建立地域特色鲜明、文化内涵丰富的城市绿地构架。

1.4　城市绿地系统规划与相关规划的关系

城市绿地系统规划是在其他相关规划的基础上，合理分析城市实际情况后制定的，城市绿地系统规划遵守上位规划的同时也指导着许多相关规划，与其他规划之间是相互制约、相互协调衔接的，共同促进城市的有序健康发展。

1.4.1　城市绿地系统规划与城市总体规划的关系

城市总体规划是对一定时期内城市的发展性质、规模、空间布局以及各项建设的综合部署，是引导和调控城市有序发展的重要公共政策之一，也是进行城市管理的法定依据。各类涉及城市建设的专项规划、详细规划都应符合城市总体规划的要求。

城市绿地系统规划是城市总体规划的有机组成部分，是城市总体规划下的一个专项规划。绿地系统规划应遵循城市总体规划的相关规定，其用地范围应该与城市总体规划范围一致，包括所有城市建设用地范围内的绿地以及建设用地范围外的区域绿地。在实际编制过程中，当城市总体规划的修编已经完成时，城市绿地系统规划作为一个专项规划进行独立编制，其编制应该基于城市总体规划，尊重现有的规划成果，使二者协调衔接，此时的城市绿地系统规划是对城市总体规划的一种深入及细化；但当城市总体规划还处于新编和修编状态时，城市绿地系统规划应作为总体规划的重要基础支撑与总规同时进行编制，通过绿地系统规划的研究，对总体规划的内容提出相应的调整意见，解决绿地和其他用地之间的矛盾，达到城市绿地系统规划和城市总体规划的协调统一。总之，城市绿地系统规划和城市总体规划应该是相互依存、相互协调的关系。

1.4.2　城市绿地系统规划与土地利用规划的关系

土地利用规划与城市总体规划都是具有全局性、战略性和综合性的规划，对经济社会发展具有重要的调控和指导意义，但是土地利用规划侧重于土地资源的保护，在宏观层面上对土地资源及其利用进行功能划分和控制。

城市绿地系统规划的对象是绿地，而绿地是土地的一部分。土地利用规划将土地划分为三种用地类型，分别是农用地、建设用地和未利用地，其包括了所有绿地类型，故土地利用规划对城市绿地系统规划起到决定性作用，主要表现在通过对不同用地的数量控制、布局安排，直接影响城市绿地系统的布局结构，从而对城市绿地综合功能的发挥产生重要影响。城市绿地系统规划应在城市土地利用规划的基础上进行，尊重土地利用规划的相关指标和规定，保证生态用地和农田用地的面积，保障绿化用地的可持续发展，提高城市的环境质量，提高土地的利用效益。

城市绿地系统规划在受到土地利用规划制约的同时，也发挥着重要的反作用，通过其对城市自然资源的进一步分析和判断,建设城市绿色基础设施,为土地利用的分区、退耕、农业结构调整提供相应的依据。

1.4.3 城市绿地系统规划与国土空间总体规划的关系

国土空间规划是综合考虑人口分布、经济布局、国土利用、生态环境保护等因素,科学布局生产空间、生活空间、生态空间,在空间和时间上对一定区域国土空间开发、保护、利用、修复等作出的综合布局和统筹安排。长期以来,我国存在规划类型过多、技术标准不一致、规划内容交叉重叠等问题。2018 年,伴随国家机构改革和自然资源部的成立,我国大力推进"多规合一",将主体功能区规划、土地利用规划、城乡规划等空间规划融合为统一的国土空间规划,构建了"五级三类"的国土空间规划体系。其中,"五级"指全国、省级、市级、县级、乡镇五个规划层级,"三类"指总体规划、详细规划和相关专项规划三种规划类型。

国土空间规划更加强调生态文明建设和绿色生产、生活方式,绿地作为生态保护、美好环境营造的重要载体,是国土空间的重要组成部分,在空间保护、修复等方面具有不可替代的作用。在此背景下,绿地系统规划由城市的组成部分转变为国土空间规划的专项规划,贯穿国土空间规划体系全过程,重点体现在市县层级。市县级国土空间总体规划是对本行政区域国土开发保护作出的具体安排,侧重实施性,涵盖了生态屏障、生态廊道和生态系统保护格局的构建,以及城市结构性绿地、水体等开敞空间的控制要求等内容,对绿地系统规划具有很强的指导和约束作用。城市绿地系统规划则通过定量、定性、定界落实国土空间总体规划意图,指导详细规划落地,同时协同自然保护地体系、生态修复等专项规划,共同支撑国土空间规划,达到优化国土空间开发保护格局的目的。

国土空间规划在我国尚属新的事物,在理论和实践上都处在探索阶段,但是有一点毋庸置疑,它对绿地系统规划提出了新要求,绿地规划相关的技术标准都应与国土空间规划相衔接。

1.4.4 城市绿地系统规划与景观规划设计的关系

景观规划设计是在城市绿地系统规划的基础上进行的,城市绿地系统规划确定了绿地的面积、位置、数量及布局,景观规划设计便是在此基础之上对绿地进行具体的设计,使其有效地发挥绿地的功能用途,体现城市的文化风貌。景观规划设计应尊重城市绿地系统规划的相关规定,不超出规划的红线范围,与城市其他各类用地协同发展。

城市绿地系统规划与景观规划设计是互补的,景观规划设计主要解决的是城市的景观美化及文化塑造如何体现,其重点是对一定面积的绿地进行合理的安排设计。绿地系统规划需解决的是各类绿地的合理布局和有效利用。二者的工作对象都是绿地,在实际工作中,具备很强的互补性。城市绿地系统规划提炼出的城市特色、规划理念、建设目标,都需要在景观规划设计中落实,从而得以具体实现,城市绿地系统规划主要以功能和生态作为布局重点,景观设计则是在此基础上,充分考虑满足城市特色审美,对绿地进行相应的规划设计。

城市绿地系统规划与景观规划设计需协同进行建设,使城市景观更加具有城市地方文化特色,更好地发挥生态效益。

第2章

城市绿地系统规划的产生与发展

2.1 国外近现代城市绿地系统规划

2.1.1 工业化时期的国外城市绿地建设

18世纪，工业革命解放了生产力，成为城市增长的动力。制造业在英国中部大量出现，工人靠近工厂居住，在生产点附近形成居住区。原料与产品的运输促进了交通体系的发展。工业化不仅产生了新的城市类型，极大地推动了城市化的发展，也从根本上改变了城市的结构、功能与景观面貌(诺克斯 等，2009)。工业化同样引起了深刻的环境危机，主要包括水污染、温室效应、森林破坏、生物灭绝、沙漠化、公害、垃圾处理等问题。

工业革命前期，英国的城市中出现了大量的工厂，吸引大量农村劳动力向城市聚集。而城市中原来的基础设施严重不足，造成了住宅不足、人口密度过大、城市卫生状况特别是贫民居住区环境恶化等一系列问题的产生(图2.1-1、图2.1-2)。19世纪上半叶霍乱大流行后，英国政府迫于社会舆论开始着手改善城市环境，其中一个重要的措施就是建设公园绿地。

图2.1-1　处于两座铁路高架桥之间的伦敦贫民区

(图片来源：贝纳沃罗，2000.世界城市史[M].薛钟灵，等译.北京：科学出版社：792)

图 2.1-2 英国的一个工业城市场景

(图片来源：贝纳沃罗,2000.世界城市史[M].薛钟灵,等译.北京：科学出版社：795)

18 世纪,王室贵族将城区附近的狩猎场地和林园向公众开放,形成了具有现代公园性质的公共绿地。这些公园绿地包括海德公园(Hyde Park)(图 2.1-3)、肯辛顿公园(Kensington Gardens)(图 2.1-4)、绿色公园(Green Park)、圣詹姆斯公园(St. James Park)。1838 年开放的摄政公园(Regents Park)(图 2.1-5)是第一座在伦敦营造、具有标准意义的近代公园。

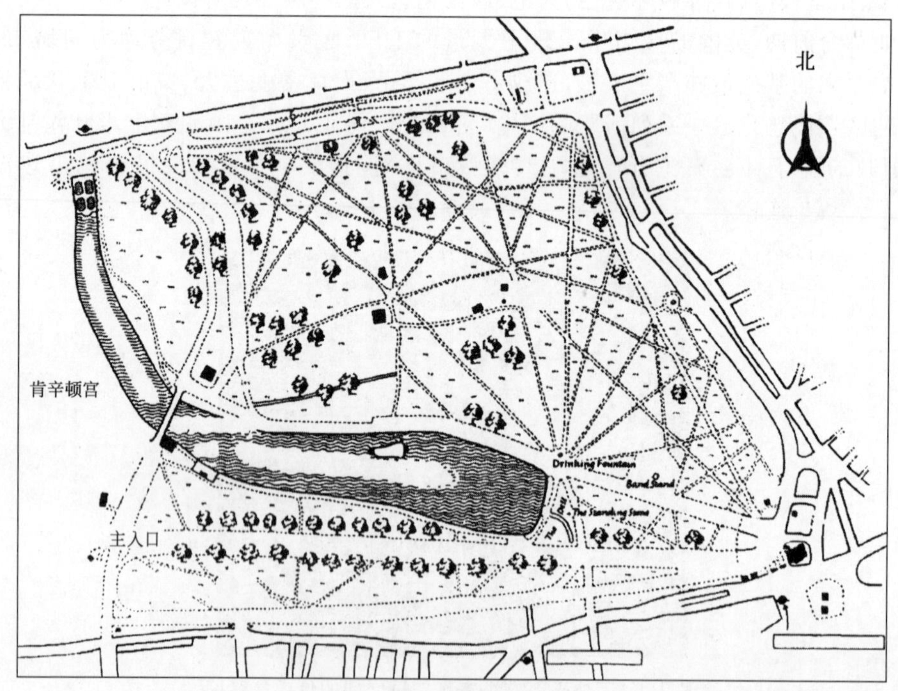

图 2.1-3 海德公园平面图

(图片来源：郦芷若,朱建宁,2001.西方园林[M].郑州：河南科学技术出版社：371)

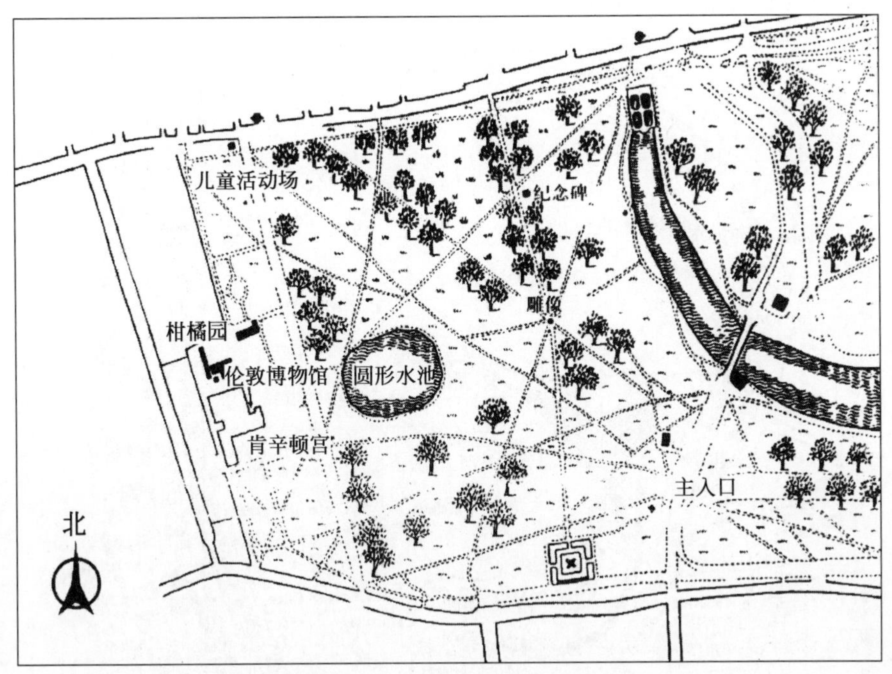

图 2.1-4　肯辛顿公园平面图

（图片来源：郦芷若，朱建宁，2001. 西方园林[M]. 郑州：河南科学技术出版社：371）

摄政公园位于当时伦敦市区外围的避暑胜地马里波恩（Marylebone），最初由乔治四世向议会提议在此处营造避暑山庄，并且由马车道将其与市内王宫连接。另外，通过加宽现有的道路、整治环境、振兴周围商业所得收入作为建设预算。摄政公园由建筑师约翰·纳森（John Nash）监督建造而成。公园设计体现了英国风景园常用手法，配置了大面积水面、林荫道、开阔草地。纳森在公园周围建造了住宅区，并尽量做到从每栋建筑物均可以看到公园。摄政公园与连带的住宅和道路更新首次考虑了市区整体环境的改造，它的成功使人们认识到公园建设不仅可以提高环境质量与居住品质，还能够取得经济效益。随后，伯肯黑德市于 1847 年建成一座城市公园——伯肯黑德公园（图 2.1-6），采用自然式布局，周围布置有住宅区。

法国巴黎在工业化时期也面临同样的环境问题。巴黎城内公共开放空间较少，道路曲折狭长。在工业化浪潮冲击下，住房短缺，交通混乱，城市环境卫生状况极度恶化，霍乱爆发流行。1853 年巴黎行政长官豪斯曼（George E. Haussman）着手对市区进行改造。在巴黎改造过程中，城市内部新建了毛索公园（Monceau Park）、伯狄乔门特公园（Buttes Chaumont Park）、门斯利公园（Monsouris Park）。位于城市两侧、原为法国王室所有的布洛尼林苑（Bois De Boulogne）和文塞纳林苑（Bois De Vincennes）也被改造成公园（图 2.1-7）。1856 年在布洛尼林苑与市区之间建成了宽阔的林荫大道（Boulevard，现为福煦大街）（图 2.1-8），中央为 39m 宽的马车道，道路两侧设置有植树带，并且规定沿街的建筑物全部后退道路红线 10m。

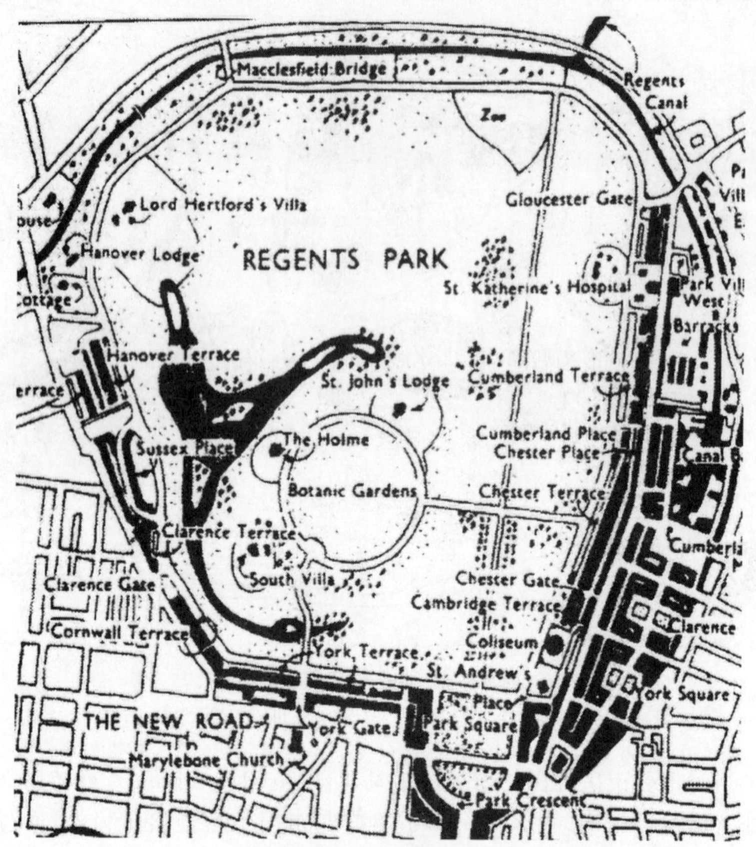

图 2.1-5　摄政公园平面图

(图片来源：许浩，2002. 国外城市绿地系统规划[M]. 北京：中国建筑工业出版社：4)

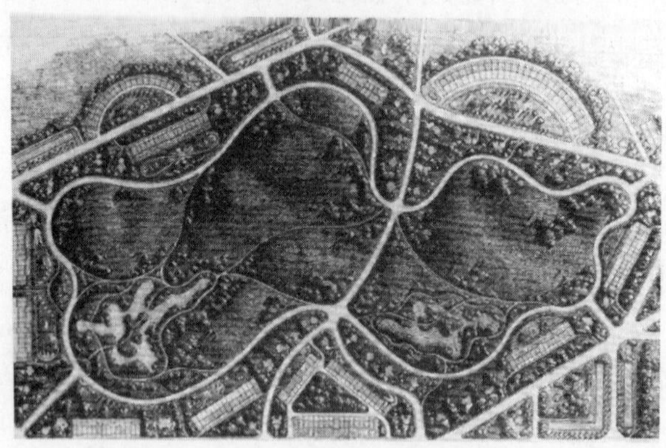

图 2.1-6　伯肯黑德公园平面图

(图片来源：许浩，2002. 国外城市绿地系统规划[M]. 北京：中国建筑工业出版社：5)

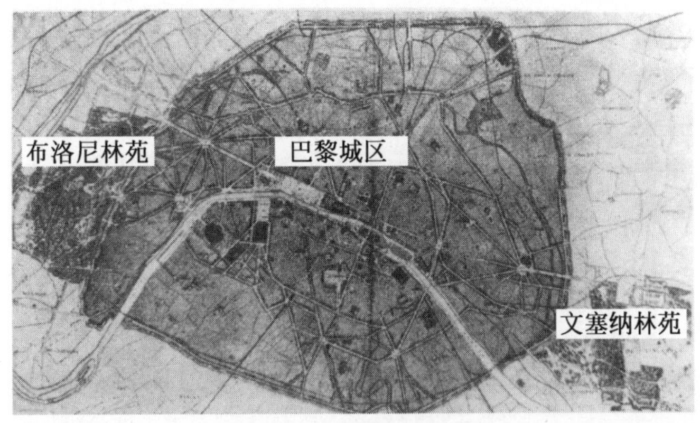

图 2.1-7 林苑位置图

（图片来源：许浩，2002. 国外城市绿地系统规划[M]. 北京：中国建筑工业出版社：7）

图 2.1-8 福煦（Foch）林荫大道

（图片来源：贝纳沃罗，2000. 世界城市史[M]. 薛钟灵，等译. 北京：科学出版社：859）

日本于 1873 年 1 月 15 日颁布了太政官[①]第 16 号通告，要求各个府县设立公园，随后在东京都上野山设置了第一座城市公园——上野公园。19 世纪下半叶至 20 世纪初，东京都陆续设置了芝公园、深川公园、浅草公园、飞鸟山公园、日比谷公园（图 2.1-9）等，横滨设置了山手公园、横滨公园，其他城市也陆续设置了一批公园。

① 太政官是日本 1885 年内阁制实施前处理国家政务的最高机构。

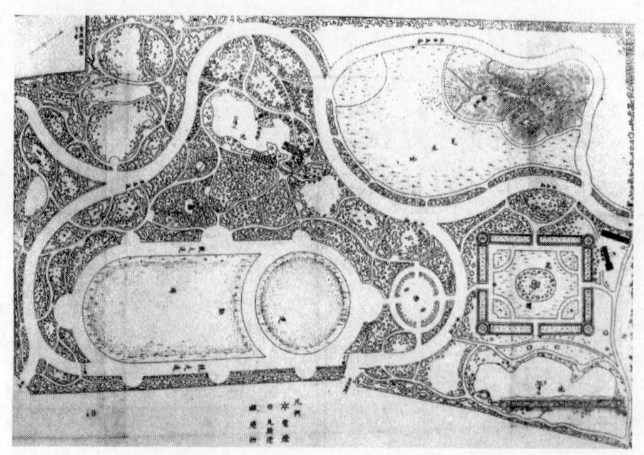

图 2.1-9　日本最早的综合公园——日比谷公园设计平面图

(图片来源：许浩,2002.国外城市绿地系统规划[M].北京：中国建筑工业出版社：43)

19 世纪中叶,美国随着城市化与工业化发展,兴起了以推动公园建设、提升环境品质为主要目的的城市公园运动。1851 年,纽约议会通过第一个《公园法》,对公园用地的购买、公园建设组织化等进行了规定,于 1873 年建成了美国历史上第一座近代公园——中央公园(图 2.1-10)。主设计师奥姆斯特德(Frederick Law Olmsted)与沃克斯(Vaux)在中央公园中配置了大草坪、湖面、散步道、森林,并引入人车分离、立体交叉的道路处理手法,将步行路、马车道分离,有效解决了公园内由于有市内交通要道穿越而造成不便的问题。随后,布鲁克林市(Brooklyn)建成了布罗斯派克公园(Prospect Park),园内配置有大草坪、人工湖、树林、圆形剧场、音乐台等。

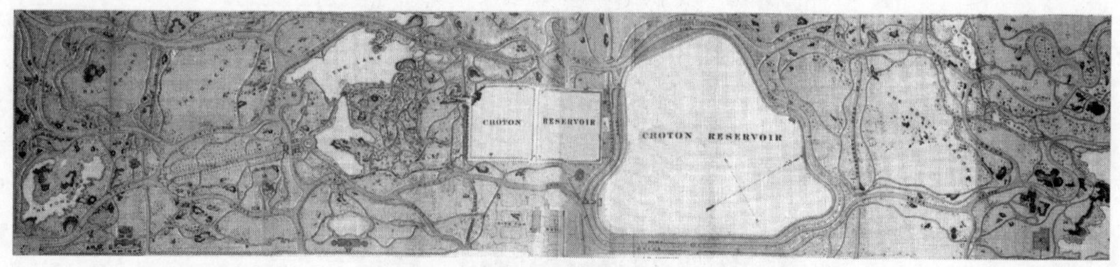

图 2.1-10　纽约中央公园平面图

(图片来源：许浩,2002.国外城市绿地系统规划[M].北京：中国建筑工业出版社：11)

2.1.2　现代城市规划思想对城市绿地规划的影响

1. 田园城市

1898 年埃比尼泽·霍华德爵士(Sir Ebenezer Howard)提出的田园城市思想,不仅是现代城市规划的基本思想理论,对绿地系统规划也产生了重要影响。

霍华德清楚地看到当时英国大城市无序发展造成的种种弊端,认识到城市与乡村的二元对立是造成城市畸形发展和乡村衰落的根本原因,他提出通过建设城乡一体化的田园城市来解决城市问题。按照霍华德的构想,田园城市是为居民提供居住场所和就业机会的城市。它的规模适中，四周有永久性的农业地带环绕以控制城区无限发展；土地公有，由管理委员会管理，具有自给自足的社会性质。田园城市中有放射型的林荫大道和中央公园、中心花园，与城市外围的绿色农业地带共同形成绿地系统。在田园城市模式图（图 2.1-11）中，霍华德提出了"中心—放射—环带"的绿地配置形式，作为田园城市的基本结构（Elizabeth，2001）。

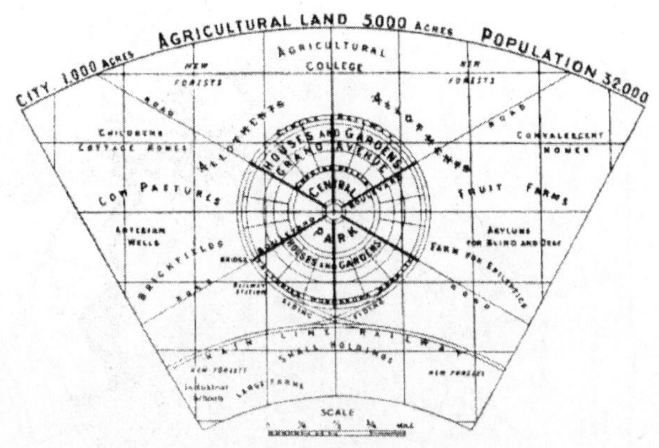

图 2.1-11　田园城市模式图

（图片来源：埃比尼泽·霍华德，2000. 明日的田园城市[M]. 北京：商务印书馆：13）

20 世纪上半叶，恩温（Unwin）与帕克（B. Parker）完成了田园城市莱彻沃斯的设计（霍尔，2002）（图 2.1-12、图 2.1-13）。此后，田园城市思想成为新城运动的起点。新城（new town）规划与实践是田园城市思想和城市规划相结合的产物，其主要目标是通过新城建设，分散大城市人口和产业，促进区域发展的平衡。20 世纪 40 年代，为了从拥堵的伦敦地区疏解人口，开始了英国第一代新城的规划与建设。20 世纪 60 年代，英国一共经历了三代新城的建设，建成了韦林花园城（Welwyn Garden City）、米尔顿凯恩斯（Milton Keynes）、北安普顿（Northampton）、沃灵顿（Warrington）、华盛顿（Washington）等新城。英国新城周围绿地环绕，人口规模不大，城市功能健全，绿地率高，人居环境优美，沿用了田园城市的模式（布鲁顿 等，2003）。

2. 邻里单位

在 1929 年，佩里（Perry）发表了题为《第七号调查报告书——邻里单位和社区规划》的报告，提出了社区规划的原则——邻里单位的理论。佩里的邻里单位主要基于以下基本原则：

① 人口规模以一所小学的服务半径内所承受的人口规模为基准；

② 每个邻里单位以城市道路为界线，城市道路不穿越邻里单位内部；

③ 邻里单位内部具备特别的交通道路网，促进交通循环，限制外部车辆通过；

④ 邻里单位的中心应配置学校等公共设施；

⑤ 在人流量大的交通结合点和社区相互接壤的地方配置商店；

⑥ 根据需要配置小公园和休闲空间系统。

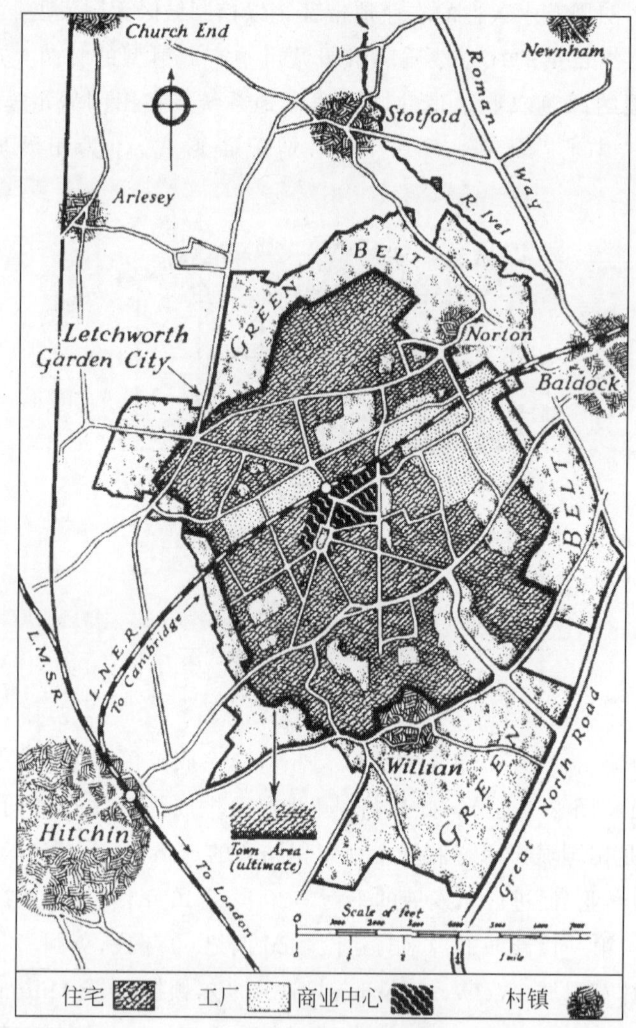

图 2.1-12 莱彻沃斯规划

(图片来源：贝纳沃罗，2000. 世界城市史[M]. 薛钟灵，等译. 北京：科学出版社：976)

佩里提出了邻里单位的模式(图 2.1-14)。根据该模式，一个邻里单位就是一所小学的服务面积，服务半径为 0.8～1.2km，包括 1000 户住户，人口 5000 人左右。中央地带有社区中心，包括学校、教会、公共设施，周围被城市道路所包围，过境交通不穿越邻里单位内部，城市道路交叉点附近有商业中心(霍尔，2002)。

邻里单位理论较好地解决了机动车时代居住区所面临的问题，因而成为 20 世纪中后期居住区和城市建设的主要组织形式，为居住区或社区的绿地配置模式提供了基本的理论方法依据。

3. 生态城市

联合国教科文组织(UNESCO)在发起“人与生物圈(MAB)计划”过程中提出了生态城市概念。生态城市可以看作是紧凑、活力、节能，与自然共存的聚居地、生态健康的城市(Richard

图 2.1-13　莱彻沃斯鸟瞰

（图片来源：贝纳沃罗，2000. 世界城市史[M]. 薛钟灵，等译. 北京：科学出版社：977）

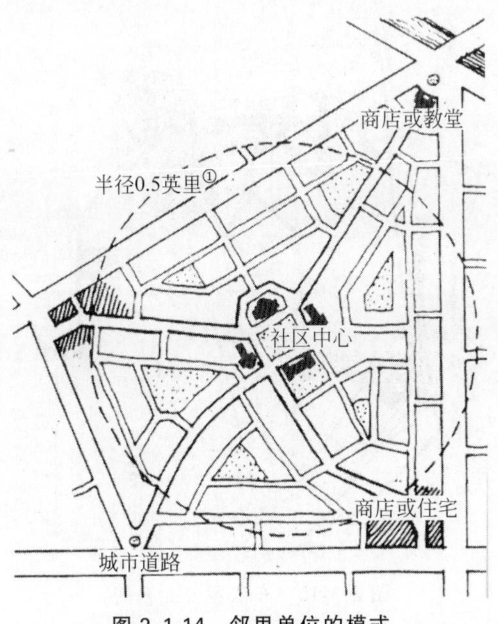

图 2.1-14　邻里单位的模式

（图片来源：许浩，2002. 国外城市绿地系统规划[M]. 北京：中国建筑工业出版社：28）

① 1英里＝1.609km。

Register,1987)。生态城市也是一种理想城模式,其中技术与自然充分融合,物质、能量、信息高效利用,生态良性循环(Yanitsky,1984)。我国生态城市研究者黄光宇认为,生态城市是根据生态学原理,综合研究城市生态系统中人与"住所"关系,协调城市经济系统和生物的关系,保护与利用一切自然资源和能源,提高资源再生和综合利用水平,提高人对城市生态系统的自我调节、恢复、维持和发展的能力,人与自然、环境融于一体、互惠共生。生态城市由自然生态系统、经济生态系统和社会生态系统组成,是复合型生态系统(黄光宇和陈勇,2002)。

生态保护、环境共生、可持续发展是生态城市建设的核心理念,要求在城市绿地规划与建设中应做到:珍惜、保护城市中的绿地、水体等自然资源,提高绿地覆盖率,提高绿地可达性,在布局、功能、植被配置方面尽可能提升绿地的生态服务功能。

2.1.3 早期绿地系统规划

19世纪中叶至20世纪上半叶,由于城市化和工业化发展,环境恶化、人口增长,一些国家和地区不再满足于单个公园绿地的建设,开始了绿地系统规划的尝试。

美国的公园系统可以看作是绿地系统规划的初步实践。1868年,奥姆斯特德为布法罗市(Buffalo)规划了三个公园,通过公园路将其组成一个公园系统(图2.1-15)。其中,最北面的特拉华(Delaware)公园面积最大,达350英亩[①],包括大草坪与人工湖。西面的弗兰特(Front)公园占地36英亩,可以展望尼亚加拉河。东部的巴拉德(Parade)公园面积56英亩,包括儿童游乐设施,有一定的军事用途。公园路宽61m,连接着三个功能与面积不一样的公园。

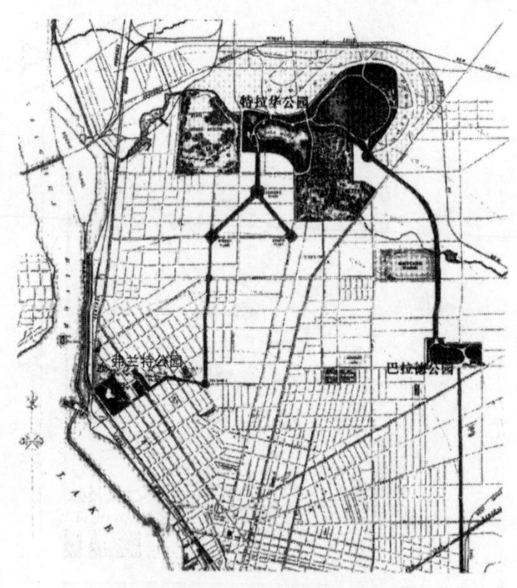

图2.1-15 布法罗公园系统

(图片来源:许浩,2002.国外城市绿地系统规划[M].北京:中国建筑工业出版社:13)

① 1英亩=4046.86m²。

芝加哥于1869年通过"公园法",提出建造西、南、北三个公园区,并且分别设立三个不同的公园委员会:西部公园委员会、南部公园委员会和林肯公园委员会。北部公园区的林肯公园首先建成使用。建筑师威廉·杰尼(William Le Baron Jenny)负责西部公园区建设,通过公园路连接了洪伯特公园(Humboldt Park)、加菲尔德公园(Garfield Park)和达哥拉斯公园(Douglas Park)。奥姆斯特德与沃克斯为南部公园区设计了杰克逊公园(Jackson Park)和华盛顿公园(Washington Park),引密歇根湖湖水入园,并规划了连接杰克逊公园和华盛顿公园的公园路(图2.1-16)。

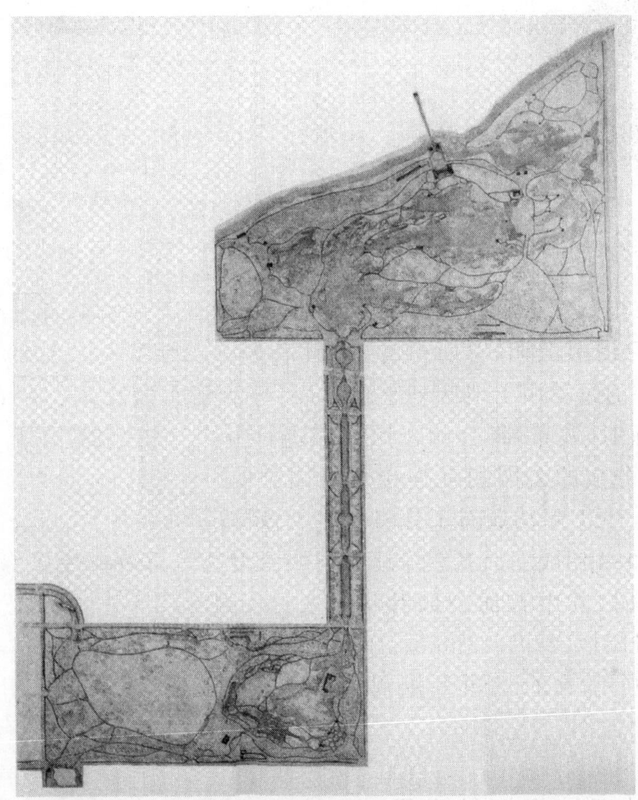

图2.1-16 芝加哥南部公园区杰克逊与华盛顿公园规划

(图片来源:许浩,2002.国外城市绿地系统规划[M].北京:中国建筑工业出版社:15)

19世纪中叶,波士顿首先建成了一座"公众花园"(Public Park)。1875年,波士顿颁布了"公园法",设立了公园委员会,制定了波士顿公园系统规划。波士顿公园系统从1878年开始建设,1895年基本建成。该系统被誉为"翡翠项链"(图2.1-17),从公众花园、联邦林荫大道开始,长约11km,穿越后海湾湿地、河滨公园、奥姆斯特德公园和杰梅卡池塘公园、阿诺德植物园,通过两条林荫风景道,最终到达富兰克林公园。明尼阿波利斯于1883年开始了公园系统规划,通过林荫道连接密西西比河河岸和城区西南的湖沼群,力图保护河岸绿地与湖岸绿地,提升城市化区域的环境景观品质。芝加哥于20世纪初进行了芝加哥总体规划,在位于城市中心15km的带状区域规划了郊外公园带,通过新增湖滨绿地连通了城市北部的林肯公园和南部的杰克逊公园,将密歇根湖湖滨绿地与市内公园系统连为一体。

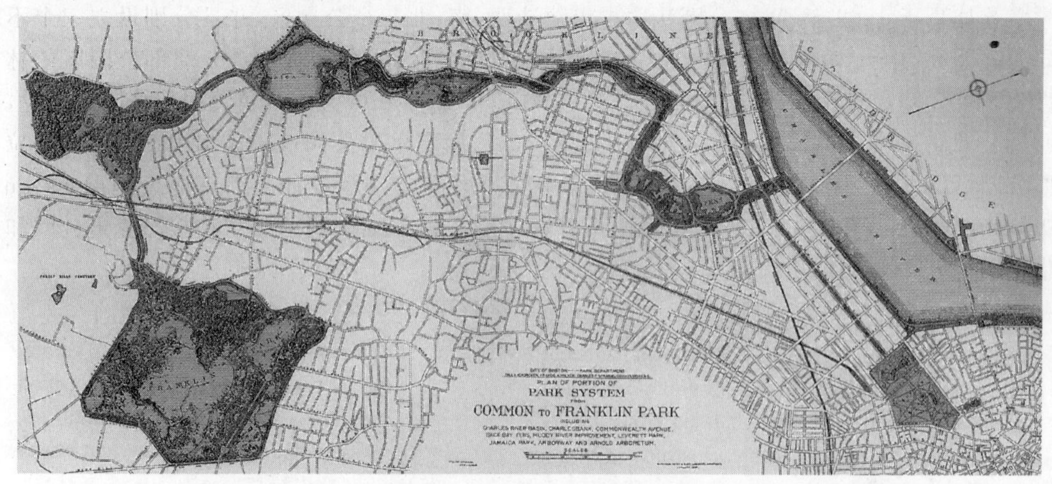

图 2.1-17 波士顿"翡翠项链"

(图片来源：许浩，2002.国外城市绿地系统规划[M].北京：中国建筑工业出版社：16)

受到欧美城市规划思想的影响，1889 年日本制定了第一个城市规划——"东京市区改正设计"，规划了 49 处公园，总面积达 330hm^2，是其公园绿地规划的起点。1919 年公布的《都市计画法》通过采用土地区划整理制度，将实施面积的 3%保留为公园用地。随后，《东京公园计画书》颁布，将公园按照功能进行分类，并且制定了人均公园的面积标准，以道路公园将分散的公园相互连接成组团公园，再将其连接成公园系统。大阪于 1925 年、名古屋于 1926 年均颁布了公园规划，公园被分为大公园、小公园，通过公园路相连(图 2.1-18)。1932 年成立的东京绿地规划协议会为东京都制定了绿地规划。该规划包含了 40 处大公园(其中普通公园和运动公园分别为 19 处，自然公园 2 处，总面积 1681hm^2)、37 处景园地(289 143hm^2)、180 条行乐道路(长度 3883km)。此外，为了防止城市规模无限制扩大，在东京市外围规划了长为 72km，宽度 1～2km 的环状绿地带(图 2.1-19)。

2.1.4 绿地系统规划的发展

1. 绿带规划

19 世纪末至 20 世纪中叶，为了应对人口增长和城市的无序扩张，提升城市运转效率，伦敦进行了多次的区域性绿环、绿带规划。

早在 1829 年，拉顿针对城市化过程中的伦敦地区，提出了以双层环状绿地围绕伦敦城区，以控制城市膨胀的理想绿地模式(图 2.1-20)。1910 年在伦敦举办了由英国皇家建筑协会主办的城市规划会议上，针对当时伦敦等城市规模过大、交通拥挤等问题，乔治·派朴勒(George Pepler)提出了在距离伦敦市区中心 16km 的圈域设置环状林荫道方案(图 2.1-21)。乔治·派朴勒认为，通过建设环绕伦敦的林荫大道，不仅可以有效缓解伦敦市区的交通压力，还可以连接郊外居住区和大规模公园，促进郊外田园城市的开发，保护开敞空间等。阿萨·克罗提出在距离伦敦市区中心的 23km 圈域处配置郊外环形绿荫大道，由环形绿荫大道连接

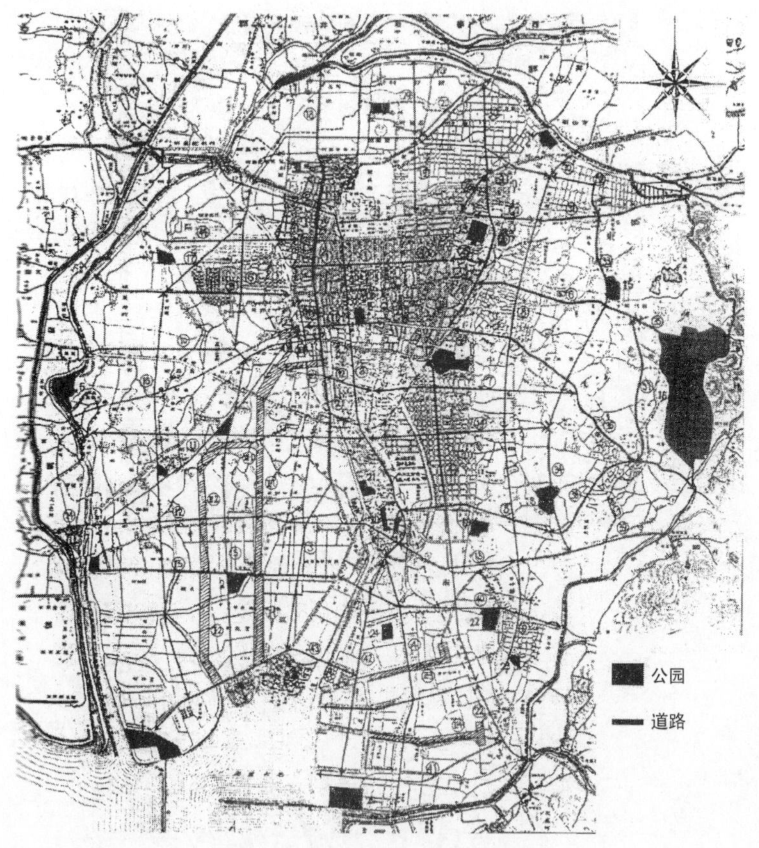

图 2.1-18　名古屋公园规划

（图片来源：许浩，2002.国外城市绿地系统规划[M].北京：中国建筑工业出版社：47）

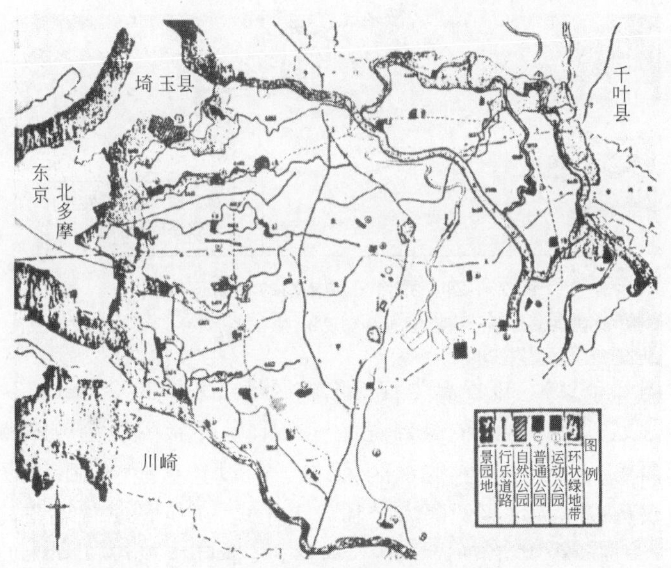

图 2.1-19　东京绿地规划

（图片来源：许浩，2002.国外城市绿地系统规划[M].北京：中国建筑工业出版社：51）

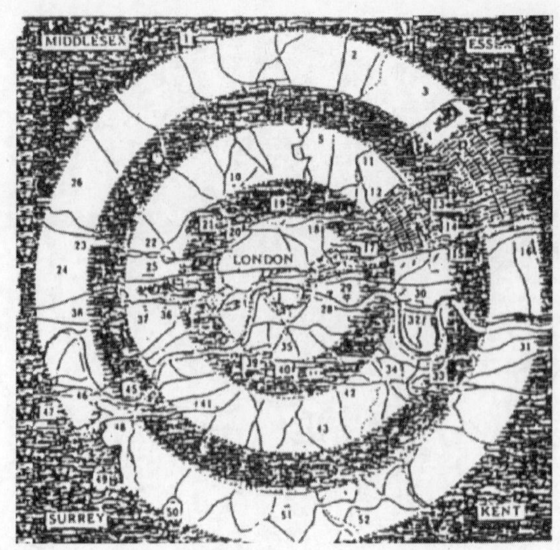

图 2.1-20 拉顿的理想绿地模式

(图片来源：田代顺孝，1996.緑のパッチワーク[M].東京：技術書院：201)

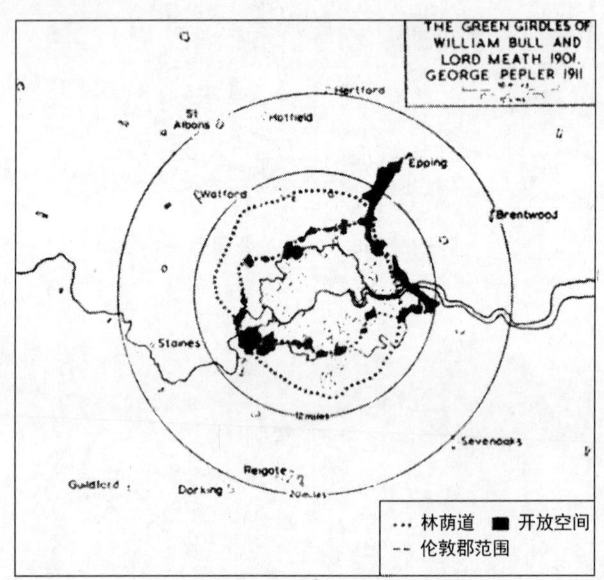

图 2.1-21 乔治·派朴勒的林荫道方案

(图片来源：许浩，2002.国外城市绿地系统规划[M].北京：中国建筑工业出版社：23)

郊外的卫星城市(图 2.1-22)。以恩温为首的伦敦区域规划委员会于 1933 年提出了伦敦绿带(Green Girdle)规划方案。规划的绿带宽 3～4km，呈环状围绕伦敦城市区，构成绿带的用地包括公园、运动场、自然保护地、滨水区、果园、飞机场、墓地、苗圃等(图 2.1-23)。恩温认为，环城绿带不仅可以作为城区的隔离带和休闲用地，还应是实现城市构造合理化，特别是大都市圈的构造合理化的基本要素之一。最终，绿带思想形成了具体的政策性成果，就是 1938 年议会通过的《绿带法》(*The Green Belt Act*)。《绿带法》强调了确保公众在绿带地区的通行权，根据法案购买的绿地面积达 1.4 万 hm^2。

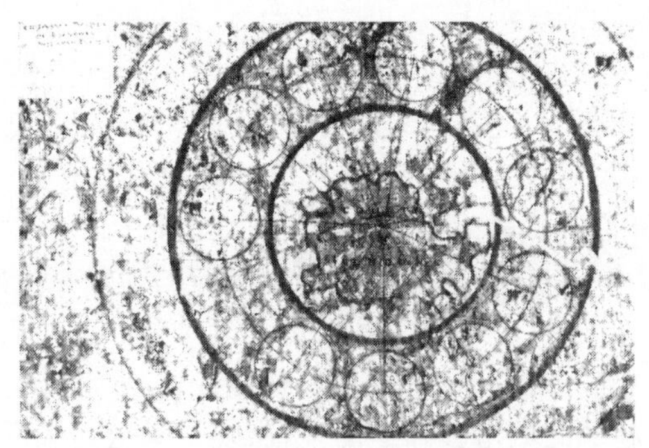

图 2.1-22　阿萨·克罗的绿荫道方案

（图片来源：石川幹子，2001. 都市と緑地[M]. 東京：岩波書店：150）

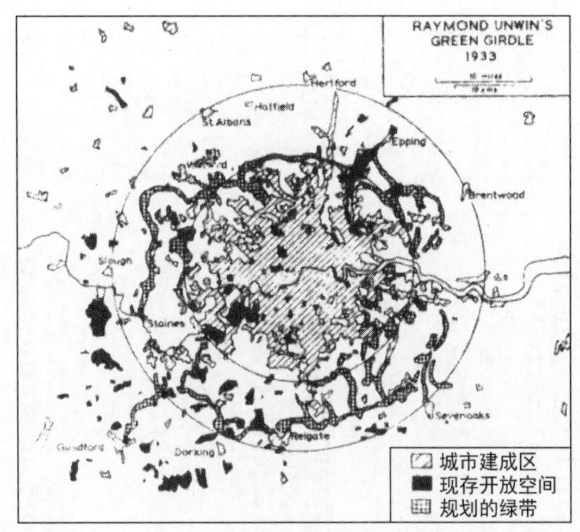

图 2.1-23　恩温的绿带方案

（图片来源：许浩，2002. 国外城市绿地系统规划[M]. 北京：中国建筑工业出版社：24. 经过本书作者修正）

在城市周围进行绿带规划，是控制城市蔓延、保护区域生态环境的重要途径。绿带的价值在 20 世纪城市化进程中，尤其是大城市的发展控制中受到重视，而为各国所采用。如 1909 年芝加哥规划中，在位于城市中心 15km 的带状区域规划了郊外公园带，构成城市外部的公园系统。20 世纪上半叶东京绿地规划协议会为了防止东京城市规模无限制地扩大，在东京市域外围规划了宽幅 1～2km 环状绿地带。第二次世界大战后，受大伦敦规划的影响，东京大都市圈规划将规划区域由内向外划分为建成区（母城）、近郊地带、周边地域三类。其中近郊地带类似于伦敦的绿地带，处于距离城市中心 10～15km 的位置。

2. 绿道规划

1959 年，怀特（White）在他的论文 *Secure Open Space for Urban America* 中最先提出"绿道"一词，在其著作 *The Last Landscape* 中，以伦敦绿带和美国公园路为例，分析了带状绿地对于风景保护和户外休闲的特殊意义，并提出建设绿道对于保护开敞空间的必要性。莱托（Little，1995）对绿道的定义做了总结，认为绿道不仅包括公园路和绿带等带状绿地，还包括沿着河流、分水岭等自然廊道的带状开敞空间，或者提供人们休闲活动线路的风光明媚的土地,以及连接公园、自然保护区、历史文化遗迹、城市的开敞空间。

绿道的规划与建设发展过程大致分为四个阶段。19 世纪中叶到 20 世纪中叶为萌芽阶段,这个时候还没有出现绿道的概念,但是各个城市建成的公园路已经具备了绿道的休闲功能。20 世纪中叶到 70 年代为发展阶段。这一阶段随着绿道概念的传播,开始大规模地整治绿道,绿道的功能依旧集中在提供休闲活动和增进健康的场所方面,整治的内容大多为扩建、重建原来已经存在的公园路。20 世纪 80 年代为成熟阶段,随着环境问题的恶化,绿道更多地被赋予生态、环保的意义,绿道的功能开始多样化和复杂化。20 世纪 90 年代开始为普及阶段,各类相关法规和制度逐渐建立起来,从联邦政府到民间,全美各地大量建设绿道。

在 19 世纪中叶发展起来的城市公园运动中,出现了绿道的雏形——公园路。第一条公园路——伊斯顿公园路(Eastern Parkway)位于布鲁克林市,于 1870 年开始建设,从布罗斯派克公园延伸至该市威廉斯伯格区(Williamsburg),道路总宽 78m,中央为 20m 宽的马车道,两边种植着行道树,再往外为人行道(图 2.1-24)。1907 年,大波士顿区域绿地系统建成,公园路总长度为 43.8km,连接 129 处公共绿地。这些公园路是绿地系统的主要组成部分,主要用于连接块状公园绿地,并提供线形休闲游步道空间。

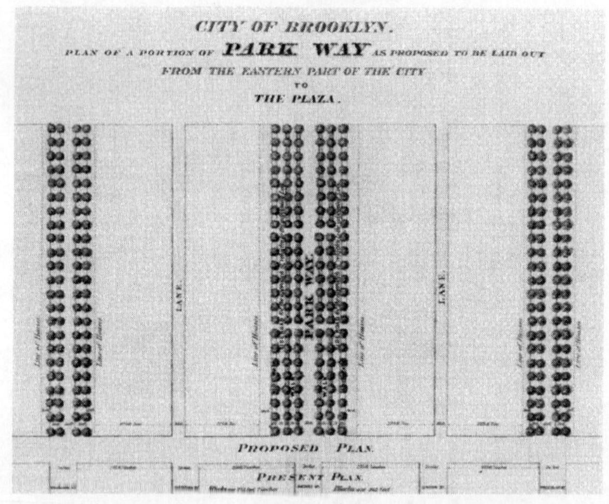

图 2.1-24 伊斯顿公园路设计方案

(图片来源:许浩,2002.国外城市绿地系统规划[M].北京:中国建筑工业出版社:13)

20 世纪中叶到 70 年代末期,随着中产阶层的扩大,人们对于增进身心健康的户外休闲、旅游等活动的需求不断增加。但是城市化的发展导致提供休闲活动的开敞空间日益减少。1963 年美国通过《户外休闲法》(*Outdoor Recreation Act*),1968 年通过《国家步道系统法案》(*National Trail System Act*),确保能够提供足够的开敞空间供人们进行户外活动。针对休闲空间不足的问题,由于绿道能够充分利用河岸、丘陵等自然地势,适合组织散步、自行车运动的洄游线路,而且获得用地比块状公园绿地更加容易,其休闲游览功能受到重视,原来的公园路被重新规划、建设以符合人们的休闲需要。

20 世纪 80 年代,针对当时人为活动导致的环境破坏问题日益严重的现象,陆续设置了一批以水土保持、提供动物迁徙通道、历史文化遗产保护等功能的绿道,如哈德逊河绿道(Hudson River Greenway)、康涅狄格河绿道(Connecticut River Greenway)等。美国环境保护、历史遗产保护相关法律法规逐渐完善起来,考古、生态保护、景观生态学学科也有了很大的发展，在一定程度上促进了绿道复合功能的开发。

20 世纪 90 年代，绿道的制度和相关法规相继完善起来。1987 年美国总统户外休闲咨询委员会(Outdoor Recreation Resources Review Commission)于 1987 年提出报告，公开推崇绿道具有的休闲和物种保护等功能。根据报告内容，美国国立公园局设置了游步道管理处，各个州的环境管理部门设置相应的绿道和游步道项目管理组织，对绿道的规划与建设实行技术和资金支持。1990 年美国修正了《大气净化法》，要求大力促进替代机动车的交通方式。1991 年制定了《交通多样化效率法》(*Intermodal Surface Transportation Efficiency Act*)，1996 年制定了《21 世纪交通均衡法》(*Transportation Equity Act for the 21st Century*)，积极推动以绿道代替传统的机动车道路，并制定了一系列资金补助制度(Flink Searns，1993)。这一时期美国修建的曼哈顿绿道、纳罗利绿道(Raleigh Greenway)具有替代机动车交通的作用。博得绿道(Boulder Greenway)以生态保护，东海岸绿道(East Coast Greenway)以休闲、健康运动为主要功能(表 2.1-1)。

表 2.1-1 美国主要绿道的功能

建设年代	地点	绿道事例	休闲健康	洪水调节	生态保护	历史文化遗迹保护	替代交通
19 世纪下半叶	布鲁克林市	Eastern Parkway	■				
	波士顿	Commonwealth Avenue	■	□			
20 世纪上半叶	纽约	Potomac Parkway	■	□			
	阿巴拉契亚山脉	Appalachian Trail	■				
	纽约	Bronx River Parkway	■	□			
20 世纪 60 年代	纳罗利	Raleigh Greenway	■	□			
20 世纪 70 年代	丹佛	Plot River Greenway	□	■			
	波特兰	40 Mile Rope	■		□		
20 世纪 80 年代	图森	Peama River Park	□	■	□		
	波士顿	Bay Circuit Trail	■		□		
	纽约	Hudson River Greenway	■			□	
	雷丁	Reading Greenbelt	□		■		
	康涅狄格	Connecticut River Greenway	■	□	□		
	旧金山	Bay Ridge Trail	■		□		
20 世纪 90 年代	博尔德	Boulder Greenway	□	□	■		
	布法罗	Erie Riverside	□			■	
	纳罗利	Raleigh Trail System					■
	东海岸	East Coast Greenway	■				□

注："■"主要功能；"□"辅助功能。

3. 服务圈与绿地配置

不同功能规模的设施具有不同的服务半径。科米(Comey)曾经提出儿童游戏场的有效服务半径为 0.5 英里，1919 年武居高四郎在日本开始根据其学说进行小公园的规划研究。随着公园绿地功能分类和佩里提出邻里单位理论以后，服务圈与服务半径逐渐成为城市公共绿地配置中普遍采取的一个标准。1920 年制定的《东京公园计画书》将公园绿地按照功能进行分类，并且针对不同功能的绿地制定了面积规模标准、服务半径标准和配置标准，提出了比较完整系统的城市绿地配置模式。日本1976年颁布的《都市公园法》，按照功能和服务圈将绿地进行分类，明确规定了各类城市公园绿地的服务对象、占地面积、设施标准、服务半径等。按照服务圈覆盖范围和功能进行绿地配置，形成了数量巨大的小公园；公园服务圈域覆盖面广，绿地系统可达性高，各层级绿地均衡配置的公共绿地系统结构(图2.1-25)。

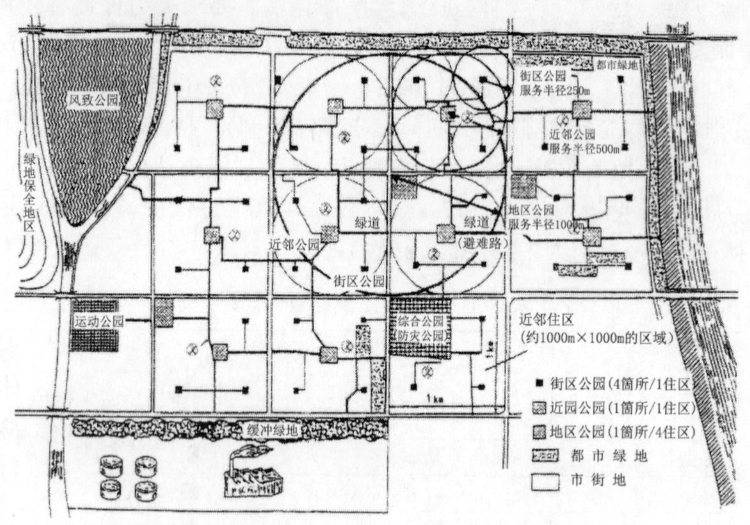

图2.1-25 日本《都市公园法》规定的城市绿地配置模式

(图片来源：许浩，2002.国外城市绿地系统规划[M].北京：中国建筑工业出版社：55.经过本书作者修正)

4. 生态保护与绿地规划

(1) 生态与环境保护国际运动的发展

第二次世界大战后，人类经济和社会规模进入了快速膨胀期。由于各国在发展经济时没有重视环境问题，因而付出了沉重的代价。保护自然生态环境成为国际社会的共识，并且逐渐成为城市规划和管理、经济发展、社会综合发展的基本要求和目标之一。进入20世纪80年代，环境保护运动逐步发展成保护生物多样性，促进社会发展的持续性和循环性为基本内容的可持续发展概念。

继1978年联合国环境与发展大会提出了可持续发展概念后，1980年，国际自然保护同盟和联合国环境计划署共同发表了《世界环境保护战略》(*World Conservation Strategy*)报告。报告中明确了环境保护和开发的概念与关系，指出开发是“为了改善人类生活，对人、财政、生物和非生物等资源的利用活动”，保护则是“为了满足人类社会持续发展的要求，维持土地生产潜力，对自然界的开发利用所采取的控制行为”。报告中提出了保护与开发相互结合的方针，即开发活动应该重视生态因素。

1987年联合国特别委员会发表了《我们共同的未来》(*Our Common Future*)报告，强调了环境保护对经济和社会的重要性，指出恶性开发所带来生态灾难是导致发展中国家贫困的主要因素之一，并且提出了“人口抑制—可持续开发—摆脱贫困—环境保护”的发展模式。报告认为，环境与开发、生态与经济，具有密切的因果关系，不应当对立看待。

1991年，国际自然保护同盟公布了《可持续社会发展战略》(*A Strategy for Sustainable*

Living)，确定了实现可持续的生活方式的战略措施。该战略应该重视以生态性的生活方式为中心的环境伦理、行动方式、社会与经济结构，提出了改善生活质量、保护生物多样性、改变个人生活态度和习惯等原则。1992 年，联合国环境与发展大会通过了《环境与发展宣言》和《全球 21 世纪议程》，确立了环境和发展的综合决策。其中，《全球 21 世纪议程》作为纲领性文件，要求变革现行的生产和消费模式，最少限度地消耗自然资源，强调经济、社会、环境的协调发展，并且系统论述了可持续发展的实施手段和措施。

各个国家同时签署了《生物多样性条约》(*Convention on Biological Diversity*)。该条约于 1993 年 12 月生效。条约的目的在于达到生态系统、种、遗传因子等各种不同层次的生物多样性的保护和持续利用，其内容除了要求签署国制定保护生物多样性和生态系统可持续利用方面的国家战略以外，还包括了生物生存环境保护、环境评价的实施、生物多样性的确定方法、生态系统监视技术开发的消极影响的最小化、信息交换、技术交流、教育研究等规定。

(2) 绿地规划中的生态思想与手法

生态学是研究生物有机体与周围环境之间关系的学科。20 世纪初，生态学成为独立的学科。随着人类社会发展与自然生态系统之间的不平衡性不断加深，以个体、种群、群落、生态系统、景观、生物群区、生物圈为研究对象的生态学科不断发展，衍生出群落生态学、城市生态学、区域生态学、景观生态学等内容，对 20 世纪以来的城市规划、绿地规划产生了很大的影响。

较早提出系统地运用生态学手法进行规划的是麦克哈格(McHarg)，他在 1969 年出版的著作 *Design with Nature* 中，提出了在对区域环境综合评价的基础上进行城市和区域开发。在自然环境的评价中，他提出了自然价值的概念和运用叠加法(Layer Over，又称为"千层饼")分析评价环境状况(图 2.1-26)，规划应该在充分掌握各种自然条件和相关关系的基础上制定，规划的结果和产生的开发活动不应当对环境与生态系统产生严重破坏(详见本书 3.5.1 节)。

20 世纪 80 年代以来，随着生态保护思想的广泛传播，德国的景观生态学越来越注重对生境空间(biotop)[①]的研究，并且将生境空间系统的构筑和绿地规划、城市规划相互结合，使开发建设活动对自然生态系统的消极影响降到最低点。景观生态学的发展和应用使欧洲国家在环境空间规划中越来越注重对生物空间系统的保护。为了保护生物多样性，欧洲国家开始建设跨国生态空间系统网络。例如，荷兰正在实施其国家生态回廊战略，通过生态回廊将自然保护区、多功能森林、自然恢复区等联结成绿色网络。欧盟也在进行覆盖大部分欧洲地区的欧洲生态网规划(European Ecological Network)(图 2.1-27)。

生态保护思想大量应用于城乡绿地系统规划、绿道的规划和建设中。例如，绿道规划中，通过加强绿道与生物栖息地的连通性，提供生物迁徙通道，促进生物多样性保护。日本多摩新城、港北新城，以及华盛顿公园系统规划中，保留大量的绿道或者营造成片的森林地、水系，对于当地物种保护和环境建设具有重要的作用(图 2.1-28～图 2.1-30)。

---

① 生境空间指生物种群栖息和繁殖的空间，具有满足栖息和繁殖要求的最低限度的空间面积，与周围环境之间有比较明确的界线。

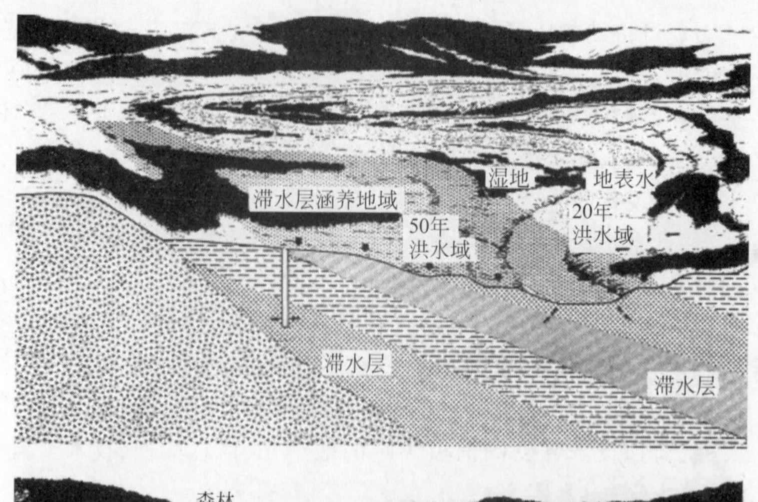

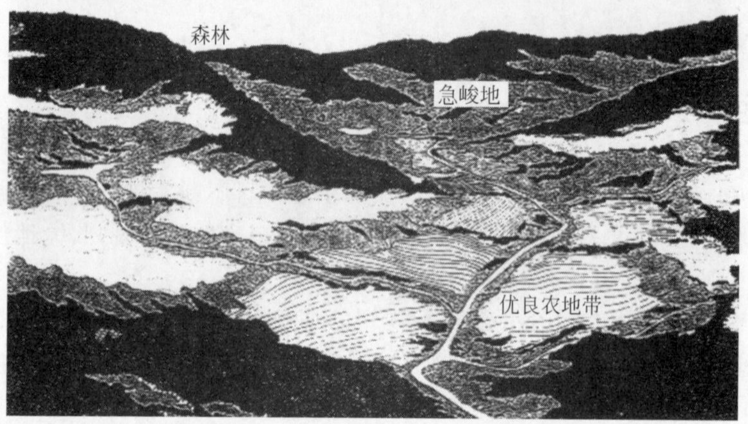

图 2.1-26　麦克哈格的水系与用地分析

(图片来源：田代顺孝,1996.緑のパッチワーク[M].東京：技術書院：34.经过本书作者修正)

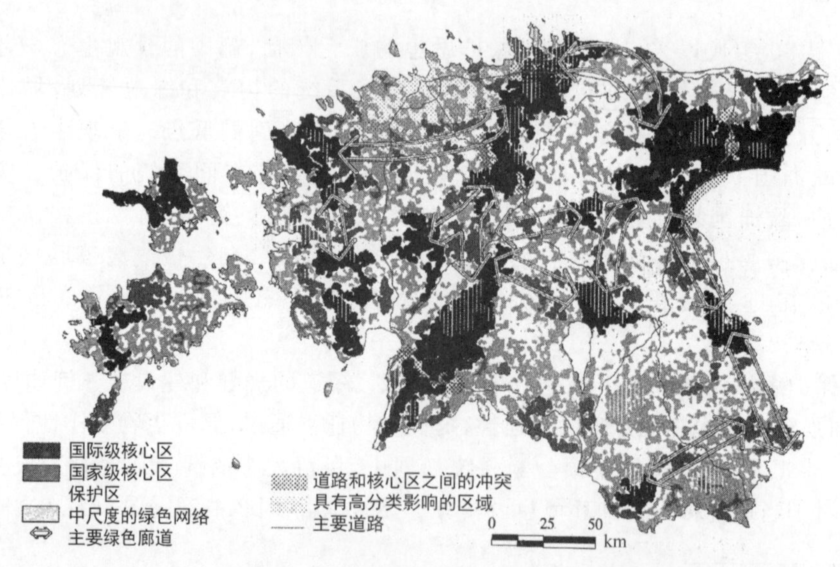

图 2.1-27　欧洲生态网规划中的爱沙尼亚“绿色网络”计划

(图片来源：容曼,蓬杰蒂,2011.生态网络与绿道[M].余青,等译.北京：中国建筑工业出版社：123)

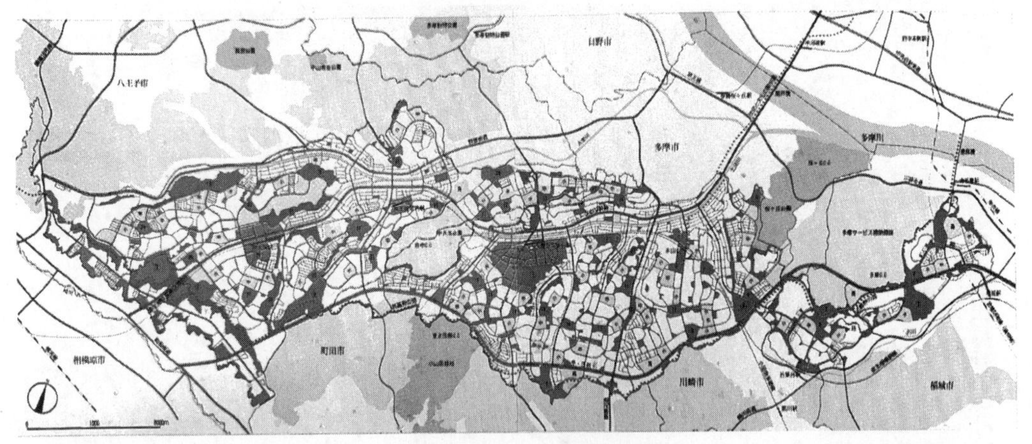

图 2.1-28　多摩新城绿地规划

(图片来源：ANON,1990. Contemporary landscape in the world[M]. 東京：プロセス アーキテクチュア：166)

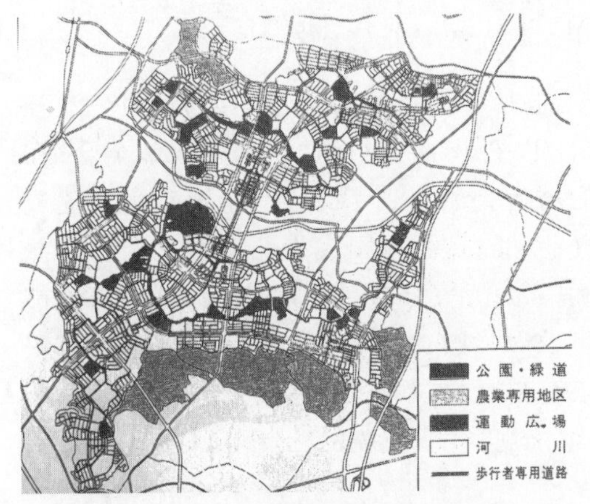

图 2.1-29　日本港北新城绿地规划

(图片来源：田代顺孝,1996. 緑のパッチワーク[M]. 東京：技術書院：212)

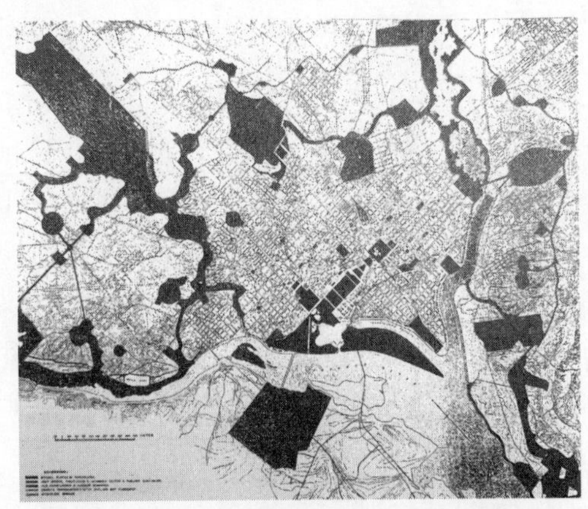

图 2.1-30　华盛顿规划中的公园系统

(图片来源：田代顺孝,1996. 緑のパッチワーク[M]. 東京：技術書院：211)

2.2　我国城市绿地系统规划发展概况

2.2.1　我国城市绿地建设

据《国语・周语》记载,早在奴隶社会时期的周朝,我国就开始了道路绿化活动,称之为"列树表道"。当时的植树活动,其目的在于食物生产、防止灾害。据《周礼》记载,种植行道树是周朝的国家制度,管理行道树的官员称为"野庐氏"。

我国古代社会时期的皇帝、皇亲、贵族、官僚,以及寺院道观,在其领地上建造大量的园林,形成皇家园林、私家园林、寺观园林。这些园林占地不一,成为城市内珍贵的开敞空间。一些园林残存下来,转变为近代公园绿地或者文化遗产(图 2.2-1)。

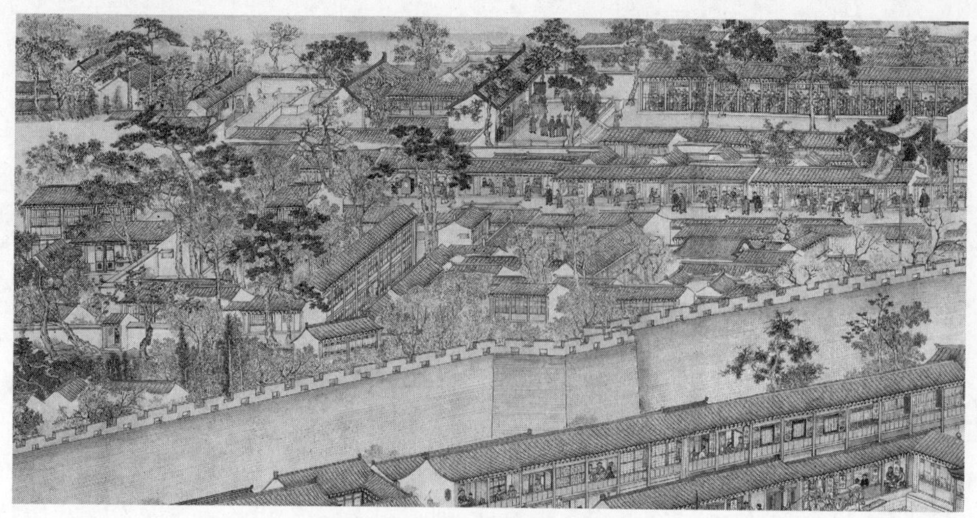

图 2.2-1 苏州古城中的绿化空间

(图片来源：(清)徐扬，2009. 姑苏繁华图[M]. 天津：天津人民美术出版社)

1949 年中华人民共和国成立前，我国城市绿地包括外国殖民者建造的公园、向公众开放的私家园林，以及政府新建造的公园绿地。1868 年，外国商业组织“娱乐事业基金会”在上海外滩租界地区建造了公花园，成为我国最早的城市公园。到 1949 年，上海市内共建成了 14 处公园绿地。在北京，1924 年向公共开放的皇家园林颐和园成为北京最早的公共绿地。到 1949 年，北京共建成公共绿地 12 处，总面积 $772hm^2$。广州、南京、沈阳、武汉等城市也建造了一批城市公共绿地。到 1949 年，全国 136 个城市，公共绿地共 112 处，总面积 $2961hm^2$。除了单个的公园绿地建设，1929 年南京编制了《首都计划》，其中包括了“公园及林荫大道规划”内容，是我国近代以来最早的绿地系统规划(图 2.2-2)。

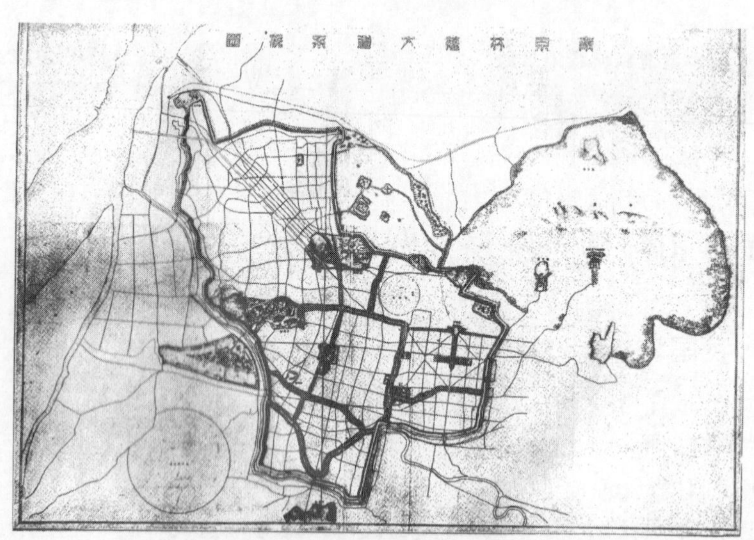

图 2.2-2 南京林荫大道规划

(图片来源：(民国)国都设计技术专员办事处，2006. 首都计划[M]. 南京：南京出版社：110)

中华人民共和国成立后，因为社会制度的变化，原先城市中属于私人所有的园林被收归国有，租界公园全部被改造成城市公共绿地。1952年中央成立了主管公园绿地建设的部门——城市建设局。1953年开始实施第一个五年计划，各个城市设置了园林绿化管理部门，1956年建设部召开全国城市建设会议提出，城市绿化建设的重点在于发展苗圃、普遍植树，而不是修建大公园。1958年，首次城市园林绿化工作会议提出开展广泛性植树运动，同年中央也号召"大地园林化"，推进了普遍性绿化的发展。1959年第二次城市园林绿化工作会议提出在推进普遍性绿化的同时，应该照顾到块状、线状的公园绿地建设，大、中、小型绿地相互结合，加强公园的管理，根据城市规划进行绿化建设。截至1959年，全国城市绿地面积达到128 212hm^2，公园509处，公园面积16 581hm^2。

1960年开始，受到自然灾害和国民经济的影响，绿化资金被大幅度压缩，园林绿地建设受到挫折。一直到1966年以前，园林绿地建设的宗旨都是"以园养园""园林结合生产"，片面强调生产、经济功能。1962年全国城市绿地面积下降到8.6万hm^2，国务院全国城市工作会议发出《关于当前城市工作若干问题的指示》，确定大中城市工商业附加税、公用事业附加税和房地产税统一通过市财政用于公用事业、公共设施的维修保养。而公共设施包括园林绿化设施，实际上就是指城市公共绿地等设施。这样，为绿地的建设提供了资金保证。1963年，建筑工程部颁布了中华人民共和国成立后第一个最完整的绿地建设政策文件——《关于城市园林绿化工作的若干规定》，详细总结了绿地的作用和分类等。绿地建设逐渐走上正轨。

"文革"期间，城市建设受到挫折。绿地建设和管理工作基本停顿。1975年，全国城市绿地面积下降到62 015hm^2。

1978年，国家建委召开第三次城市园林绿化工作会议，提出加速实现城市园林化、继续普遍绿化的号召，并首次确定绿化规定指标。1986年全国城市公园会议终止了原来提出的"以园养园"、过分注重绿地生产功能的做法，推动绿化事业进一步健康发展。1989年，全国城市绿地面积达到381 129hm^2，其中公共绿地面积为52 604hm^2。

20世纪90年代，我国城市化进程速度加快，环境问题逐渐突出。从1990年起，建设部在全国范围内持续开展城市环境整治活动，各地大力植树造林。1992年针对开发建设活动毁坏绿地的现象，出台了《城市绿化条例》，加强了绿地保护的立法工作。同年，建设部制定了《园林城市评选标准》，在城市环境整治活动中，开展园林城市评比活动。以上措施极大地推动了绿地建设的发展，到1998年全国园林绿化总面积745 609hm^2（柳尚华，1999）。

进入21世纪，我国园林绿化建设迅速发展，并逐渐从以城区为主体向城乡一体化建设转变。2001年，国务院颁布了《关于加强城市绿化建设的通知》，提出建成总量适宜、分布合理、植物多样、景观优美的城市绿地系统，加强编制并严格执行《城市绿地系统规划》，建立并严格实行城市绿化"绿线"管制制度，明确划定各类绿地范围控制线（表2.2-1）。同时明确到2010年，城市规划建成区绿地率达到35%以上，绿化覆盖率达到40%以上。2011年，全国绿化委员会和国家林业局共同发布了《全国造林绿化规划纲要（2011—2020年）》，提出到2020年城市和乡镇建成区绿化覆盖率应分别达到39.5%和30%。除城市绿地建设标准提高外，持续的国家园林城市、国家生态园林城市、国家森林城市的创建评比活动，直接刺激了城市绿地数量和质量的提升。截至2020年年底，我国城市绿地面积约为331.2万hm^2,绿化覆盖率由2000年的28.15%提高至42.06%。2021年,我国城镇化进入快速发展后期,城市发展模式从增量扩张进入存量提质,城市绿地建设增速放缓,全国建成区绿地面积年增长率降至5%以下。《国务院办公厅关于科学绿化的指导意见》(国办法〔2021〕19号)中提出了勤俭务实的绿地建设思路,可见探索城乡绿地内涵式发展、满足人民群众对高品质美好生活向往需求成为新时期存量背景下城市绿地发展的重要途径。

表2.2-1 历届全国城市园林绿化工作会议确定的绿地建设方针

会议名称	时间	背景	绿地建设方针
第一次全国城市园林绿化工作会议	1958年	“一五”计划刚完成,国家提出“大跃进”号召	1. 普遍绿化 2. 绿化与生产相互结合 3. 低成本绿化 4. 不重点建设大公园
第二次全国城市园林绿化工作会议	1959年	同上	1. 城市全面园林化 2. 公园与一般绿化相互结合 3. 绿化与生产相互结合
第三次全国城市园林绿化工作会议	1978年	国务院召开第三次全国工作会议,强调各城市都要搞好园林绿化工作	1. 提出绿地建设指标和目标 2. 提出要编制绿化规划,编制方案和实施措施 3. 公园作为游憩场所 4. 动物园、植物园作为科普展览和游览场所
第四次全国城市园林绿化工作会议	1982年	拨乱反正基本完成,城市建设逐渐正常化,国务院发出义务植树号召	1. 继续加强普遍绿化 2. 搞好绿化规划 3. 增加资金 4. 加强养护管理
第五次全国城市园林绿化工作会议	1994年	城市化发展迅速,环境资源矛盾逐渐凸显	1. 根据《城市绿化规划建设指标的规定》认真编制绿地系统规划 2. 加强生物多样性保护 3. 加强绿地生态保护工作 4. 加强绿化法制建设
第六次全国城市园林绿化工作会议	1997年	城市化快速发展,环境资源矛盾突出	1. 大力建设园林城市 2. 根据城市规划法,加强绿地系统规划和管理 3. 进一步加强绿化法规建设

2.2.2 中华人民共和国成立后城市绿地系统规划的发展

中华人民共和国成立以后,由于经济基础、城市发展和建设方针、社会环境的影响,我国的绿地建设重视普遍性植树绿化,而轻视公园建设和绿地系统的规划布局。在1960年4月城市规划局召开的桂林会议上,曾经有人提出建设城市绿地系统的主张,但是没有被广泛接受。直到20世纪90年代，在我国城市化不断发展的背景下，绿地系统规划才逐渐发展起来。

1990年颁布的《城市规划法》第14条和第19条中明确了绿地系统规划的法律地位，确定绿地系统规划是城市总体规划的内容之一。1991年建设部颁布的《城市绿地规划编制办法》中，第16条规定总体规划应该确定城市园林绿地系统的发展目标和总体布局，第19、23、26条规定分区规划和详细规划应确定绿地系统和绿地率等控制指标。1992年颁布的《城市绿化条例》，确定了绿地系统规划的编制主体、规划指标和基本原则方法等。1996年建设部颁布的《园林城市评选标准》也规定了绿地建设指标和相关标准。

随着《城市规划法》的实施和园林城市评比活动的开展，到20世纪末我国有大量城市编制了绿地系统规划。已经编制的绿地系统规划包含两个层次。第一个层次为总体规划中的专业规划，第二个层次为专项规划。两者区别主要在于深度不同，在内容上基本包括规划指导思想和原则、现状问题分析、确定绿地建设发展目标和指标、确定布局、划定需要保护的城郊绿地、确定各类绿地的位置、范围，以及分期建设步骤和近期重点项目、绿化树种规划、实施建议等。

已经编制的绿地系统规划中，有的称为"绿化规划""生态绿地系统规划"或者"绿地(绿化)景观系统规划"，在规划的名称、内容、深度、指标、图纸规范方面，各地编制的水平参差不齐，统计口径也有差别。针对绿地系统规划缺少规范的问题，2002年建设部颁布了《城市绿地系统规划纲要(试行)》。该纲要详细规定了绿地系统规划编制中应遵循的原则、任务、分类、内容等，是关于我国绿地系统规划编制的第一个规范文件。

同年，为了保护城市中现有的和规划的绿地不受侵犯，建设部制定了《城市绿线管理办法》，对城市绿线的划定、管理、监督等作出规定，赋予了绿地相关刚性的管控要求，为城市绿地系统规划的实施提供了法律依据。

2008年《城乡规划法》代替《城市规划法》正式施行，确定了"城乡并重、城乡统筹"的建设思想，绿地系统规划作为城乡规划体系的重要组成部分，开始由城市绿地系统规划向城乡一体化绿地系统规划转变(图2.2-3～图2.2-4)。之后，国家陆续出台了《城市绿地分类标准》《城市园林绿化评价标准》《城市绿线划定技术规范》等一系列规范标准，逐渐完善了规划编制、审批、实施、评价体系，进一步促进了绿地系统规划的规范化、科学化发展。自党的十八大以来，我国进入了生态文明建设的新阶段。在"山水林田湖草生命共同体"和"绿水青山就是金山银山"的生态文明理念指导下，绿地在生态资源保护、生态系统服务提供、生态安全维护、城乡建设格局统筹等方面的作用日益突出。绿地系统规划的尺度也逐步从城乡进一步扩展到市域、区域甚至城镇群等宏观层次，内容也由单一的城市绿地规划拓展到涵盖绿色生态空间的全要素规划(图2.2-5)。尤其在城市群都市圈成为我国新型城镇化的主体空间形态后，宏观尺度的区域性绿地系统规划已成为促进区域协调发展和生态文明建设的重要手段。例如，江苏省根据区域协调发展的需要，组织编制了《苏锡常都市圈绿地系统规划》，湖南省编制完成《长株潭城市群生态绿心地区总体规划》，对长沙、株洲和湘潭三市交会地区的区域绿地进行了统一规划，浙江、成都等地也陆续开展了区域性绿地规划工作。2019年，我国首个关

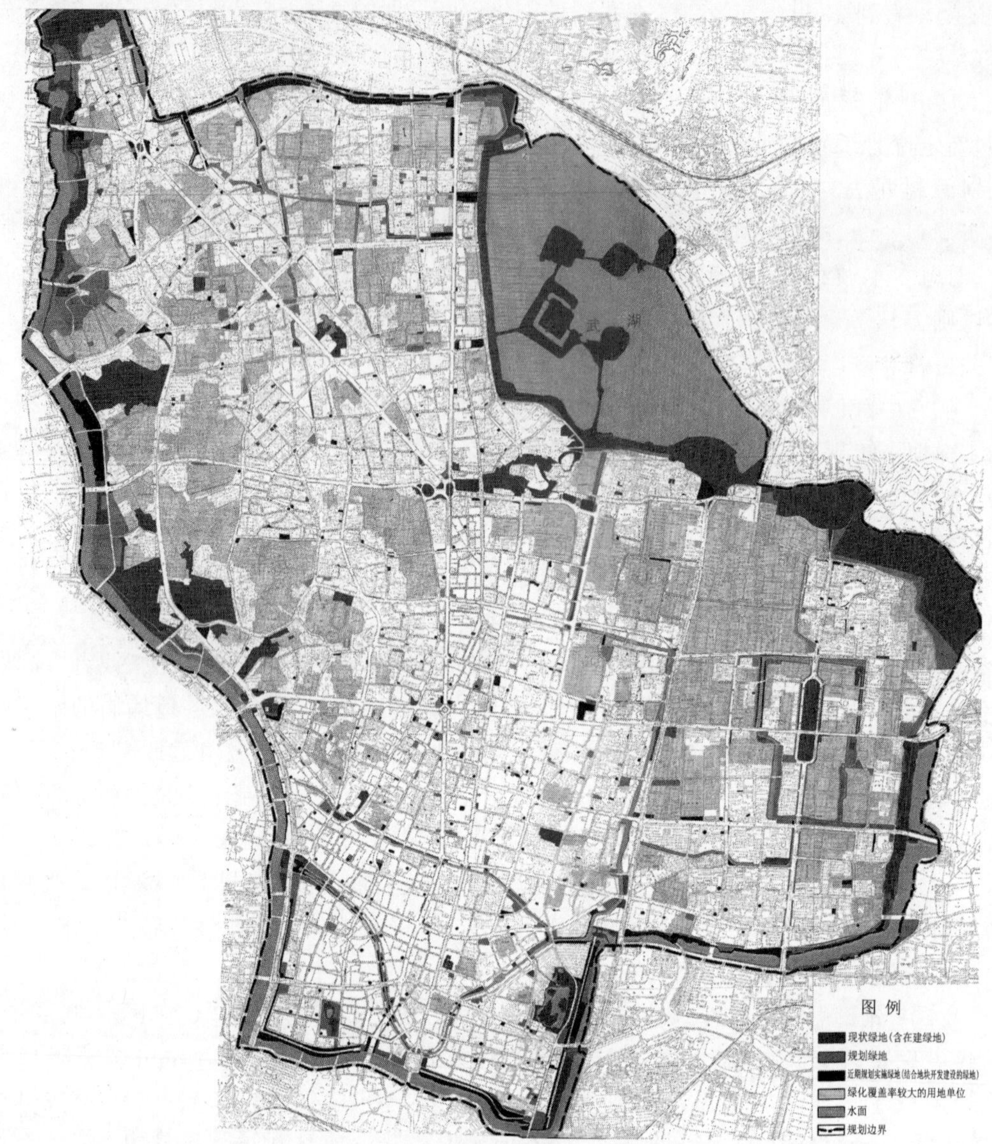

图 2.2-3 南京市城市绿地系统规划

(图片来源:南京市规划局,南京市城市规划编制研究中心,2004.南京市城市规划(2004)[Z],99)

于绿地规划的国家标准《城市绿地规划标准》(GB/T 51346—2019)实施,指出绿地规划建设应以生态文明战略、绿色发展理念为指导,明确宏观尺度上绿地系统规划的核心目标是构建生态保育、风景游憩和安全防护三大体系,并保证其系统性、完整性与连续性。

与此同时,伴随城镇化进程的不断推进、生态环境问题的日益突出以及居民需求的多样化发展,我国城市绿地系统规划的内容不断丰富。在传统规划内容如道路绿化规划、树种规划、古树名木保护规划、防灾避险功能绿地规划等基础上,一些城市根据自身特色和发展需求,逐步增加了绿道规划、绿地景观风貌规划、生物多样性保护规划、立体绿地规划等专业规划内容。特别是在生态保护与居民休闲需求不断增长的背景下,绿道

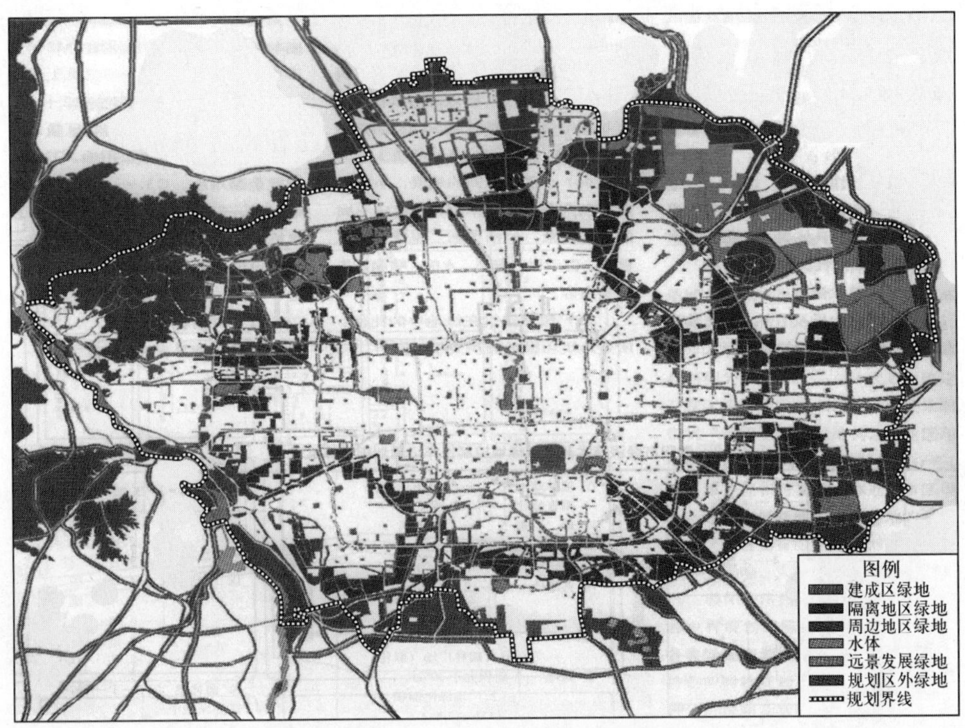

图 2.2-4　北京市城市绿地系统规划

（图片来源：中国城市规划设计研究院，建设部城乡规划司，2005. 城市规划资料集（第九分册）[M]. 北京：中国建筑工业出版社：194）

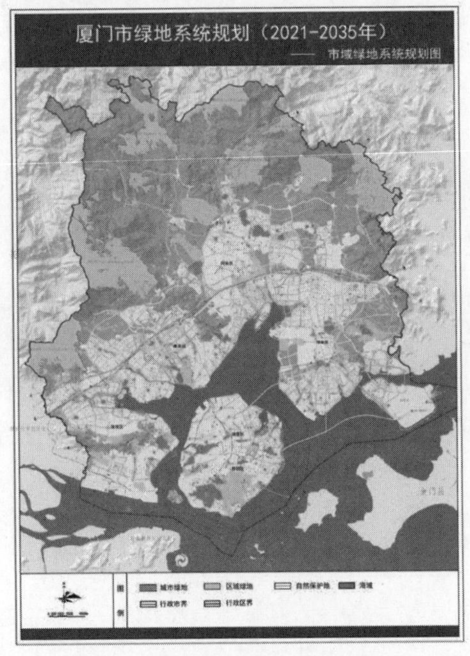

图 2.2-5　厦门市域系统规划图

（图片来源：厦门市市政园林局，2024. 厦门市绿地系统规划（2021—2035 年）公示）

规划已成为城市绿地系统规划中的重要内容之一(图 2.2-6、图 2.2-7)。2010 年,广东省率先建成我国第一个绿道系统——珠江三角洲绿道网络。2012 年,南京市编制完成《南京市绿道规划暨三年行动计划》,先后组织实施了明城墙沿线绿道、环紫金山绿道、滨江风光带绿道、明外郭—秦淮新河百里风光带等绿道建设。此外,湖北省武汉市、浙江省杭州市、上海市等多个省市先后开始绿道的规划与建设。2016 年,住房和城乡建设部颁布了《绿道规划设计导则》,从绿道功能与组成、分级与分类、选线及要素规划等方面进行详细规定,用以指导国内绿道建设。

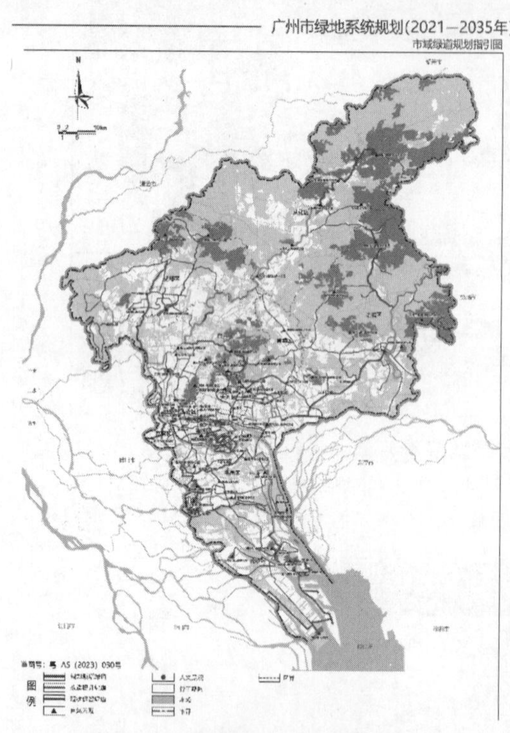

图 2.2-6 广州市绿地系统规划(2021—2035 年)市域绿道规划指引图

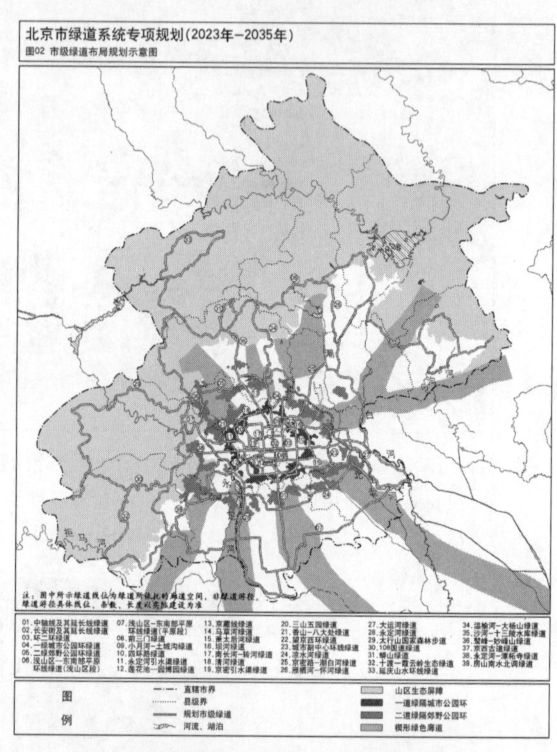

图 2.2-7 北京市绿道系统专项规划(2023—2035 年)

近年来,我国进入了以城市群为主体的区域发展格局,绿地系统规划不再局限于城市行政界线,区域性的绿地系统规划逐渐成为发展趋势。江苏省根据区域协调发展的需要,组织编制了《苏锡常都市圈绿地系统规划》,湖南省编制完成《长株潭城市群生态绿心地区总体规划》,对长沙、株洲和湘潭三市交会地区的区域绿地进行了统一规划,浙江省、四川省成都市等也先后展开了区域性绿地规划编制工作。

第3章

绿地的监测与分析

3.1 基于3S技术的绿地监测

3.1.1 3S技术

对绿地进行准确的监测与分析是开展绿地系统规划的前提。基于田野测量的传统手段无法掌握即时的、广域的绿地分布信息，近年来以3S集成技术为代表的数字技术方法不断发展，广泛应用于地表状态监测，极大地推动了绿地监测与分析技术的发展。

3S是GPS(全球定位系统)、RS(遥感)、GIS(地理信息系统)的统称。GPS是global positioning system的缩写，即全球定位系统。国际上普遍使用的是由美国政府所主导运用的卫星测位系统。该系统由距离地面20 200km的24颗卫星组成测地网络，对地表面任何一点、线、多边形都可以进行全天候、高精度的定位、定性和定时。定位是通过三维坐标系统进行的。在定位的同时，通过地面的GPS信号接收器，记载物体的基本属性和测量时间，进行定性和定时，并且将其和位置信息转换成数字式信息进行存储和输出。GPS产品的低成本化使其用途越来越广泛，在地质、地理、生物等自然科学和城市规划与建设、军事、灾害监视、农业甚至考古学方面应用前景广阔，正逐步发展成为对景观物质客体对象的位置、形状和基本属性的主要测量与记录手段之一。

遥感技术(RS)利用物体具有的发射、反射与吸收电磁波的特性探测物体的质地和空间形状。早期的遥感探测主要是通过航空摄影来探测物体，20世纪60年代后，随着人造卫星技术的迅速发展，用于遥感探测的电磁波波段范围不断扩大，即从原来较单调的宽波段向微波、多波段扩展。遥感技术已经具备全天候对地实时高精度监测的功能。与GPS相互结合可以更加全面准确地把握地表景观的状态，并且为地理信息系统提供信息源。近年来，我国遥感技术发展迅猛，取得了卓越的成就。截至2022年年底，我国在轨稳定运行的遥感卫星达200余颗，居世界第二位。尤其在陆地遥感卫星系统领域，无论卫星传感器数量及类型、空间分辨率和重访周期均处于国际先进水平。目前，资源系列卫星、高分系列卫星已被广泛应用于土地覆盖类型监测、林业资源调查、生态安全评价以及城市精细化管理中。

GIS作为空间数据库管理系统，能够保存、管理从GPS、RS以及其他渠道获得的景观物质客体的空间与属性数据(包括矢量数据和栅格数据)，通过叠加、邻近、网络分析认识和评价客体景观状态与景观作用过程的规律，预测景观发展变化和影响，数字模拟和展示虚拟景观。

3.1.2 3S在绿地系统规划与分析中的应用

掌握城市绿地的分布特性，一般情况下主要是通过现场勘测，或者是通过分析用地现状图与航空照片来判定各种绿地的分布。现场勘测需要花费大量的人力物力，利用用地现状图无法即时掌握城市绿地当前的分布状况，而航空照片虽然精确度高，但是由于单张图片成本高而且所覆盖的范围小，从经济角度上讲不适宜拍摄较大空间尺度的城市绿地。近年来随着航天遥感技术的进步，高精度的卫星照片逐渐用于环境观测。相对于传统的监测方法，高精度的卫星照片在精确性、经济性、即时性上有一定优势，国内国际上已有实例将其与GIS、GPS相结合分析城市绿地系统(图3.1-1、图3.1-2)。

图3.1-1 NJ市某区的遥感影像

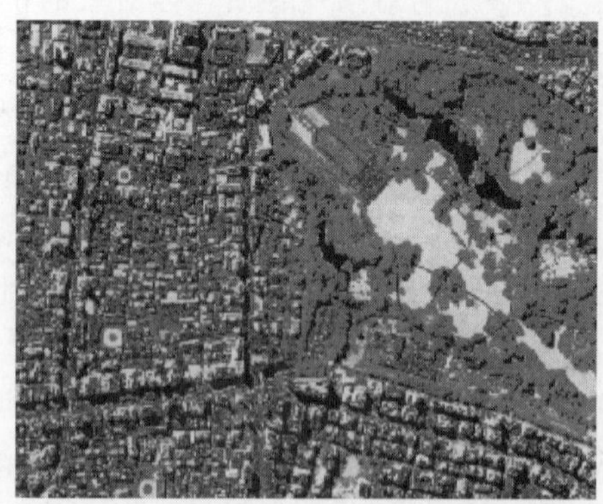

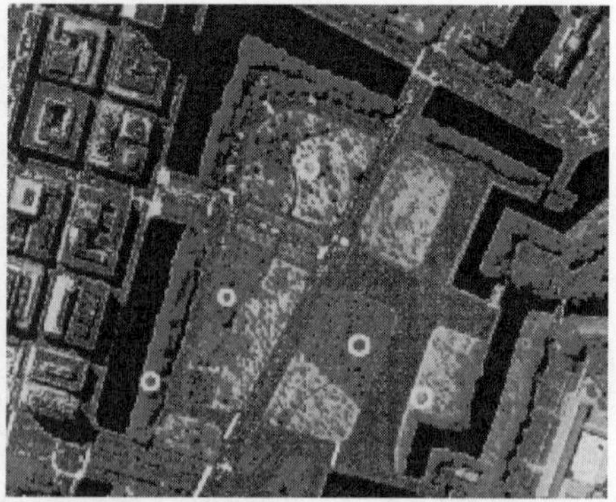

图3.1-2 东京都某区的遥感影像

绿地规划过程中采用GIS技术，能够极大地提高规划的精确性、正确性和过程效率。GIS可以对海量信息进行分析，进行森林功能评价、可达性分析等，可以成为城市公园绿地规划的基础性手段(Tutui,2001)。基于 GIS 平台的绿地景观规划过程中包含 6 个模型：表现模型、过程模型、评价模型、变化模型、影响模型、意志决定模型(Masuda,2001)。Suzuki 和 Fujita(1997)从历史遗迹公园数据管理和规划方面探讨了 GIS 系统搭建的方法目的、分析操作过程和效果。

Suzuki 较为系统地探讨了绿地规划过程中应用 3S 复合技术的概念和方法,包括公园规划管理和景观模拟,运用 GPS 对植被、道路、建筑物进行定位和属性信息输入,在 GIS 平台上与遥感图像进行叠加分析,进行生物空间的分布、变化分析,通过定性定量分析对城市化过程中的绿地变化特征进行把握。电脑成像技术(computer graphics)的发展能够对植物、地形、建筑物等景观要素进行精确模拟,有助于规划意图的表达和方案的比较。

我国一些地区利用遥感技术对绿地现状进行调查(袁东生,2001)。白林波等(2001)在 GIS 平台上利用航空照片、地形图对合肥绿地现状进行分析。在广州绿地系统规划编制工作中,利用 Landsat 卫星的 TM 数据和 Spot 卫星的 HRV 数据,提取了绿地现状信息,对绿地面积进行分类统计,并且进行了热场和热岛效应分析,为规划总体目标和措施提供依据(石雪东 等,2001)。在我国国土空间规划背景下,3S 技术成为绿地系统规划的关键技术支撑。利用 RS 通过高分辨率卫星影像数据,可以高效获取城市绿地资源的空间分布信息,有助于全面掌握绿地现状及变化趋势；GIS 则为绿地系统规划中的空间分析、优化布局及多尺度规划决策提供了强有力的工具支持；GPS 能够精准定位和现场采集绿地规划中的关键地理信息,提高野外调查的效率和精度。同时,3S 技术在绿地系统规划中的应用还有效支撑了多维度的综合评估与决策。例如,通过叠加自然地理、社会经济和生态环境数据,可实现绿地布局对生态功能、景观价值和社会需求的统筹优化；结合历史数据与模型预测,能够科学评估绿地系统的演变趋势及规划实施效果。新时期,3S 技术不仅为绿地系统规划提供了科学的数据支撑和高效的分析手段,还推动了从宏观到微观、从静态到动态的规划方法革新,有助于构建生态良好、结构合理、功能完善的城市绿地系统,为实现绿色发展和生态宜居目标奠定基础。

3.2　绿地指标的量化分析

绿地的指标包括绿地总量、人均绿地面积、绿地率、公共绿地面积、公共绿地率、人均公共绿地面积、公园面积、公园率、人均公园面积等。数据来源包括政府统计年鉴、遥感监测、航空摄影等。

绿地总量用于衡量各个地区的绿地建设总量水平。人均绿地面积是单位面积上绿地面积与常住人口之比,绿地率是单位面积上绿地的比例,均是用来衡量绿地建设程度的指标。

图 3.2-1 所示为 1994 年东京各个区的绿地总量专题图。该年度绿地总面积为 4137.01hm^2。位于东南、东北侧的江东区、大田区、世田谷区、足立区、江户川区的绿地面积最大,均超过 300hm^2。位于东京都中心的千代田区和中央区的绿地面积较少,目黑、中野、丰岛、荒川四个区的绿地面积低于 60hm^2,其中荒川区的绿地最少。

图 3.2-2 所示为东京人均绿地面积专题图。千代田区人均绿地面积最多,达到 23.99m^2。其他区基本都低于 10m^2。目黑、丰岛、大田、荒川四个区的人均绿地小于 3m^2。

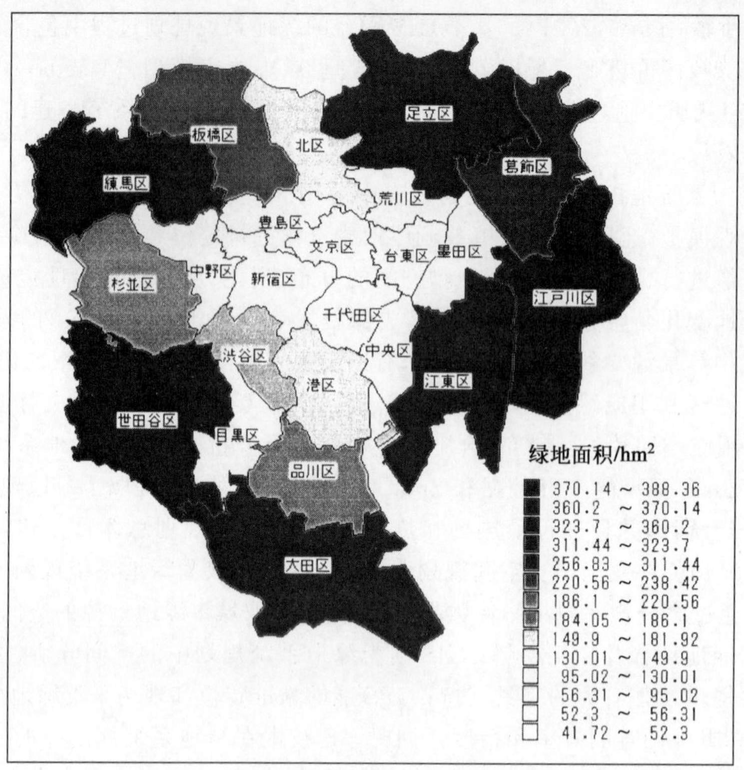

图 3.2-1　1994 年东京各个区的绿地总量专题图

图 3.2-2　东京人均绿地面积专题图

图 3.2-3 所示为绿地率专题图。绿地率超过 10%的有文京区、台东区、江东区和涩谷区。其他区基本处于 5%～8%，中央区、目黑区、中野区、丰岛区和荒川区的绿地率不到 5%。

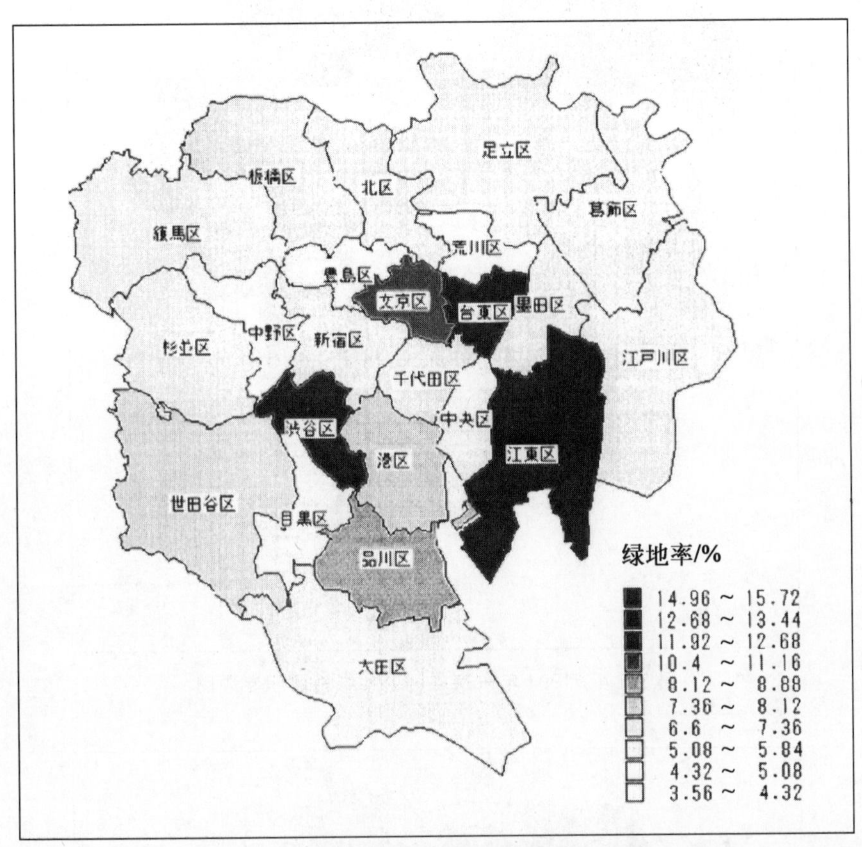

图 3.2-3　绿地率专题图

公共绿地面积指标用于衡量不同地区公共绿地建设的总量规模。公共绿地率是单位面积上公共绿地的比例，人均公共绿地面积是单位面积上公共绿地面积与常住人口之比，均为衡量公共绿地建设水平的指标。

图 3.2-4 为 1994 年东京各区公共绿地面积专题图。练马区、板桥区、足立区、葛饰区、江户川区、江东区、大田区、世田谷区等位于东京都边缘部的行政区公共绿地较多，面积超过 $100hm^2$。位于城市中心的中央区、文京区、千代田区、目黑区、中野区、丰岛区、荒川区的公共绿地面积不到 $50hm^2$。

图 3.2-5 所示为东京各区公共绿地率专题图。台东区和江东区的公共绿地率超过 8%，远远高于其他区。江户川区和板桥区的公共绿地率刚超过 5%。中野区和荒川区最低，公共绿地率低于 2%。

图 3.2-6 所示为人均公共绿地面积专题图。位于中心的千代田区和中央区的人均公共绿地超过 $7m^2$。台东区刚超过 $5m^2$。中野区、丰岛区和荒川区低于 $1m^2$。其他区的人均公共绿地介于 $2～5m^2$。

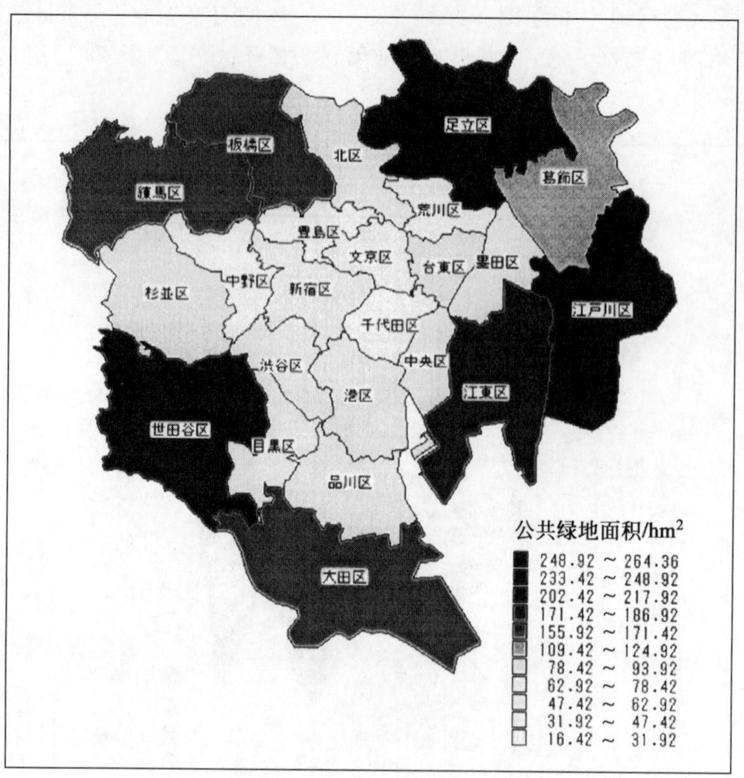

图 3.2-4 1994 年东京各区公共绿地面积专题图

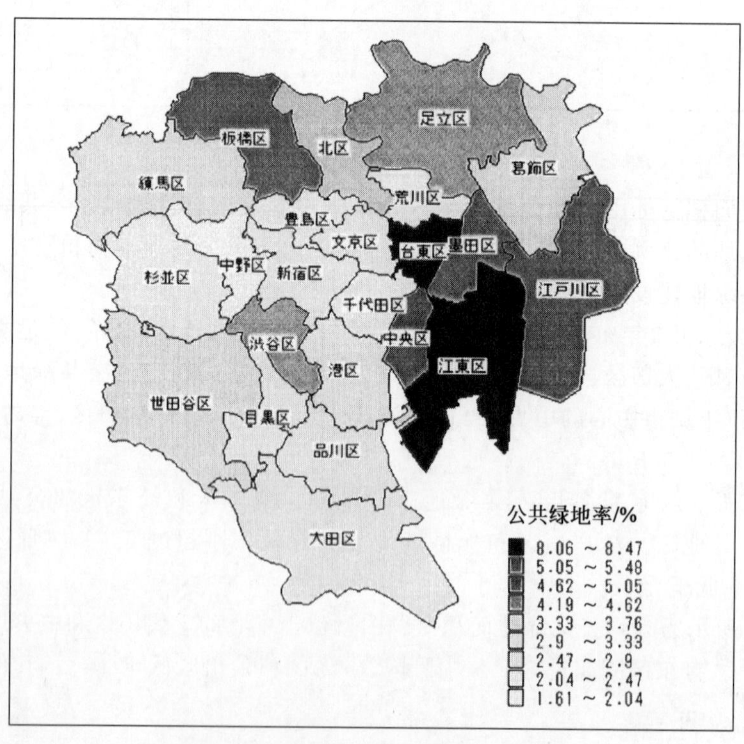

图 3.2-5 东京各区公共绿地率专题图

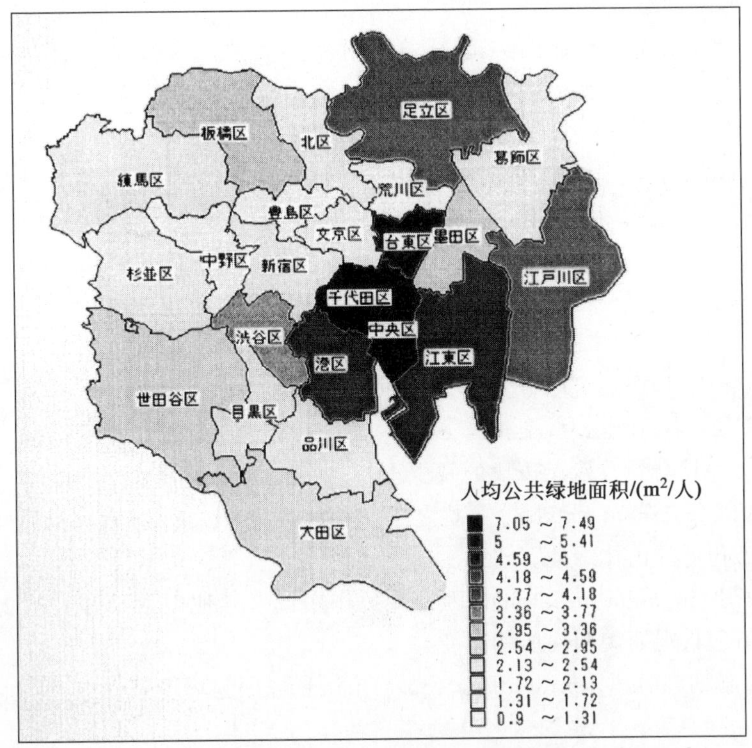

图 3.2-6　人均公共绿地面积专题图

3.3　景观生态学分析

3.3.1　景观生态学概述

景观生态学是研究景观单元的类型组成、空间配置和生态学过程相互作用的综合性学科(邬建国,2000)。由于历史发展和研究理论体系的不同,该学科大致分为欧洲学派和北美学派。景观生态学的起源最早可以追溯到 20 世纪 30 年代的欧洲。1929 年德国区域地理学家 Troll 最先提出景观生态学的概念,70 年代荷兰生态学家 Zonnevel 和以色列生态学家 Naveh 在总结前人研究的基础上,确定了欧洲景观生态学的概念和专业特点。北美的景观生态学在 80 年代开始兴起。从 1981 年开始,欧洲景观生态学被逐渐介绍到美国,1986 年 Forman 和 Godron 出版了 *Landscape Ecology* 一书,极大地推动了北美景观生态学的发展。书中,Forman 和 Godron 总结了以往的研究成果,提出了"斑块—廊道—基底"(patch—corridor—matrix)模式。同年成立了美国景观生态学会。总体来说,欧洲的景观生态学以德国为中心展开,受地理科学、植物社会学、生物控制论影响较深,北美的景观生态学在继承欧洲学派特点的基础上,更加侧重于生态学、空间格局分析和岛屿生物地理学。

景观生态学将景观看作由不同生态系统组成的、具有重复性格局的异质性地理单元和空间单元。反映气候、地理、生物、经济、文化和社会综合特征的景观复合体称为区域。景观具有结构、功能、动态三大特征。

景观结构指景观组成单元的类型、多样性和空间关系,受到景观中不同的生态系统和单位要素的大小、形状、数量、种类、布局以及能量、物质的分布影响。Forman 将景观结构分解为三种基本类型:斑块、廊道和基底,其特征如下:

① 斑块(patch):景观结构中最小的单元,内部均质性,与周围环境性质外貌不同。有不同的尺度,可以是城市、村落、树林、池塘、广场等。

② 廊道(corridor):连续性,线性,带状结构。例如,道路、防风林带、河流、绿道等。

③ 基底(matrix):分布最广、关联性强的背景结构。例如,农田基底、山林基底、城市基底等。

根据起源和成因,斑块可以分为以下四种基本类型。

① 搅乱斑块(disturbance patch):因为局部干扰(比如森林火灾)引起的斑块,具有即将消失的性质,并且会导致残存斑块的减少。

② 残存斑块(remnant patch):干扰之后幸存的斑块,比如森林火灾以后幸存下来的植物群,或者城市化后的山体绿地。

③ 外来斑块(introduced patch):因为人类作用或者其他因素某些动植物被引进生态系统中,容易引起景观面貌和性质的改变。

④ 环境资源斑块(environmental resource patch):因为环境条件在空间上分布不均引起的斑块。

物种多样性一般会随斑块面积增大而增加。大型斑块,比如大片的森林绿地,能够维持景观生态系统,减少物种灭绝和生态系统退化。小型斑块往往是物种传播的踏脚石,比如在景观规划中经常在两片大型绿地之间布置连续的小型绿地和生态空间,以增加生物物种的流动。

廊道的功能在于提供生物空间和传输通道、汇集生物源和能量等,廊道之间交叉形成网络。廊道与基底都可以看作特殊形状的斑块。基底实际上是占主导地位的斑块,对景观动态起支配作用(图 3.3-1)。

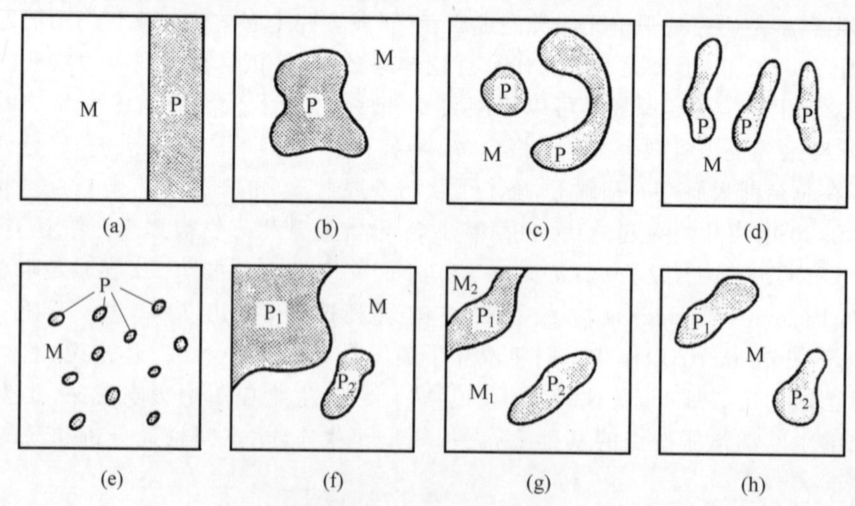

图 3.3-1 斑块(P)与基底(M)的组合形式

(图片来源:FORMAN R T,GORDON M,1986. Landscape Ecology[M]. New Jersey:Wiley:169)

3.3.2 景观生态学的规划分析

以生态保护为目的的绿地规划至少包括保护现存的生物空间,恢复受到破坏的生物空间,创造和完善生物空间系统三方面的内容。由于地理信息系统技术的进步,以生物和生物空间为主要对象的景观生态学分析在大规模规划中得到广泛应用,并且直接为绿地配置和规划提供依据。

根据日置佳之的研究,在规划上应用景观生态学理论进行的分析和评价主要有以下三个方面。

(1) 隔阂分析(gap analysis)

广义的隔阂分析是为生物资源和生态系统的管理而进行的生物学、生态学、地理学等的分析。狭义的分析是指明确生物空间的实际分布区和设定的保护区之间的隔阂错位状态。美国从1988年开始进行隔阂分析,在自然保护领域已经成为由多个民间研究团体和政府机关参与的大规模工程,其分析结果成为保护规划制定时的主要依据。

(2) 环境潜力分析(environmental potential estimation)

环境潜力意味着空间为生物栖息、繁殖和生态系统形成所提供的可能性。环境潜力分析现在已经逐渐成为各类环境规划和绿地规划、生态系统恢复计划中重要的基础分析之一。分析的主要依据是生物栖息适宜性地图。生物栖息适宜性地图在植被、地形、河流水系等环境因子和生物的调查与分析的基础上制作的,标明动植物分布的地图。这类地图不仅表示特定的生物种群的分布,还能够表明适宜该种群栖息、移动和繁殖的土地分布。生物栖息适宜性高的地区被认为环境潜力大,一般会纳入绿地体系。

(3) 情景分析(scenario analysis)

情景分析是在比较各种方案的基础上选择最合适方案的过程。通过对规划方案进行数量化模拟,预测景观、生物空间、绿地等的变化,从而为方案最后的制定提供依据。例如,美国哈佛大学 Steinntz 等通过方案分析,对美国加州 Camp Pendleton 地区进行的开发活动对当地生物多样性和景观带来的变化进行了预测(图 3.3-2)。

3.3.3 景观生态学的指数分析

除了以上方法外,在绿地规划分析上经常用到景观指数分析。常用的景观指数包括面积指数(class area,CA)、面积比率(percent of land,PLAND)、平均斑块面积(mean patch size,MPS)、最大斑块指数(largest patch index,LPI)、斑块数量(number of patch,NP)、斑块密度(patch density,PD)、边界总长度(total edge,TE)、边界密度(edge density,ED)、平均最近距离指数(mean nearest neighbor distance,MNN)、景观形状指数(landscape shape index,LSI)①。表 3.3-1 显示了本研究中这些景观指数在绿地分析上的用途。

① 景观指数可参考:邬建国,2007.景观生态学:格局、过程、尺度与等级[M].2版.北京:高等教育出版社,106-115.

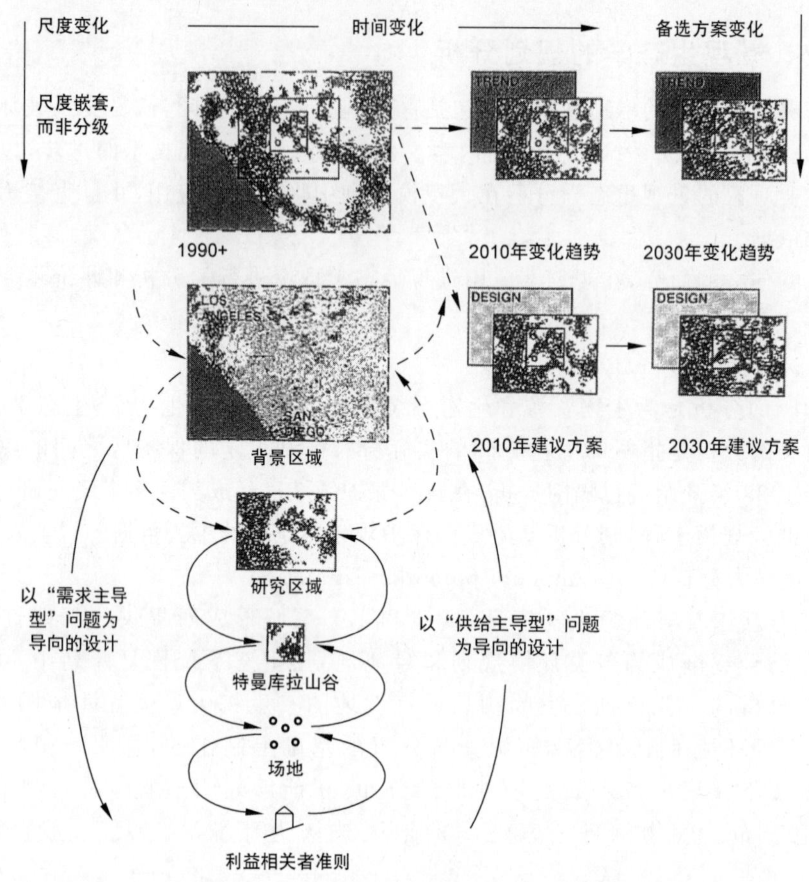

图 3.3-2 Camp Pendleton 地区时空尺度与方案策略

(图片来源：矢野桂司，中谷友樹，1999. Biodiversity and landscape planning with geographical information systems alternative futures for the Region of Camp Pendletion，California，U. S. A. [M]. 京都市：地人書房，130)

表 3.3-1 常用景观指数及其用途

指数(缩写)	在绿地分析中的用途
面积指数(CA)	度量绿地的规模大小
面积比率(PLAND)	度量绿地类型的构成，确定主体类型
平均斑块面积(MPS)	衡量优势绿地类型
最大斑块指数(LPI)	衡量优势绿地斑块、类型与集中程度
斑块数量(NP)	衡量绿地异质性
斑块密度(PD)	表示绿地破碎化程度
边界总长度(TE)	衡量绿地破碎化和干扰程度
边界密度(ED)	衡量绿地破碎化和干扰程度
平均最近距离指数(MNN)	度量绿地斑块离散程度
景观形状指数(LSI)	衡量绿地斑块形状的复杂程度

面积指数(CA)反映绿地规模的大小,单位为公顷(hm^2)。

面积比率(PLAND)衡量各类型绿地占基地面积的比例大小,公式如下:

$$\text{PLAND}=\frac{\text{绿地面积}(m^2)}{\text{基地面积}(m^2)}\times 100\%$$

平均斑块面积(MPS)用于衡量优势绿地类型,单位为平方公里(km^2),公式如下:

$$\text{MPS}=\frac{\text{绿地面积}(m^2)}{\text{斑块数量}}\times 10^{-6}$$

最大斑块指数(LPI)为最大的绿地斑块占基地面积的比例,公式如下:

$$\text{LPI}=\frac{\text{最大绿地斑块面积}(m^2)}{\text{基地面积}(m^2)}\times 100\%$$

斑块数量(NP)为基地内绿地的斑块总量,单位为个。

斑块密度(PD)即单位面积内的绿地(类型)斑块数量。数量越多,破碎度越大。

边界总长度(TE)为绿地斑块边界总长度,单位为米(m)。

边界密度(ED)为绿地斑块边界密度,密度越大,绿地的破碎度和扰乱度越大。公式如下:

$$\text{ED}=\frac{\text{绿地斑块边界总长度}(m)}{\text{基地面积}(m^2)}\times 10^6$$

平均最近距离指数(MNN)是每个绿地与其最近绿地的距离总和除以绿地斑块数量,该指数越大,绿地的离散度越大。

景观形状指数(LSI)用以衡量绿地斑块的规整程度。LSI≥1,该指数越大,绿地形态越复杂。LSI=1时,表示基地内只有正方形绿地斑块。公式如下:

$$\text{LSI}=\frac{0.25E}{\sqrt{A}}$$

式中,E 为绿地斑块的周长;A 为绿地斑块的面积。

图3.3-3为NJ市某年度绿地分布图。表3.3-2为三种绿地类型:林地、草坪灌木地、耕地。从绿地构成指数看,城区绿地面积总量很小,且多集中于XW区,GL区绿地最少。郊区绿地面积明显多于城区,因此郊区绿地构成NJ市绿地系统的主体。郊区中的JN区绿地面积最大,远远超过其他各区绿地面积之和。郊区的绿地率也总体高于城区。城区中,XW区绿地率较高。GL、QH区的绿地率处于很低的水平。

城区中,XW区的林地资源丰富、分布集中,属于城区绿地中的优势斑块类型,构成城区绿地的主体。郊区绿地以草坪灌木地为主体类型,而JN区则以农耕地为主体绿地类型。

从景观结构看,郊区面积广阔,绿地斑块数量、边缘密度高于城区,表明郊区的景观异质性相对较高,受干扰程度也较高,而JN区是研究区中绿地景观异质性最高、干扰程度最大的行政区。在JN区和QX区,耕地是绿地优势类型。在XW区,林地是绿地优势类型。林地的隔离程度普遍较高,连通性差,干扰程度相对较低。草坪灌木地的破碎度和干扰程度比林地和耕地相对较高。

图 3.3-3 某年度 NJ 市绿地与水体分布

表 3.3-2 NJ 市各区绿地 CA、NP、TE 指数

行政区		绿地类型	CA/hm²	NP	TE/m
城区	GL 区	林地	565.20	681	246 450
		草坪灌木地	393.29	4493	592 260
		耕地	0.00		
	QH 区	林地	504.49	2143	481 470
		草坪灌木地	717.87	1615	447 800
		耕地	0.00		
	XW 区	林地	2567.25	970	456 820
		草坪灌木地	1284.03	1977	750 730
		耕地	215.30	126	79 130
	JY 区	林地	545.46	2502	512 470
		草坪灌木地	1700.51	4449	1 311 900
		耕地	950.40	3135	718 140
郊区	YHT 区	林地	1951.83	4700	1 102 500
		草坪灌木地	3895.83	8362	3 573 380
		耕地	872.48	4410	1 109 040
	QX 区	林地	2360.35	3447	1 009 580
		草坪灌木地	9220.52	10 778	5 110 740
		耕地	8386.47	7817	3 698 530
	JN 区	林地	27 380.97	38 855	10 735 880
		草坪灌木地	21 563.78	113 594	21 694 150
		耕地	63 348.59	43 504	32 255 800

3.4 绿地格局演变分析

3.4.1 绿地格局演变概述

绿地格局，也称绿色空间格局，其演变分析是对绿地分布的时空异质性开展分析，反映了绿色空间景观要素的规模、类型、形态、位置等在空间上和时间上的变化特点。洞察绿地格局演变过程和规律，不仅有助于理解过去和现在的绿地格局，更重要的是可以为未来的格局优化提供科学依据和策略支持。

在国外，伴随着城市化的推进，城市绿地空间的构成与比例也在发生着变化，并持续对景观格局的分布与生态功能产生着影响（Song 等，2017）。绿地空间格局指绿地的结构组成、空间分布和空间构成。自特罗尔（Carl Troll）于 1939 年第一次提出“景观生态学”的名词后，国内外众多学者开始对城市绿地的景观格局进行研究。这些研究大概可以划分为共时性研究和历时性研究两种类型。共时性景观格局研究主要从绿化要素及共时性景观格局分析绿地结构及组成，如周婕等（2004）阐释了城市绿色空间体系的内涵、构成要素和框架体系，提出了合理开发利用土地资源等优化对策。历时性景观格局演变研究主要是对景观格局时空动态演变的研究，比如赵海霞等（2020）运用空间分析方法，对 NJ 市区 2000—2015 年绿色空间格局的变化及驱动因素进行分析。

3.4.2 分析方法

20 世纪中叶，以荷兰、捷克为代表的一些欧洲国家首先对景观格局开展了研究，并在此基础上，提出了“斑块—廊道—基底”的景观构成模式，解决了“空间异质性”这一难题（Forman，1995）。直至 20 世纪 80 年代，随着景观生态学理论的日趋成熟、数学模型的构建以及 3S 技术的发展，才为景观格局异质性研究提供了更为高效的定量手段；景观格局的分析方法也从传统的定性描述转向了定性和定量相结合的分析方式。

过去，绿地格局研究只能以传统低效的统计方法展开计算，近年景观格局指数的计算越来越多地被应用到绿地研究中，对景观结构的异质性、多样性、破碎化程度等特征进行更为准确的描述，也使研究更加科学化和严谨化。由于不同学者对绿地空间格局的研究目的不同，所使用的研究方法也存在差异。最常用的有景观格局指数法、梯度分析法、土地利用分类检测法、空间统计分析法等定量分析方法。

(1) 景观格局指数法

绿地景观格局可以在斑块、类型、景观 3 个水平上展开分析，与景观个体、景观组分和景观整体分析相对应。常用的景观格局指数的指数主要分为 8 类：景观多样性、优势度、均匀度、破碎化、聚集度、分维度、干扰度和自然度。

(2) 梯度分析法

梯度分析法是一种以移动窗口的研究方式为核心的方法，通过对景观梯度样带进行划分，从而对不同方向上绿地的景观格局变化进行分析。梯度分析最早用于研究植被的空间分布规律，其主要用于分析城镇化对植被及生态系统的影响。在过去的十多年里，随着城市生态研究的不断深入，梯度分析法逐渐被广泛应用于农业、湿地、林地等景观格局分析之中。

在设定景观梯度样带的时候，一般以城市中心作为圆心，以不同的距离作为半径，划分出多条样带。

(3) 土地利用分类(LUCC)检测法

随着 RS 与 GIS 技术的迅速发展，许多学者开始将土地利用类型与景观生态原理相结合，使 LUCC 检测法得到了更广泛的应用。例如，李方正以北京市中心城为对象，以 RS 和 GIS 技术为基础，以空间为载体，对北京中心城绿色空间的演变和转换进行了空间表征(李方正，2018)。

(4) 空间统计分析法

利用 GIS 等有关软件可以对景观格局的空间特征和时空演化过程进行更深入的研究。例如，在 GIS 技术的帮助下，能够定量地分析一定区域内土地利用的整体特点，以及不同地区之间的土地利用的空间联系，从而实现绿地资源的预测、规划和可持续开发利用(高凯等，2010)。

3.4.3 案例分析

下面以长三角典型城郊区 JN 区为研究区，分析其城市化过程中的绿地格局动态演变及驱动机制。JN 区是某一特大城市的近郊行政区，地处长江下游南岸，位于主城区南侧，总面积 1561km^2。作为中心城区南部扩张与产业辐射最典型的行政区，JN 区经历了快速城市化的过程，目前在区域一体化经济发展和生态建设协调进程中产生了新的矛盾。

案例综合采用遥感影像分析法、数理统计方法以及景观格局指数分析法，对 2000 年、2010 年、2020 年的 Lomdsat ETM/OLI 遥感影像数据进行监督分类，得到研究区各时期景观类型分布图，进而分析出 JN 区 20 年间绿地的斑块数量、分布及景观格局的动态演变。

3.4.3.1 数据处理

(1) 收集数据

所需数据主要有 2000 年、2010 年和 2020 年 3 期的遥感影像数据和社会经济数据，遥感影像来自中国科学院计算机信息中心，尽量选择夏季、云量小、清晰的影像来保证数据的有效性和可比性，影像融合后的分辨率为 15m。

(2) 遥感影像处理及绿地提取

通过 ENVI5.3 对遥感影像进行辐射定标、大气校正、图像融合、图像裁剪等处理，并参考《土地利用现状分类》(GB/T 2010—2017)和《城市绿地分类标准》(CJJ/T 85—2017)，建立解译标志，提取绿地分布范围。将研究区景观类型分为绿地和非绿地两大类，绿地包括园地、草地、林地，非绿地空间包括水域、耕地、建设用地和其他土地(空闲地、裸土地、沙地)。采用支持向量机的监督分类方法辅助人工目视解译，将分类完成后的景观图像转换成为矢量格式的文件，导入 ArcGIS10.8 中。由此进行可视化表达，得到 JN 区的景观类型分布图，如图 3.4-1 所示。

3.4.3.2 研究方法

(1) 面积转移矩阵及动态度计算

通过 ArcGIS10.8 的空间分析，对 3 个时期不同景观类型的面积空间分布进行了定量

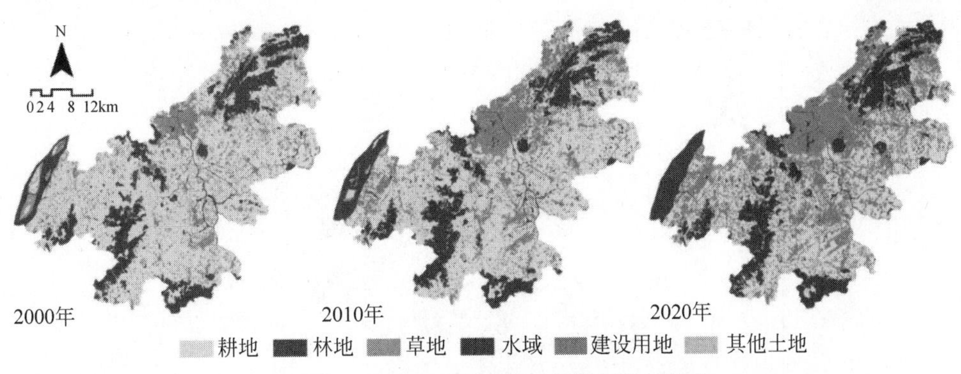

图 3.4-1 2000—2020 年 JN 区景观类型分布

统计。土地动态变化度能够反映出研究区内一定时间范围内绿地规模变化情况，其计算公式如下：

$$K=\frac{U_{b}-U_{a}}{U_{a}\times T}\times 100\%$$

式中：K 为研究期内绿地的动态度；U_{a}、U_{b} 分别为研究初期及末期的某一种绿地类型的总面积；T 为 b 时期到 a 时期的时段长，以年份为单位。

（2）景观格局指数

景观格局指数可以定量地反映出景观的组成特征、空间配置及动态变化。在景观水平层次上选取斑块密度、景观形状指数、香农多样性指数、香农均匀度指数、蔓延度指数、聚集度指数和景观分离度指数，通过 Fragstats4.2 完成相关计算。

（3）梯度分析法

通过景观指数对绿地景观进行分析，可以分为三类：整体分析、分区分析和梯度分析。整体与分区分析大多侧重于区域的总体特性，梯度分析可以对区域内的具体区域进行细致的表征。通过绿地空间梯度的研究，可以更好地理解城镇扩张过程中城乡之间的交互作用对绿地产生的影响。利用 ArcG1S 软件，以研究区重心为中心，向外划分一定长度的缓冲区，形成若干个梯度带，并对这若干个梯度带进行景观格局指标的分析，以阐明该区域的绿地梯度特征和演变规律。选取半径为 5km 的圆作为中心区（图 3.4-2），以 10km 间隔向外做缓冲区，从时间上纵向对比同一区域内景观斑块的变化情况。选取 PD、LSI、SHDI、AI 等四个指标，分别描述该区域绿地的总体格局特征。

3.4.3.3 绿地格局演变分析

① 2000—2020 年的绿地面积持续减少，总体动态变化度为 −1.258%，其中草地建设面积最大，水域次之，林地面积有所上升（图 3.4-3）。

② 2000—2020 年城市建成区范围不断扩大，向 JN 区的东部、南部延伸，绿地减少最剧烈的区域主要位于建成区的中南部（图 3.4-4）。2000—2010 年，绿地面积减少最多的区域在中部的 ML 街道和东部的 CH 街道；其次为西部的沿江平原域。2010—2020 年，绿地规模减小最剧烈的地区新增了西部的 JN 街道，其次是南部的 LK 街道。从 20 年间的整体变化图中可以看出，绿地减少的区域主要在 JN 区的北部，逐渐向南部延伸，且面积减少，重心呈现由东向西、由北向南的移动轨迹。

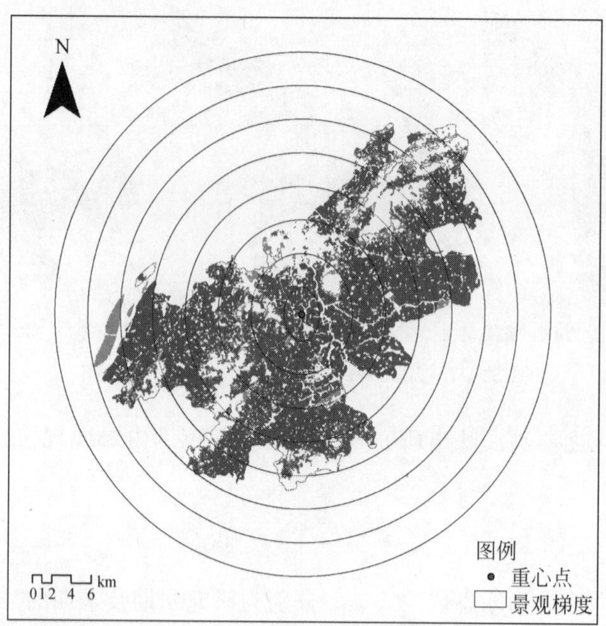

图 3.4-2　梯度带分区图

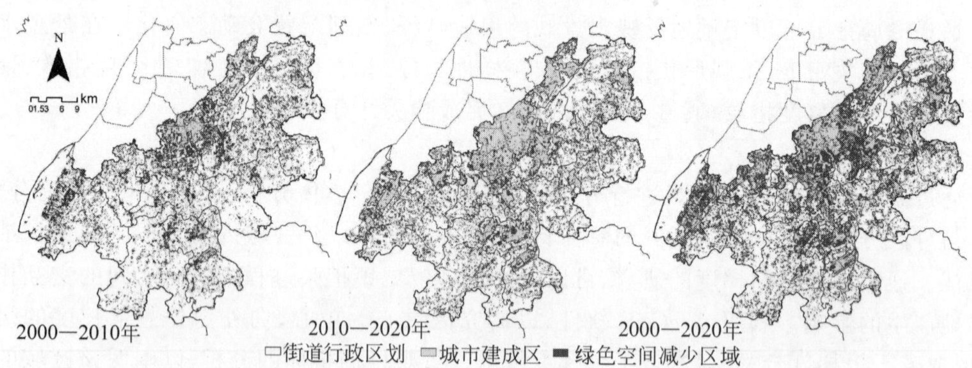

图 3.4-3　2000—2020 年 JN 区城市建成区与绿地空间面积减少区域

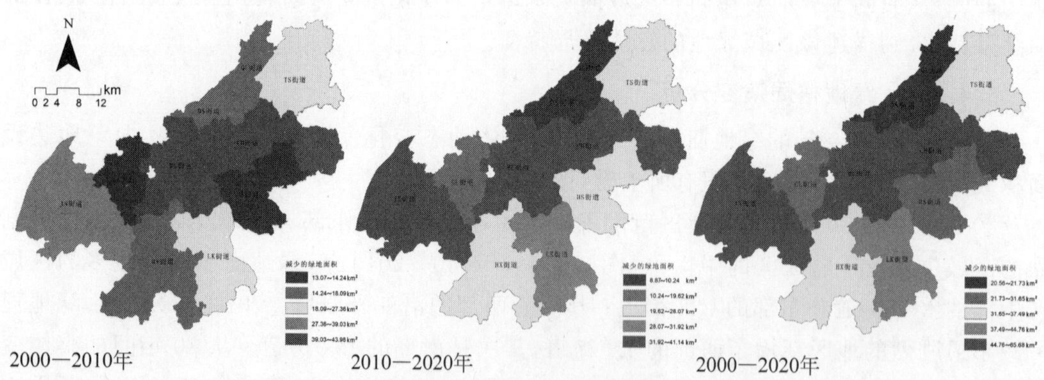

图 3.4-4　2000—2020 年 JN 区绿地减少分布图

③ 根据景观水平景观格局指数进行分析，研究区绿地的景观破碎化程度升高，优势景观类型减少，景观蔓延度逐渐下降，连通性降低，香农多样性指数和香农均匀度指数增大，景观趋向均质化方向发展(表 3.4-1)。

表 3.4-1　2000—2020 年绿地景观水平景观格局指数

年　份	NP	LSI	SHDI	SHEI	CONTAG	AI	DIVISION
2000	1729	65.32	0.81	0.58	67.63	96.58	0.77
2010	2006	65.64	0.84	0.61	66.83	96.57	0.88
2020	3661	83.35	0.94	0.68	63.38	95.43	0.98

④ 从同心圆梯度分析(图 3.4-5)可知，斑块密度在 1～8 个梯度上呈下降趋势，说明破碎化程度在逐渐降低；景观形状指数呈现先上升后下降的趋势，表明景观随着地势的不同而有着一定的起伏；香农多样性指数呈现上下浮动的变化趋势，表明景观的优势度类型也在不断变化。1～3 梯度带内的斑块密度、形状指数最高，表明这些区域的景观类型多样，复杂度高，反之距离中心区越远，景观形状复杂度越低。香农多样性指数在第 7 梯度带达到最高值，表明其绿地景观类型的丰富度最高。在 1～7 梯度带内，聚集度指数呈现下降的趋势，表明绿地连通性随着梯度的变化逐渐降低。从时间层面来看，各景观变化指数在整体上呈一致的变化趋势，其中 2020 年的绿地景观破碎度最高，景观类型越多样，形状越复杂，斑块聚集性越低，2000 年的景观破碎度最低，连通性最好。

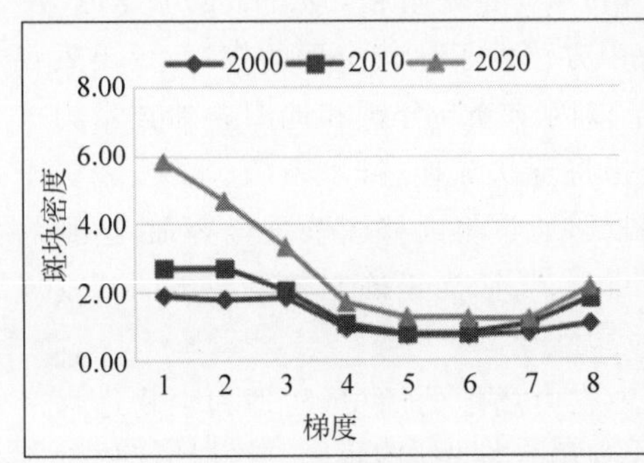

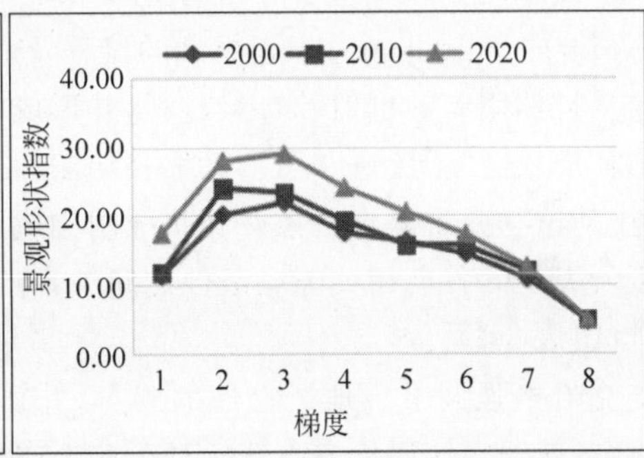

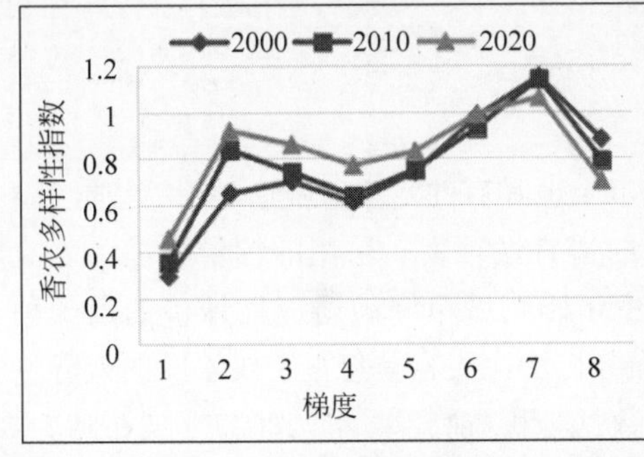

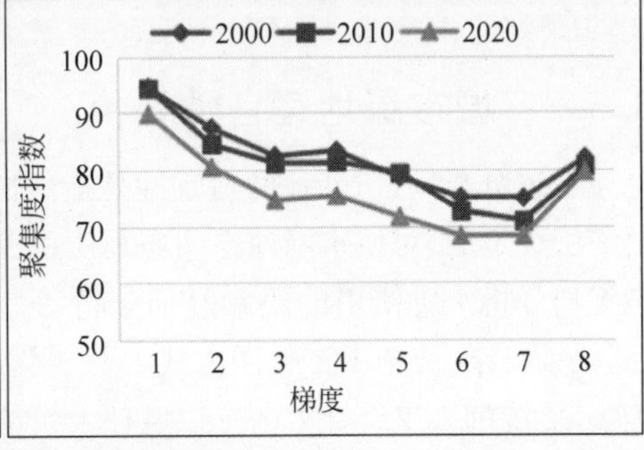

图 3.4-5　绿地景观指数梯度分析

3.5 绿地规划适宜性分析

3.5.1 适宜性评价理论及其发展

生物学家达尔文在进化论中首次提出了适宜性的概念，但只是用它解释生物对于种群的单向适应关系。后来，L. Henderson 在其代表作《环境的适应》中进一步发展了达尔文的适应观，他认为有机体和自然之间是相互协调的关系，在有机体进化过程中，环境的适应与有机体自身产生的适应都发挥了十分重要的作用，并且一定尺度上可以认为环境是最能适应生物居住生存的（陈纪凯，2004）。此后"适应性"在人与自然关系的研究领域中得到应用。英国人文地理学家 Percy M. Roxby 认为，人对自然环境的适应具有两层含义，既意味着自然环境对人类活动的限制，也意味着人类对环境的利用和利用的可能性（王恩涌 等，2004）。

由适应观而产生的适宜性分析作为一种评价方法最早产生于英国，当时被称为"筛网法"，基本原理是使用一系列的特定条件作为"筛子"不断筛出不符合要求的区域，直至剩余区域全部符合规则。1938 年，德国著名植物学家 Ttoll 提出景观生态学后（傅伯杰 等，2003），土地生态学受其影响，出现"土地生态—土地生态评价—土地生态规划"研究方向，在新方向研究发展过程中逐渐形成了适宜性分析方法（杨志峰 等，2004）。但这种分析方法在很长一段时间并没有得到广泛关注，直至 1969 年，麦克哈格（McHarg）发表了 *Design with Nature* 一书，此书对生态规划的流程及应用方法做了比较全面的探讨，提出景观规划应该遵从自然固有的价值和自然过程，并形成了以因子分层分析和地图叠加技术为核心的"千层饼"模式。"千层饼"模式，又称叠加法，是指将现状绿地、排水系统、水文、表层土壤分布、野生动植物分布等自然条件和状况制作成图纸，通过将这些图纸重合叠加，达到综合把握图纸所表现的各类相关环境条件之间关系的目的，从而为正确制定下一步的开发规划奠定基础（图 3.5-1）。

麦克哈格强调了土地适宜性的观点，并认为它由场地的历史、物理和生物过程三个方面来决定，使适宜性评价方法开始真正在生态规划中发挥作用，此后，适宜性评价方法在很多领域应用起来。

3.5.2 城市绿地适宜性评价

基于上述分析，城市绿地的适宜性是指由城市土地具有的水文、地理、地形、地质、生物、人文等要素所决定的，对城市绿地空间布局所固有的适宜性程度。采用的评价方法为麦克哈格在生态规划分析中所使用的要素叠加分析法。由于影响城市绿地适应性评价的因子种类多样、空间关系复杂，使用手工作图方式的要素叠加分析法往往容易忽视了要素间的差异性和重要性等级，传统的人工统计方法难以胜任大量的数据分析（俞孔坚 等，2003）。现在随着 3S 技术的发展，使图形数据与属性数据的一体化成为可能，这为进行土地适宜性的评价研究提供了较为高效、准确的技术保障。早在 1994 年我国学者况平就使用 GIS 技术对北海市园林绿地系统规划进行了适宜性评价（况平，1995）。此后，我国很多学者都在此方面做了许多有益的研究

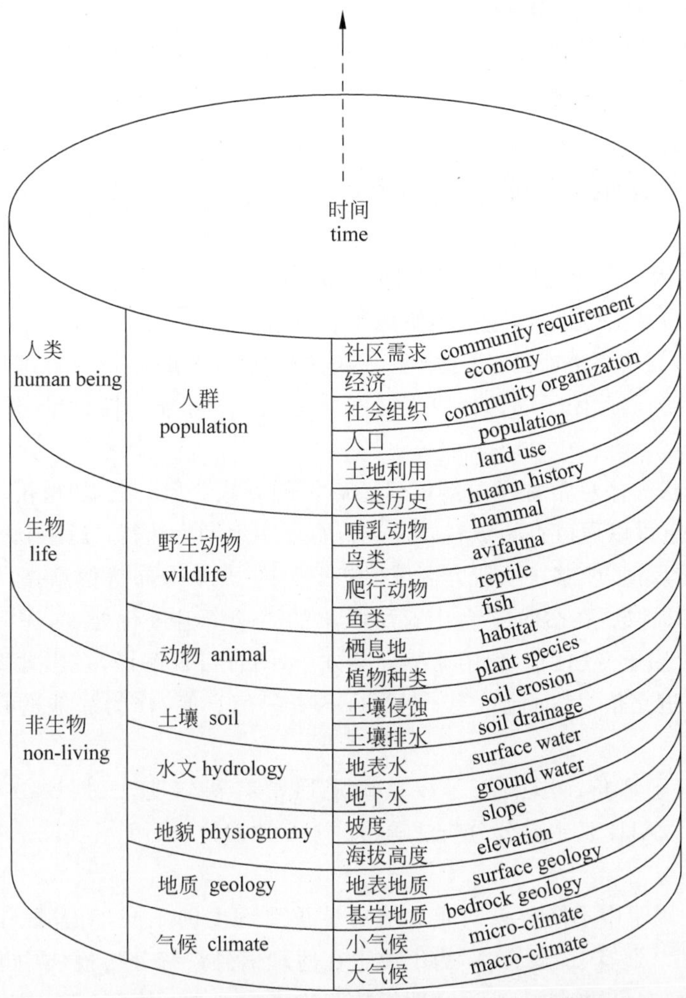

图 3.5-1　千层饼模式

(图片来源：麦克哈格，1992.设计结合自然[M].芮经纬，译.北京：中国建筑工业出版社)

(赵文武 等，2000；梁艳平 等，2001)。通过城市绿地适宜性评价，能够确定生态敏感性分区及生态适宜度分区，依此找出维护城市持续发展的自然生态资源，使其作为城市绿地系统规划的基础，为建构城市良性循环的城市绿地系统提供依据。

3.5.3　评价方法和技术路线

1. 资料收集

城市绿地适宜性评价除了参阅地理信息系统、遥感、景观生态学、城市规划学、统计预测与控制等规划理论与方法，还需要与城市绿地适宜性评价研究直接相关的资料，概括起来有以下三类：

① 地图资料：高分辨率影像图(卫星图、航拍图等)；小比例尺地形图；相关规划图(城市总体规划图、各种土地利用图、古树名木及历史遗迹分布图等)。

② 自然环境资料：地形地貌、土壤地质、环境污染(包括各种污染源)、气候资料(特别

是多年气温监测数据)、动植物资料等。

③ 社会人文资料：城市发展资料、人口、经济、统计年鉴、城市市志等。

2. 评价原理与模型构建

城市绿地适宜性评价方法成功的关键在于影响因子的选取和标准化、权重的确定以及如何将GIS和决策过程结合(唐宏 等,1999)。通常,绿地适宜性评价过程主要包括以下几个步骤：

① 选取影响因子。影响城市绿地空间分布的因素主要包括自然和社会两个方面。自然方面的核心是自然生态系统,包括地质地貌、动植物、环境、自然生态等；社会方面涉及经济、文化、产业等,其核心是社会经济系统。选取的评价因子的数量和合理性将直接决定评价结果的科学程度,因此因子的选择应遵循可量化、主导性、独立性、可操作性原则(汪成刚 等,2007)。

土地利用现状等信息常常通过解译遥感影像的方式获取；土壤、植被、地质、历史遗迹与古树名木等信息可以通过查阅资料以及进行野外实地勘察获得；运用软件对数据资源进行分级聚类、定量反演,能够获取研究区域生态敏感区、热岛分布等信息。

② 专题信息提取。在GIS平台中对所收集的因子资料进行处理,完善图层的属性信息,获得每个评价因子专题图。利用遥感分类方法,结合目视解译,在影像图上提取绿地信息、建筑物信息、道路信息、河流信息,建立GIS资料信息库,作为绿地适宜性评价信息提取源。

③ 单影响因子评价。影响因子权重确定通常有特尔斐法、层次分析法(analytical hierarchy process,AHP)、主成分分析法等(郑宇 等,2005),采用9、7、5、3、1等不同等级的评价分值。

④ 根据影响因子中不同要素对生态适宜性重要程度的不同,对其赋予不同的等级值(不适宜、基本适宜、适宜、最适宜)。为了便于在地理信息系统分析模块中迅速获取计算结果,描述性的等级信息转换成土地适宜性指数并建立等级评价体系(汪成刚 等,2007)。

⑤ 采用基于GIS的多因子加权叠加分析功能评价绿地空间布局的适宜性。评价的最大问题是有些因子对于绿地布局的适宜性影响是正面的,而有些因子影响是负面的,因此,在叠加分析时我们把影响因子分为潜力性因子(适宜性因子)、限制性因子(不适宜性因子)两大类(卢圣 等,2007)。

⑥ 构建绿地适宜性评价模型。GIS的主要功能是空间分析,GIS空间分析分为空间拓扑叠加分析、空间网络分析、空间缓冲区分析3个层次(卢圣 等,2007)。首先,通过GIS空间拓扑叠加,实现输入特征的属性合并以及特征属性在空间上的连接；其次,进行GIS的空间网络分析,找出各影响因子的相互作用区域和边界；最后,利用GIS的空间缓冲区分析功能对城市用地中适合布局绿地的点、线、面周围划定范围界限,从而找出城市绿地适宜布局的区域。为提高评价结果的科学性,通过计算各影响因子的权重修正绿地适宜性评价基本模型,修正后的模型公式如下：

$$S = \sum_{i=1}^{n} W_i X_i \tag{3-1}$$

式中,S 是绿地适宜性等级；X_i 为各影响因子的评分值；W_i 为该影响因子的权重。

3. 评价技术路线

基于3S技术，在野外生态调查和收集图件资料以及相关社会经济资料的基础上，依据可操作性、独立性、主导性和代表性原则以及对城市绿地布局影响的显著性和资料的可利用性选取城市绿地布局适宜性评价因子。运用城市绿地适宜性评价模型(式(3-1))和GIS的空间分析功能分别计算出每个影响因子的绿地适宜性评价结果，而后根据特尔斐法和层次分析法(AHP)确定每个影响因子的权重，然后进行影响因子叠加分析，最后得出城市绿地系统规划布局方案。城市绿地适宜性评价的技术路线如图3.5-2所示。

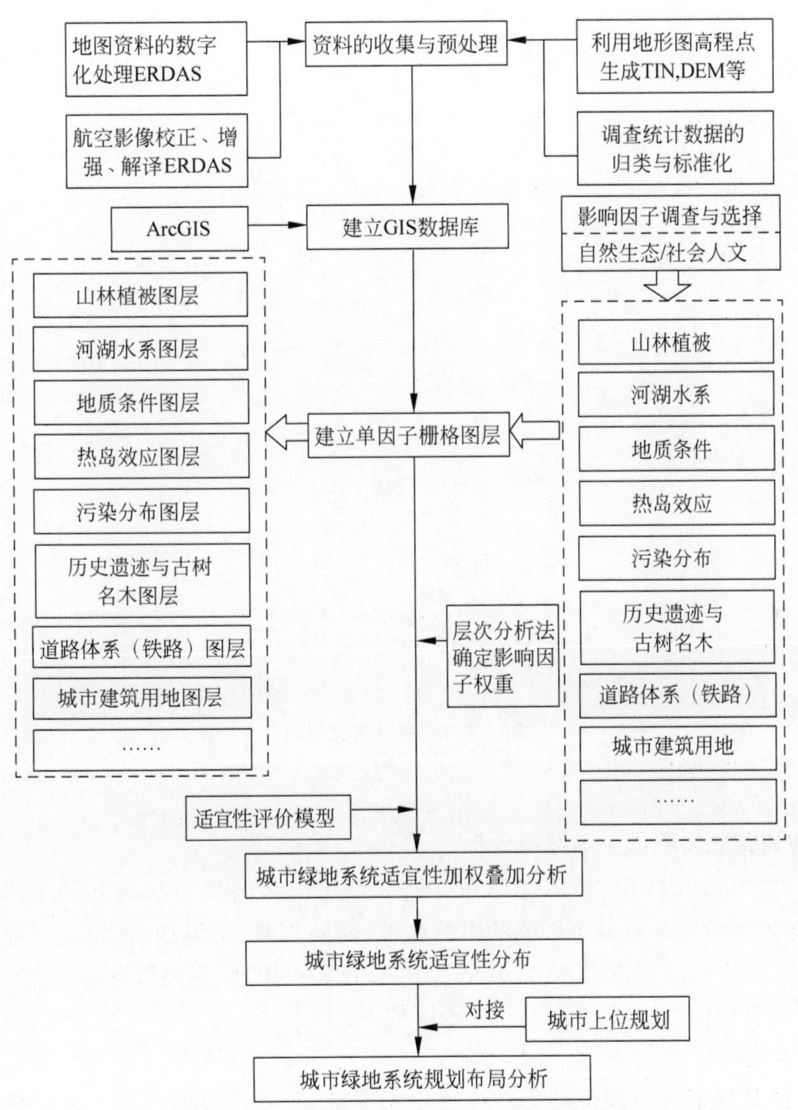

图3.5-2　城市绿地适宜性评价的技术路线

3.5.4 案例分析

1. 研究区域选择

CZ 市位于 JS 省南部，属于 CJ 三角洲平原及 T 湖 G 湖冲积平原。境内地势平坦，河网稠密，沟塘众多。全境地势西北高东南低，是典型的江南水乡平原地形。CZ 市域总面积为 4375km^2(包括 JT 市、LY 市和 CZ 市规划区)，其中《CZ 市总体规划》确定 CZ 市规划区控制面积约 1872km^2。本章选择 CZ 市规划区为研究区域(图 3.5-3)。

图 3.5-3 研究区域选择

(图片来源：申世广，2010. 3S 技术支持下的城市绿地系统规划研究[D]. 南京：南京林业大学)

2. 绿地适宜性影响因子选取与分析

在分析 CZ 市地理区位、经济区位和交通区位等诸多因素的基础上，依据收集到的资料，选取对绿地系统布局有显著影响的山林植被、河湖水系、土壤地质、农田用地、生态敏感区、热岛效应、历史遗迹与古树名木、道路系统、城市建设用地、污染源分布 10 个因子作为适宜性评价的主要指标。10 个评价因子的说明如下。

(1) 山体植被分析

山体植被是城市不可多得的天然绿色生态资源，起着调节城市小气候、保护生物多样性、维持良好生态环境的作用，是城市绿地系统重要的绿色基质。CZ 市除 TG 丘陵岗地高程在 34～37m 外，其余地势平坦；山体尤为缺乏，仅有 T 湖沿岸 ZS 丘陵地带和 HD 地区有部分自然植被。这些区域在本次规划中属于重点保护范围。

（2）河湖水系分析

河流水系是城市活的血脉，在改善城市环境质量、维持正常水循环等方面发挥着重要作用。河流廊道不仅能维持生态系统的平衡，还是城市生态格局安全的重要廊道。因此，水系网络绿地系统对提升CZ绿地系统布局质量至关重要。CZ属C江水系T湖水网区，全市共有干、支流河道200余条与江、湖相连，沟、塘星罗棋布，建设水系网络绿地系统有着得天独厚的条件。从遥感解译的土地利用现状图得到CZ地表水分布图，沿地表水的分布建立一定范围缓冲区作为城市绿化用地，用以规划CZ水系绿地系统。

（3）土壤地质分析

① CZ市地基土的主要岩性是灰黄色的黏土、亚黏土，局部为淤泥质亚黏土。市中心以黏土为主，XZ、QSY一带则以亚黏土为主。土中含有较多的氧化铁斑点、铁锰质结核以及少量的钙质结核，亚黏土常夹有青灰色黏土条带，随着深度的递增，青灰色黏土也随之增加，铁锰质结核含量相应减少。天然地基土的分布厚度在DY以东地区可达5～10m；QSY南部则因岩性相变为淤泥质亚黏土，工程地质条件较差。DY以西地基土的厚度在3～7m；PQ镇以北至城区，因人为填土1.5～3.0m，故地基土厚度仅在3～4m。

② 工程地质层。根据30m以内的岩性特征、地层时代、成因类型以及工程地质层组合，浅部工程地质可分为两个区。

西区：以DY一带为界向西至XZ。岩性为黏性土与砂性土相间，自上而下可分为四个工程地质层。第一层为灰黄色黏土、亚黏土（地基土），局部为淤泥质亚黏土。城中一带上部分布1～3m的人工填土，土质结构紧密，富含铁锰质结核和少量钙质结核，硬可塑，中低压缩性，厚3～6m；第二层为灰黄色粉砂，顶部夹杂亚砂土，松散、饱水、含云母杂片，厚7～20m；第三层为灰褐、灰绿色亚黏土，局部夹杂亚砂土，结构紧密、硬塑、低压缩性，厚1～6m；第四层为灰色、灰黄色粉砂，含泥质及云母、贝壳碎片，松散、饱水、厚5m左右。沉积颗粒从细到粗，反映出两个沉积旋回。

东区：从DY往东至QSY一带。30m以内为黏性沉积。按地层物理力学指标同样可划分为四个工程地质层。第一层为灰黄、棕黄色亚黏土，局部为淤泥质亚黏土，结构紧密，硬可塑，中低压缩性，厚5～10m；第二层为灰、浅灰、灰黑色亚黏土，局部为淤泥质亚黏土夹亚砂土，结构较密，可塑至软塑，中高压缩性，厚6m左右；第三层为灰褐、灰黄、灰绿色亚黏土，富含铁锰质结核，结构紧密，硬塑，低压缩性，厚5～12m；第四层为灰黄、灰褐色亚黏土、亚砂土，结构较密，软可塑，中高压缩性，反映出地质条件软硬间隔的特点。

③ 承载力分区。地质条件分析主要是根据地基土本身的抗压强度，参照《建筑地基基础设计规范》列出的各类岩土的地基承载力经验值，结合地貌条件，得出CZ地质条件分布图。CZ的地质分布可划分为4个不同的区域：硬土地基区、软土地基区、低洼硬土地基区、软土地质地基区。地质条件较差的地区虽然不适于城市建设，但可作为城市绿地系统规划重点考虑的区域。

（4）农田用地分析

CZ的气候、水文等条件非常适合各种生物生长，自古以来就是著名的鱼米之乡。值得注意的是由于农田地区开发建设条件较好，随着城市化的快速发展，越来越多的农田正转化为城市扩展区。但是，保护基本农田是我国的一项基本国策，是未经国务院批准不得占用的耕地，城市绿地系统规划也不例外。因此，本次评价要把农田用地中的基本农田划归为城市绿地系统规划的限制性因子，而不得随意占用和改变，也就是城市绿地要避开的空间，只有非基本农田才是城市绿地适宜布局的用地。

(5) 生态敏感区分析

按生态敏感区定义及类型划分体系(达良俊 等，2004)，对CZ现存的生态敏感区类型进行划分。然后根据CZ生态敏感区的类型空间分布，按照土地开发利用强度的先后顺序，对结果进行分级、聚类，划分出一级敏感区、二级敏感区、三级敏感区、四级敏感区四类区域。其中一级和二级生态敏感区是城市绿地布局重点考虑的区域。

(6) 热岛效应分析

热岛效应是指城市中心温度比郊区高的现象。CZ市城市热岛高温区主要位于主城区及WJ区一带，低温区主要分布在G湖、T湖和C江等湿地水域一带，城市绿化覆盖率与热岛强度成反比，绿化覆盖率越高，热岛强度越低，因此在CZ热岛中心布局规模化的集中绿地是最能直接削弱热岛效应的做法。

(7) 历史遗迹与古树名木分析

历史遗迹与古树名木属于城市"禁建区"的范畴(俞孔坚 等，2007)，在本规划中属于严格保护和控制的范围。CZ历史悠久，历史文化古迹众多，拥有各级文物保护单位共计155处，其中国家级4处，省级27处，市级44处，县级57处，市级控保单位23处，历史文化街区3处。另外，CZ市现有古树名木459株，其中28株树龄超过300年，最高树龄可达1000年以上。

(8) 道路系统分析

CZ市是我国路网密度最大的地区之一，拥有发达的铁路、高速公路、国道、省道以及城市道路。因此，道路体系绿化是CZ城市绿地系统规划考虑的重点之一。

(9) 城市建设用地分析

城市建筑用地是绿地规划布局的限制性因子，因为在建筑密度非常高的地区很难开辟出大块绿地，在进行绿地适宜性分析时，限制性因子通过做减法才能得到更加科学和可操作的布局方案。

(10) 污染源分布

CZ空气环境污染类型为混合型(煤烟型和机动车尾气污染型)，首要空气污染物为可吸入颗粒物，其他两项污染物为二氧化硫和二氧化氮；水污染属综合型有机污染，主要污染物为总磷、氨氮、高锰酸盐指数和挥发酚等。在空间分布上，JH运河干流水质相对较好，运河支流污染仍较严重；噪声污染主要是汽车噪声，总体上来看声环境质量处于较好状态；工业固体废物综合利用率继续保持较高水平，生活垃圾无害化处理和危险废物处置的管理工作得到加强。

3. 基于层次分析法确定影响因子的权重

层次分析法是一种定性与定量相结合的决策分析方法，它利用矩阵特征值和特征向量进行群组运算，从而确定各因子权重，定量化表示因子的相对重要性，并通过排序结果指导分析和解决问题(Saaty，1980)。本研究中AHP方法的设计与实现过程如下。

(1) 建立递阶层次结构模型

根据一定准则，对确定的影响城市绿地系统的10个因子(分别用$P_1 \sim P_{10}$来表示)进行分级,结合园林绿化标准,量化每一个等级,等级属性值越大,说明越适合绿化(表 3.5-1)。

表 3.5-1　影响因子分级标准和属性值

编　　号	影响因子	分级标准	属性值
P_1	生态敏感区	自然保护型	9
		环境改善型	7
		污染影响型	5
		用地控制型	3
		资源储备型	1
P_2	道路系统	铁路、高速公路 100m 缓冲区	7
		省道国道 30～50m 缓冲区	5
		城市主要道路 20m 缓冲区	7
		城市次要道路 10m 缓冲区	3
P_3	山林植被	主要山脉 300m 缓冲区	9
		主要山脉 300～500m 缓冲区	7
		主要山脉 500～1000m 缓冲区	5
		次要山脉 300m 缓冲区	7
		次要山脉 500m 缓冲区	5
P_4	土壤地质	硬土地基	1
		低硬土地基	3
		软土地基	5
		低软土地基	7
P_5	城市建设用地	城市建筑用地	0
		城市非建筑用地	3
P_6	河湖水系	主要河湖 100m 缓冲区	9
		主要河湖 100～200m 缓冲区	7
		主要河湖超过 200m 缓冲区	5
		次要河流 50～100m 缓冲区	3
P_7	农田用地	基本农田	0
		非基本农田	5
P_8	污染源分布	300m 缓冲区	7
		300～500m 缓冲区	5
		500～800m 缓冲区	3
		超过 800m 区域	1
P_9	历史遗迹与古树名木	30～50m 缓冲区	9
		50～100m 缓冲区	5
		超过 100m 缓冲区	1
P_{10}	热岛效应	超过 4 度的区域	9
		4～3 度的区域	7
		3～2 度的区域	5
		2～1 度的区域	3
		1～0 度的区域	1

(2) 对影响因子构建成对比较矩阵

采用 1～9 标度方法(表 3.5-2),请 20 位园林领域专家对上述评价因子重要性两两对比进行打分,用打分的平均值构建判断矩阵,见表 3.5-3。

表 3.5-2 重要性等级和强度值

重要性等级	强度值	重要性等级	强度值
同等重要	1	特别重要	7
比较重要	3	绝对重要	9
重要	5	中间强度	2、4、6、8

表 3.5-3 影响因子判断矩阵

P_1	P_2	P_3	P_4	P_5	P_6	P_7	P_8	P_9	P_{10}
1	2	0.5	4	5	0.5	8	5	4	8
0.5	1	0.5	4	5	0.5	4	5	4	4
2	2	1	5	8	1	5	8	5	5
0.25	0.25	0.2	1	2	0.2	1	2	0.5	0.5
0.2	0.2	0.125	0.5	1	0.2	1	2	0.5	0.5
2	2	1	5	5	1	5	5	4	4
0.125	0.25	0.2	1	1	0.2	1	4	0.5	0.5
0.2	0.2	0.125	0.5	0.5	0.2	0.25	1	2	0.5
0.25	0.25	0.2	2	2	0.25	2	0.5	1	2
0.125	0.25	0.2	2	2	0.25	2	2	0.5	1

利用最大特征向量对判断矩阵进行归一化处理(表 3.5-4),计算公式的一般项为

$$\underline{R}_{ij}=\frac{r_{ij}}{\sum_{i=1}^{n} r_{ij}} \quad (i,j=1,2,\cdots,n) \tag{3-2}$$

表 3.5-4 归一化后的判断矩阵

P_1	P_2	P_3	P_4	P_5	P_6	P_7	P_8	P_9	P_{10}
0.150	0.238	0.123	0.160	0.159	0.116	0.274	0.145	0.182	0.308
0.075	0.119	0.123	0.160	0.159	0.116	0.137	0.145	0.182	0.154
0.301	0.238	0.247	0.200	0.254	0.233	0.171	0.232	0.227	0.192
0.038	0.030	0.049	0.040	0.063	0.047	0.034	0.058	0.023	0.019
0.030	0.024	0.031	0.020	0.032	0.047	0.034	0.058	0.023	0.019
0.301	0.238	0.247	0.200	0.159	0.233	0.171	0.145	0.182	0.154
0.019	0.030	0.049	0.040	0.032	0.047	0.034	0.116	0.023	0.019
0.030	0.024	0.031	0.020	0.016	0.047	0.009	0.029	0.091	0.019
0.038	0.030	0.049	0.080	0.063	0.058	0.068	0.014	0.045	0.077
0.019	0.030	0.049	0.080	0.063	0.058	0.068	0.058	0.023	0.038

将每一列归一化后的上述矩阵按行相加为

$$W_i=\sum_{j=1}^{n}\underline{R}_{ij} \quad (i=1,2,\cdots,n) \tag{3-3}$$

$$[1.85 \quad 1.37 \quad 2.29 \quad 0.4 \quad 0.32 \quad 2.03 \quad 0.41 \quad 0.32 \quad 0.52 \quad 0.49]^{T}$$

对向量 W 做归一化处理,求矩阵的特征向量的近似解:

$$\underline{W}_i = \frac{W_i}{\sum_{i=1}^{n} W_i} \tag{3-4}$$

[0.185　0.137　0.229　0.04　0.032　0.203　0.041　0.032　0.052　0.049]^T

即为所求矩阵的特征向量的近似解。

(3) 组合一致性检验

计算判断矩阵的最大特征根：

$$\begin{aligned}\lambda_{\max} &= \sum_{i=1}^{n} \frac{(R\underline{W})_i}{n\underline{W}_i} \\ &= 1.12 + 1.086 + 1.085 + 1.059 + 1.069 + 1.085 + \\ &\quad 1.056 + 1.078 + 1.086 + 1.061 \\ &= 10.786\end{aligned} \tag{3-5}$$

式中，$(R\underline{W})_i$ 表示向量 $R\underline{W}$ 的第 i 个分量。

判断矩阵一致性指标 CI(Consistency Index)为

$$\mathrm{CI} = \frac{\lambda_{\max} - n}{n-1} = 0.087 \tag{3-6}$$

验证随机一致性比率 CR(Consistency Ratio)为

$$\mathrm{CR} = \frac{\mathrm{CI}}{\mathrm{RI}} = 0.058 < 0.10 \tag{3-7}$$

式中，RI 为随机一致性指标，查表可得 $n=10$ 时，RI=1.49。CR 为 0.058 说明判断矩阵一致性符合要求，上述求得的近似特征向量可以作为 10 个评价因子的权重(表 3.5-5)。

表 3.5-5　绿地适宜性评价影响因子权重

影响因子	权重值
生态敏感区	0.185
道路系统	0.137
山林植被	0.229
土壤地质	0.04
城市建设用地	0.032
河湖水系	0.203
农田用地	0.041
污染源分布	0.032
历史遗迹与古树名木	0.052
热岛效应	0.049
合计	1.000

4. 基于 GIS 的空间叠加分析

空间叠加分析是地理信息系统中常用的空间分析工具，是将同一地区、同一比例尺、同一空间参考系统下的两组及以上的专题图进行叠加，产生一个新的数据图层，其结果是综合了原来两个或多个数据图层所具有的属性。根据不同的数据模型可将空间叠加分析分为矢量数据的叠加和栅格数据的数学运算，前者综合叠加图层的所有要素属性，以及要素几何形态；而后者是多幅栅格数据之间的栅格数据值的数学运算，如加、减、乘、除等(牛强，

2017)。本研究采用地理信息系统中的栅格图层叠加方法(图 3.5-4)。

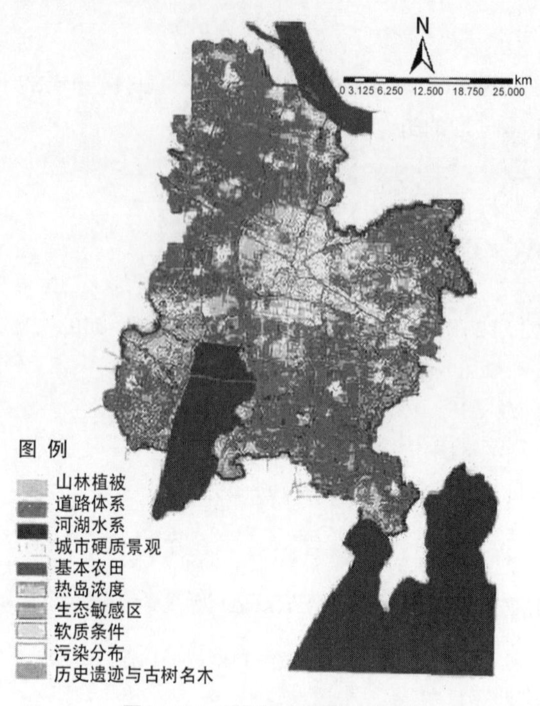

图 3.5-4 影响因子叠加分析

(图片来源：申世广,2010.3S 技术支持下的城市绿地系统规划研究[D].南京：南京林业大学：81)

5. 加权叠加分析

利用 ArcGIS 栅格计算工具(raster calculator)中的空间分析功能,按照改进后的绿地适宜性评价模型(式(3-2))及相应影响因子分值和权重值进行叠加分析,其结果如图 3.5-5(a)所示。为获得更加直观有效的信息,对相近等级进行合并,最终得出 CZ 城市绿地适宜性评价分级图(图 3.5-5(b)),在此基础上结合 CZ 空间结构组织现状以及城市发展战略方向等政策因素,给出 CZ 绿地系统空间布局建议。

6. 评价结果分析

从 CZ 城市绿地适宜性评价结果图上可以看出(图 3.5-5(b)),最适合城市绿地布局的区域主要分布在：T 湖沿岸及其周围丘陵地区、G 湖地区和 C 江沿岸等河湖水系密集的地区；Y 城遗址公园和 CZ 恐龙园等森林公园地区,此外,CZ 市垃圾填埋场、工业园区等也是绿化布局强化的地区。相反,CZ 中心区、基本农田分布区等或因拆迁难度大,或因国家政策土地性质难以变更等原因,成为绿地布局困难的地区。基于 CZ 市绿地适宜性评价结果,对 CZ 绿地系统规划作如下建议(图 3.5-6)。

(1) 保护城市外围生态屏障

外围的生态屏障是指城市建设用地以外的包括农业用地、生产绿地、C 江沿岸林地、G 湖沿岸林地、FM 山森林公园、T 湖边森林公园等形成的 CZ 市外围生态保护区,重点关注 C 江沿岸林地、G 湖沿岸林地、FM 山森林公园、C 湖边森林公园的建设与基本农田、线状绿地的建设与保护。

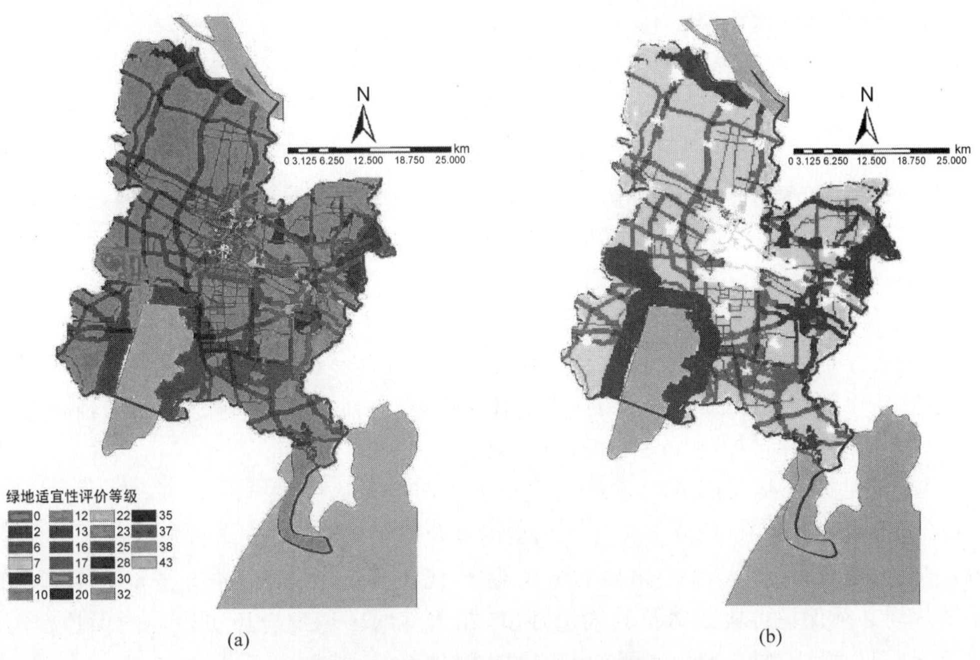

图 3.5-5　绿地适宜性评价分级图

（图片来源：申世广，2010. 3S技术支持下的城市绿地系统规划研究[D]. 南京：南京林业大学：82）

图 3.5-6　绿地系统布局建议

（图片来源：申世广，2010. 3S技术支持下的城市绿地系统规划研究[D]. 南京：南京林业大学：84）

(2) 强化水网绿地系统

水网是城市绿地系统的重要组成部分,河道及河道周边的滨水地带的生态价值极高,同时也具有能够深入城市建成区内部的有利条件。利用外围河道系统,建立起生态河网系统,并使它将生态效应渗透到城市的每一个角落。市内河水环与运河等是城市历史文化街区、特色风貌区、桥梁碑亭和民居聚集的区域,也曾经是历史发展的记录区域,建设文化风景绿地,形成具有游憩、休闲、景观功能的滨水绿地,与历史文化保护结合在一起,延续城市历史文化传统。

(3) 完善圈层式道路绿地体系

CZ 市已经形成了环状的交通体系,围绕内环线、外环线、HN 高速公路与新运河形成生态交通绿带,以隔声降噪、抑制尘土、营建景观为特色,内环、外环控制 20～50m 绿化带,HN 高速与 XY 河绿化环带控制 60～100m 绿化带。

(4) 注重古典园林与历史遗迹绿化,延续城市历史文脉

CZ 市作为一个具有 2500 多年悠久历史的文化古城,现保留较多古典园林和众多历史遗迹,它们也是城市绿地系统中重要的组成部分,代表着 CZ 市的一种历史和精神。城市绿地系统规划必须保护古典园林及其周边环境,在适宜的区域配合历史遗迹的保护,与其他城市要素一起,形成规模合理、布局均匀的城市绿地系统。

3.6 绿地规划可达性分析

3.6.1 可达性理论及其相关研究

可达性(accessibility)是反映交通成本的基本指标,在早期的古典区位论中就蕴含着可达性的含义。杜能的农业区位论就把交通运输作为最根本的考虑因素(陆大道,1988),伴随着工业结构的变化,区位模型中传统的成本决定因素至少在部分上已被一些新的影响因素所替代,但交通成本始终是其中不可忽视的一个方面。

1959 年,美国学者 Hansen 首次提出了可达性的概念,将其定义为交通网络中各点相互作用的机会大小,并利用重力方法研究了可达性与城市土地山川之间的关系。此后,可达性研究得到了从事城市规划、交通地理,以及区域和空间研究等众多领域学者的关注(Koenig,1980)。可达性理论应用层面,最早是从公共设施的选址和布局展开的。Mitchell 提出了“中心地理论”,用来研究城市设施的布局问题,强调在城市绿地布局和选址时充分考虑社会、经济、文化等因素,在可达性度量方法层面,Coline 对比了“二步移动搜索法”和“多维移动搜索法”,发现“多维移动搜索法”更能够从不同的参数条件下分析城市公园的可达性,提高了分析的精度(Dony,2015);2007 年,Kyushik 利用网络分析法对首尔五个区域的公园从空间分布、服务人口比例、服务面积比例等多个方面对比分析,考虑公园和人口、用地之间的关系提出空间布局优化的思路。此后,网络分析法在研究城市公园可达性领域得到广泛应用。在可达性的影响因素层面,当可达性理论和方法研究到达一定高度,一批学者在前者研究的理论和方法基础上选择不同角度对影响公园可达性的因素进行分析研究。大量的文献表明影响城市公园可达性的主要因素为公园分布与面积、城市路网与交通方

式、人口分布密度、居民心理等(周亮 等,2008；马琳 等,2011；Xing et al.,2018)。

早期可达性的相关研究多采用问卷调查的方法,20世纪90年代以来,随着计算机技术和3S技术的迅速发展,越来越多的研究采用GIS空间分析与问卷调查相结合的方法(Herzele et al.,2003)。

国内,俞孔坚、尹海伟等开始把可达性应用于城市绿地的研究中,其中尹海伟等(2006)对国内外开敞空间可达性的研究过程、理论和方法进行了详细分析与评价；顾小坤等(2017)使用两步浮动集水区(2SFCA)方法从人口分布和公园分布方面研究了上海郊野公园的空间可达性；尹海伟等(2009)借助3S技术平台对上海的城市绿地可达性进行评价,取得了较好的效果；范勇等(2016)基于GIS对公园绿地的可达性和居民在不同交通方式下的出行方便性进行了定量分析；梁慧琳等(2018)在多式联运网络上用多重方程计算了家庭到公园的出行时间,并提出将公共交通出行模式纳入城市公园可达性评估的方法中。

3.6.2　城市公园绿地可达性的提出

城市公园绿地作为向公众开放,以游憩为主要功能作用的绿地类型,固然在城市中承担着减轻污染、改善环境质量的作用,但其更重要的功能是满足市民日常散步休闲、锻炼游憩、舒缓压力的精神要求。随着社会经济的发展、工作节奏的加快,对后者需求会变得越来越大。因此,能否最大限度地方便市民平等地享用城市绿地的各项功能与服务,就成为判断公园绿地规划成功与否的重要标准。这也是实现城市可持续性的重要指标,更是实现宜居城市、和谐城市的必由之路。从这个意义上来说,如果其他类型的绿地规划是以“生态为本”,那么公园绿地规划则应该是“以人为本”。由于认识的误区和规划方法的落后,我国的公园绿地规划存在不少问题：

① 公园绿地让位于其他城市建设用地,见缝插针、布局不均衡。假如一个城市的公园绿地只是由几块面积较大的绿地组成,尽管人均面积较高,但居民日常生活中亲绿的需要也并不能得到很好的满足(金远,2006)。

② 只有人均公园面积数量指标,缺少公园绿地空间分布的指标。众所周知人均公园绿地面积指标仅代表某个城市居民占用的公园绿地的面积,而不反映公园绿地的分布结构、质量等情况。

③ 现行的公园绿地布局方法很少关注居民对公园绿地及其提供服务的有效性。传统的公园绿地服务半径的研究只是考虑距离公园的直线距离(欧式距离),没有涉及市民到公园的实际路线；或考虑到了实际路线,但没有考虑到公园绿地周围的实际情况,如使用者的数量和分布、土地使用类型以及开发密度等。现在很多城市为了创建国家园林城市,在城市的边缘甚至郊区规划面积和数量庞大的公园绿地,只为满足人均公园绿地面积指标要求,而很少考虑其功能的发挥,造成公园绿地规划的极大不合理性。在某种意义上讲绿地在城市中设置的位置比绿地指标更为重要(索奎霖,1999)。总之,公园绿地空间分布不能为居民提供最有效的服务已经成为公园绿地规划的重大缺陷之一。

因此,公园绿地面积只是其重要的指标之一,而公园绿地的数量和合理分布则直接影响着城市环境质量和居民游憩活动的开展。主要表现在以下两点：一是城市公园绿地的可达性的难易决定着城市公园绿地的位置、效率,进而影响着城市绿地服务功能的发挥。一般来说,可达性越好的公园绿地,提供的服务功能类型也就越多。二是城市公园绿地可达性的难易程度可以反映出公园绿地的使用状况。依据可达性进行城市公园布局,可以使公园绿地的服务范围覆盖尽可能多的城市人口,减小或者消除其服务"盲区"。总之,根据可达性的难易规划布局便于居民休闲游憩的城市公园绿地,将有效弥补我国城市公园绿地规划存在的缺陷。基于可达性的城市公园绿地规划应该成为公园绿地规划的重要理论、方法和原则。

3.6.3 基于可达性的公园绿地规划分析

1. 公园绿地可达性的影响因素

城市公园可达性是指城市居民通过克服空间距离、出行时间和路途费用等阻力值到达某一城市公园开展休闲游憩活动的便捷程度。由于城市的复杂性,影响居民使用绿地的因素较多,不仅会受到空间距离、城市道路、公园布局位置以及基础设施等影响,还会受到居民的活动偏好、心理感受、种族差异等方面的影响(马晓虹 等,2018)。综合起来影响可达性的因素包括 4 个方面的内容:通行成本(包括距离、时间、费用等),节点选择(包括出发点、目的点、两者之间的路径等,这种选择可以是单向的,也可以是多向的),节点的吸引力(包括其经济状况、服务能力等),城市居民的特征(不同年龄、性别、种族以及受教育情况)(Jorgensen et al,2007)。

(1) 通行成本

通行成本可以表示为空间阻力,是表达可达性最直接的方式,即从空间中某一点到另外一点的便捷程度。一般可以用距离、时间、通行费用等指标来衡量。其中,费用对可达性的影响主要存在于两个方面:一是目的地点收取的费用,如公园门票等;二是人们到达该目的地所需要的费用,如交通费用(Jorgensen et al,2007)。

(2) 出行阻力

空间通达性或阻抗是可达性研究的本质特征,也是各种可达性计算方法的基础。一般情况下,空间通达性越高,可达性程度越高;空间阻力越大,可达性程度越低。决定空间通达性的主要因素是道路交通状况和城市阻力,城市的道路交通状况对可达性的影响程度由交通便捷性、安全性所决定(图 3.6-1)。另外,城市阻力的大小也一定程度影响着空间的可达性,从出发点到目的地由于局部受到阻碍也会导致该目的地点的可达性变差(徐昀 等,2004;田野 等,2018),城市阻力一般包括城市土地利用性质(居住、娱乐、商业、绿地)和土地的空间分布(密度、位置)(张志伟 等,2018)。

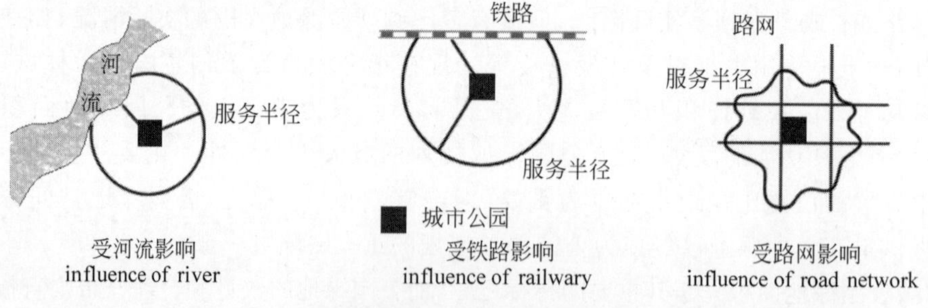

图 3.6-1 不同阻力条件下的公园绿地可达性分布

(图片来源:申世广,2010. 3S 技术支持下的城市绿地系统规划研究[D]. 南京:南京林业大学:43)

(3) 使用者特征

居民的性别、年龄、民族、受教育程度、家庭收入和身体条件等都会在一定程度上影响其对城市设施的需求,导致不同的人群对可达性空间阻力的感知有所不同。例如,面对同样的空间距离,与成年人相比,老人和儿童对到达目的地所需要克服的空间阻力的感知会更高,特殊种族对特殊地点的空间可达性感知度也会高于普通人。另外,城市人口密度情况在一定程度上会影响城市公共设施的使用频率,进而影响其总体可达性(崔彩辉 等,2017)。

鉴于公园绿地阻力的复杂性和多样性,在公园绿地规划时仅以公园绿地的直线距离作为公园绿地的服务半径,只用均衡布局等模糊的语言对待公园绿地的空间布局显然是不科学的。

2. 公园绿地可达性分析方法

公园绿地可达性分析的主要方法可以分为定性和定量两种。定性分析主要采用问卷调查,通过定性描述某类绿地中阻碍可达性的因素,一般偏重论述可达性与游憩等绿地功能的关系(Mullick,1993)。定量研究有通过统计分析的定量方法和基于3S技术的定量方法。相对于复杂难操作的统计分析定量法而言,使用3S技术建立的公园绿地可达性分析模型使得定量计算更为简便、精确和有效,也便于管理数据和图示结果。根据3S技术建模原理的不同,一般可分为最小邻近距离法、重力模型法、累计机会法、基于API的公共交通高精度分析法、拓扑法等,不同方法在分析可达性时各有优缺点,见表3.6-1。

表3.6-1　公园可达性的主要研究方法

评价方法	测度方式	优势	劣势
统计指标法	通过计算城市公园的面积、数量、人均面积等数据来评价城市公园的可达性程度,有时会加入城市公园总量与服务人口的比值来衡量可达性,比值越大,可达性越好	数据获取简单,易于计算,结果清晰明了容易理解,适宜进行简单的纵横向比较	在应用于城市公园可达性评价时认为研究区域内所有的居民都能平等地享受到城市公园的服务并且能无障碍地进入城市公园,也没有充分地考虑城市公园的实际出入口情况,并不能真实地反映公园的服务情况,误差较大,不够精确
最小邻近距离法	将居民区和城市公园抽象为点,通过计算两点之间的最短距离来表示城市公园的可达性	人们倾向于选择距离最近的城市公园进行游憩活动,该方法能比较好地反映这一居民行为特征,而且易于计算,比较简单	忽视了居民对服务设施的使用偏好性以及服务设施的吸引力大小。随着城市交通路网的发展,距离在居民选择城市公园时所占的比重逐渐减少,城市公园数量的增加也使得居民在一定出行条件下有更多的服务设施选择性

续表

评价方法		测度方式	优势	劣势
覆盖范围法	缓冲区分析法	根据城市公园的大小、等级、类型以及居民在一定的交通方式中的行动能力等因素为依据,划分其服务半径(即城市公园可达的区域)	考虑了实际出行路网,操作简单,可以基本划分城市公园的服务范围和非服务范围	以直线距离衡量服务半径,且服务半径默认是自上而下的,没有差异化。忽视景观异质性,认为公园边界皆为公园可进入点,且忽略需求侧的差异性。评价值偏大
	费用加权距离法	对城市景观进行分类,以不同的栅格数据为基础,用最短路径搜索法计算到达城市公园所需要的累计阻力(距离、时间、费用等)来表示城市公园的可达性	考虑了城市的景观异质性,比较好地反映居民的行为特征	在土地利用类型和通行阻力的设定上比较主观,阻力值没有严格的标准,有些学者依据高程、空地率等来设置阻力值,而另一些学者将居民行为和城市经济等因素考虑进来,以到访率的高低来划分不同阻力的地区,难以横向对比
	网络分析法	以图论和运筹学为理论基础,基于道路网络系统的研究方法。计算按照某种交通方式以道路网为基础,城市公园在某一阻力值下的服务范围	基于公交网络进行网络分析,基于成本栅格进行步行成本计算,可以比较完整地基于一点的可达范围	对原始数据的要求较高,计算过程复杂、难度大,在大范围区域可达性分析中操作性不强且随着给定范围的不同,可达性会发生变化。且未涉及公园吸引力这一可达性影响因素
重力模型法	高斯两步移动搜索法(G2SFCA)	综合考虑公园供给能力与居民需求之间的相互作用大小和潜力以及距离衰减指数	综合供需方关系,将公园服务能力和人口分布的空间特征纳入计算模型	仅反映研究范围内部的差异,不能用于多个研究区之间的比较
	引力势能模型法	原理来自牛顿的万有引力定律,将城市公园可达性理解为公园提供的服务能力和市民需求之间的相互作用大小	考虑了城市公园的服务能力和潜力,能比较好地反映城市公园吸引力对可达性的影响,在城市公园可达性的研究领域中有着广泛应用	需基于多种数据估算绿地吸引力和居民需求等主观因素

续表

评价方法		测度方式	优势	劣势
累计机会法	两步移动搜索法(2SFCA)	两步移动搜索法的基本原理称为累积机会,可通过两个步骤实现。第一步是为每个供给点设置搜索域,并寻找该搜索域内的需求点,然后计算每个供给点的供需比。第二步是为每个需求点设置一个搜索域,并求取搜索域内供需比的总和	可以根据研究区特性进行灵活的方法改进,所得出的结论精确度高	计算过程相对复杂,难度比较大
基于开放地图API的公共交通高精度分析法		基于建筑到建筑的公交出行全过程的可达性	考虑了公交出行全过程,出行成本获取比较精确	要求对抓取的大量数据进行筛选和处理
拓扑法	空间句法分析	利用空间句法理论中的形态分析变量、从道路拓扑关系视角来衡量可达性水平	能够更直观反映人的行为活动与城市空间的关系,考虑拓扑结构对空间的影响	需要详细准确的路网数据建立句法模型,没有考虑公园本身吸引力因素。本质是探究公园空间分布的合理性

3. 公园绿地可达性研究的技术路线

基于3S技术软件平台和公园绿地可达性的相关理论与方法,结合城市道路系统、河流水系和人口分布状况,采用网络分析法对城市公园绿地的可达性进行探讨,以此来评价城市公园绿地分布的合理性与存在的问题,并为公园绿地规划布局提供依据。研究思路与技术流程如图3.6-2所示。

3.6.4 案例分析

下面以CZ市为例对公园绿地可达性进行探讨,选择CZ市HN高速、沿江高速、外环高架路和XY河、WS河所围合的范围内连成片的规划建成区为研究区域,包括TN区、ZL区和WJ区、XB区、QSY区的一部分,面积约388km^2。该区域为CZ市的核心区域及主要的建成区,也是CZ市公园绿地的主要分布区域,同时也是历届城市总体规划的核心范围(图3.6-3)。

2007年CZ市总人口已经达306.82万人,其中城市人口为206.06万人,研究范围内的人口密度分布很不均匀,高的地方每平方千米可达2万余人,低的地方每平方千米只有上千人。近年来,CZ市建设了多个城市公园,包括综合性公园、社区公园、儿童公园等多种类型(图3.6-4)。

1. 可达性模型建立

根据网络分析法计算原理,公园绿地可达性的主要计算过程如下。

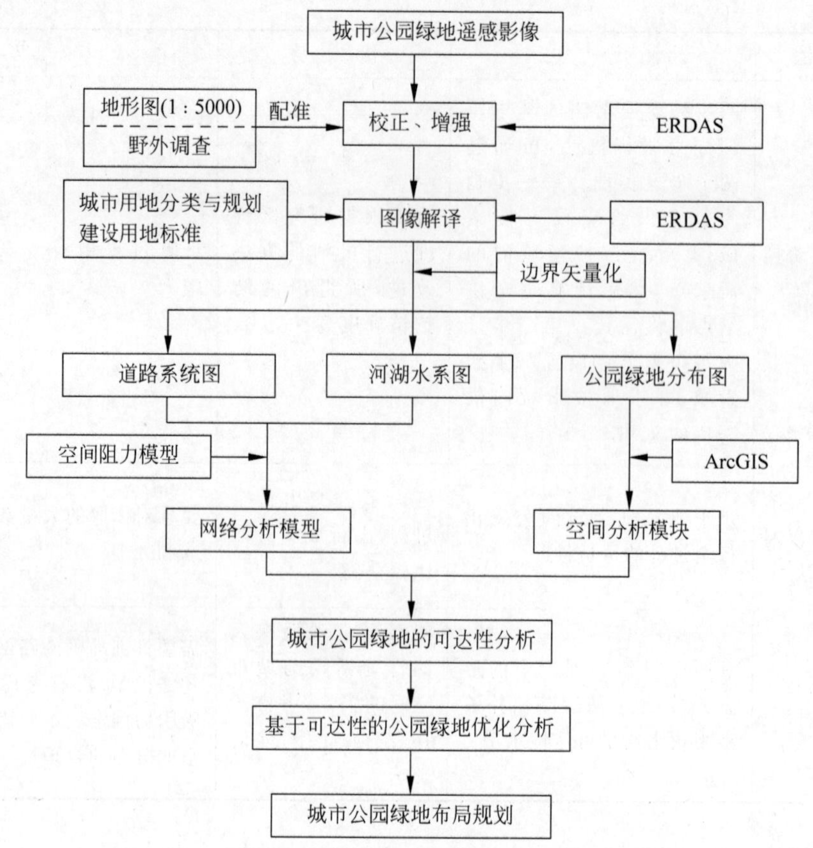

图 3.6-2　基于可达性的公园绿地规划思路与技术流程

(图片来源：申世广，2010.3S技术支持下的城市绿地系统规划研究[D].南京：南京林业大学：45)

(1) CZ公园绿地相关数据库建立

首先，利用GPS选取控制点和ERDAS 9.0对图像进行配准与几何校正、增强等处理，然后，利用ArcGIS，结合实地踏勘提取城市公园绿地、道路体系、水系分布等空间信息，并建立城市空间信息数据库(研究所需城市公园绿地、道路数据和水系均解译于CZ市2007年航空遥感数据)。

(2) 源文件(source grid)的准备

基于ArcGIS软件平台，从CZ土地利用分类数据中提取出城市公园绿地作为可达性分析的研究对象(源文件)。

(3) 建立网络分析可达性模型

可达性构建模型公式如下：

$$\mathrm{ACI}=\sum_{i=1}^{n}\sum_{j=1}^{m}f(D_{ij}\times R_i)/V_0 \tag{3-8}$$

式中，ACI是公园绿地的可达性指数；f 是指从空间中任一点到所有源(公园绿地)的距离判别函数；D_{ij} 是从空间任一点到源 j(公园绿地)所穿越的空间单元面 i 的距离；R_i 是空间距离单元 i 可达性的阻力值；V_0 是人们从空间任一点到源(公园绿地)的移动速率。

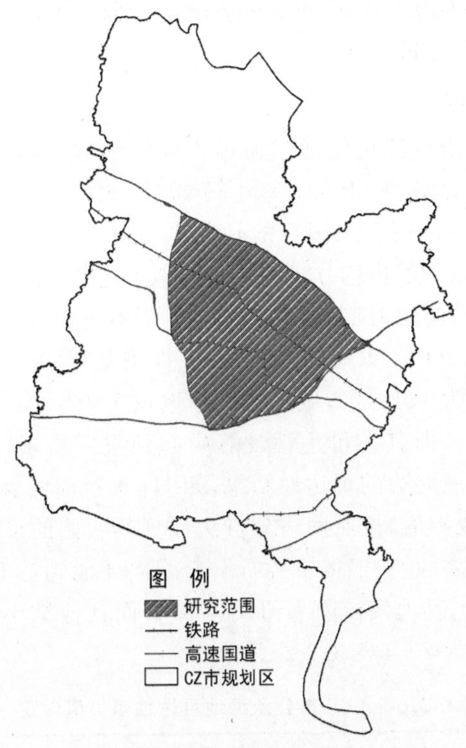

图 3.6-3　研究区域选择

(图片来源：申世广,2010. 3S 技术支持下的城市绿地系统规划研究[D]. 南京：南京林业大学：46)

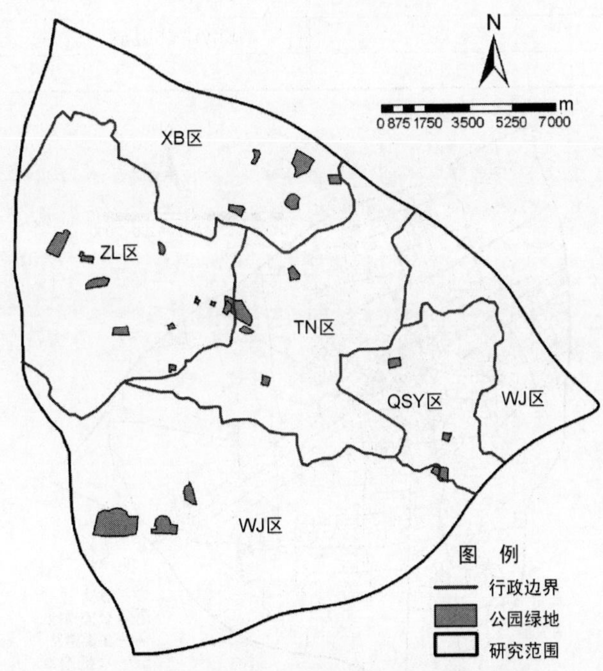

图 3.6-4　研究区内主要现状公园绿地分布图

(图片来源：申世广,2010. 3S 技术支持下的城市绿地系统规划研究[D]. 南京：南京林业大学：47)

运用 GIS 中网络分析模块(network analysis),基于城市道路网络和城市水系网络,对 CZ 市公园绿地可达性进行分析。

2. 公园绿地可达性分析

本节通过对城市居民沿道路网络通过城市不同空间的时间来衡量到达公园绿地的难易程度,参考相关研究(俞孔坚 等,1999;李小马 等,2009),绝大部分公园绿地使用者采用步行方式来到公园,80%的使用者来园目的是散步和锻炼,93%的使用者都来自步行半小时的范围内。因此本研究只考虑步行方式的公园绿地可达性,并设定步行平均时速为 1m/s,设定通过十字路口平均等待时间为 15s。城市道路类型不同,其通行的阻力大小不同。根据已有相关研究(胡志斌 等,2005;尹海伟 等,2006;肖华斌 等,2009),设定城市主干道、次干道和支路的阻力大小分别为 1、10、20,城市建设用地设定为 100。另外,河流水域很难通行(有桥梁、隧道的地方除外),但其在可达性计算中起到重要作用,如果不设置其阻力值,将会很大程度上影响河流水域周边的可达性结果,如 JH 大运河两侧,因仅有为数不多的大桥相通,如果不考虑其时间成本值,按照网络分析法计算其两侧的可达性将出现大的偏差,因为水域对城市空间具有分割性,一般需要绕行一定距离才能到达对岸。鉴于此,本节将 JH 运河的阻力值设定为 1000,其他河流阻力值设为 500,而其他细小水系、人工沟渠和池塘等水域的时间相对成本值设为 200(表 3.6-2,图 3.6-5)。

表 3.6-2 CZ 市公园绿地可达性阻力值设定

阻力因素	阻力系数	阻力因素	阻力系数
主干道	1	其他河流	500
次干道	10	其他沟渠	200
支路	20	城市建设用地	100
JH 运河	1000		

图 3.6-5 研究区域道路、河流水系分布

(图片来源:申世广,2010.3S技术支持下的城市绿地系统规划研究[D].南京:南京林业大学:49)

本案例只考虑城市公园绿地的居民使用功能(休闲、游憩、避震、减灾等),选取城市内面积大于 0.25hm^2(50m×50m=2500m^2)的城市公园绿地(下文提及城市公园均指面积大于 0.25hm^2 的公园绿地),以小于 5min、5～10min、10～20min、20～30min 等作为不同等级的公园绿地的有效服务半径,模拟城市公园绿地的合理服务范围,计算出公园绿地的可达性指数(ACI),并以此判断公园绿地可达性的空间分布特征(图 3.6-6)。通过 ArcGIS 软件平台网络空间分析模块,进行不同可达性等级的面积与百分比统计(表 3.6-3)。

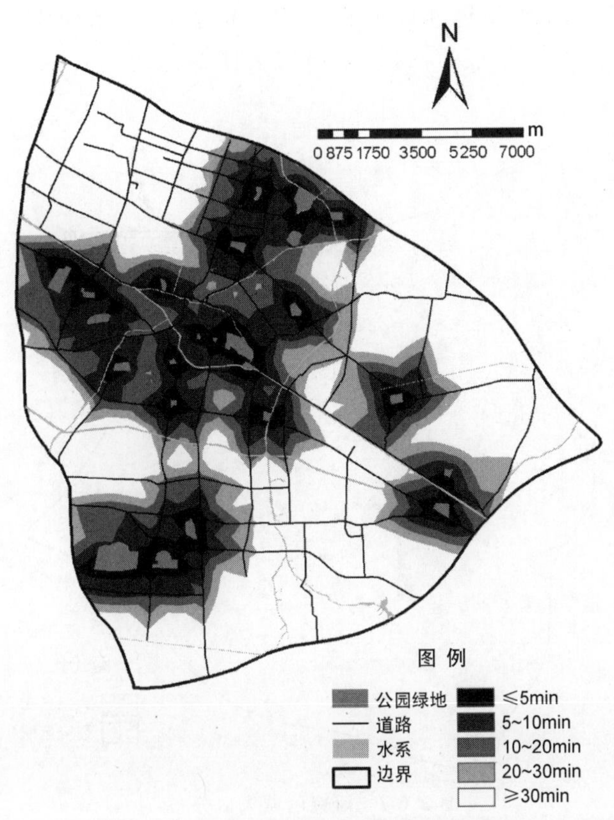

图 3.6-6　研究区域公园绿地可达性分析

(图片来源:申世广,2010. 3S 技术支持下的城市绿地系统规划研究[D]. 南京:南京林业大学:50)

表 3.6-3　公园绿地可达性服务面积分类分析

时间/min	面积/hm^2	百分比/%
≤5	4101.16	10.57
5～10	3821.80	9.85
10～20	5866.56	15.12
20～30	5183.68	13.36
≥30	19 826.80	51.10
合计	38 800	100

因为城市土地利用的复杂性和多样性导致城市人口空间分布不均匀，因此通过上述方法得到的公园绿地服务面积不等同于研究区域服务人口的比例，故用公园绿地的有效服务人口代替服务面积指导公园绿地规划布局将更加科学。通常的做法是将网络分析法得到的公园绿地服务区与城市人口分布图进行叠加统计分析，就可以得到不同时间内公园绿地服务人口的数量。但如何准确确定人口在空间的分布是一个比较困难的问题，有的以小区楼房分布计算为依据(贺晓辉，2008)。这适合单个绿地公园的可达性分析情况，有的以街道办事处的人口为统计依据(尹海伟 等，2008)，这适合研究区域规模大，城市街道连成片的情况。考虑到CZ市的实际情况，本节以城市居住用地的分布作为人口分布的依据，来研究公园绿地可达性的服务人口(图 3.6-7、表 3.6-4)。

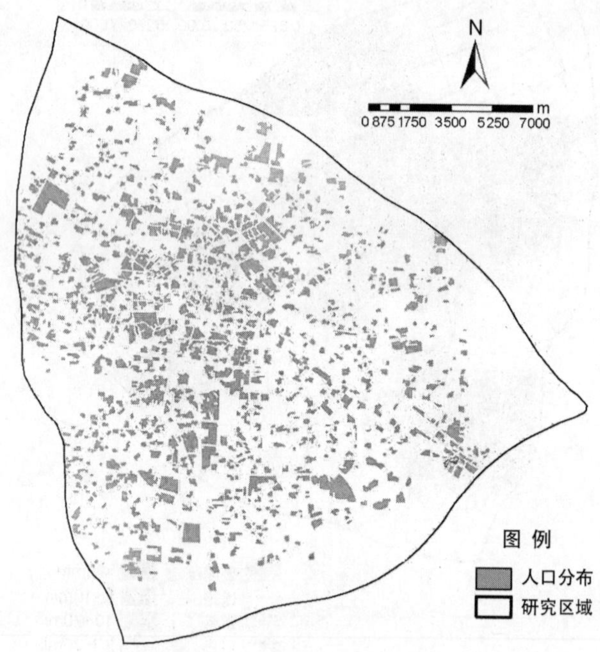

图 3.6-7 研究区域人口分布

(图片来源：申世广，2010. 3S 技术支持下的城市绿地系统规划研究[D]. 南京：南京林业大学：51)

表 3.6-4 研究区域公园绿地可达性服务人口分析

时间/min	人口/万	百分比/%
≤5	39.01	22.81
5～10	26.78	15.66
10～20	33.29	19.47
20～30	25.21	14.74
≥30	46.71	27.32
合计	171.00	100

3. 公园绿地规划建议

(1) 城市公园绿地面积与服务半径、可达时间设定

住房和城乡建设部出台的《公园设计规范》中对不同类型公园绿地的规划面积已有所规定，除了缺少街头绿地面积规定外，基本上能与《城市绿地分类标准》完全对应。但是关于公园绿地的服务半径除了设定为居住区公园 0.5～1km、小区游园 0.3～0.5km 外，有效服务半径和居民到达公园绿地的合理时间没有任何建议与规定。为此，本书基于前人相关问题的研究(杨文悦 等，1999)，以及其他城市的相关规划和国家的相关规范，在公园绿地可达性分析的基础上，提出了城市 7 类公园绿地的建议规划面积、有效服务半径和居民到达公园绿地的有效时间(表 3.6-5)。

表 3.6-5　公园绿地规划面积、服务半径、可达时间设定一览表

公园绿地名称	面积/hm^2	有效服务半径/m	有效可达时间/min
全市性公园	≥10	≤3000	步行≤30
			乘车≤15
区域性公园	10 左右	1500～2000	步行 10～20
			乘车≤10
居住区公园	2～10	500～1500	步行 5～15
小区游园	0.5～2	300～500	步行≤5
街头绿地	≥0.5	300～500	步行≤5
带状公园	2～100	500～3000	步行≤30
专类公园	2 至几百不等	不做严格控制	不做严格控制

(2) 公园绿地规划建议

据此标准，CZ 市综合性公园有效服务半径为 2000～3000m，区域性公园有效服务半径为 1500～2000m，居住区公园设定有效服务半径为 500～1500m、小区游园有效服务半径为 300～500m，街头绿地不超过 300m，大型专类公园有效服务全市区，在此基础上给出了 CZ 市公园绿地规划建议。规划建议近期以建设生态园林城市为目标，CZ 市公园绿地面积增加到 1860hm^2，人均公园绿地面积达到 12m^2 以上，步行 20min 有效服务覆盖面积达到 65%，有效服务人口接近 85%；步行 30min 有效服务覆盖面积达到 85%以上，有效服务人口接近 95%以上，布局更为均衡，规划更为合理(图 3.6-8、图 3.6-9)。远期城市公园绿地规划布局实现步行 30min 有效服务覆盖面积达 95%以上，有效服务人口接近 100%，实现生态型城市建设目标。

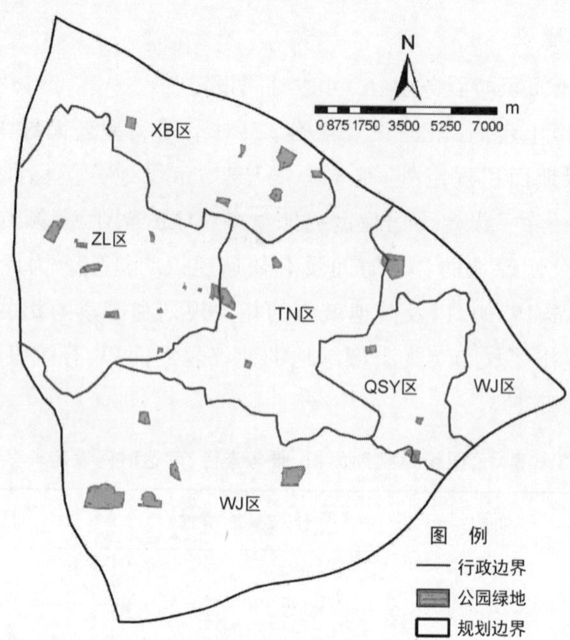

图 3.6-8　研究区域规划公园绿地可达性分布

（图片来源：申世广，2010. 3S技术支持下的城市绿地系统规划研究[D]. 南京：南京林业大学：56）

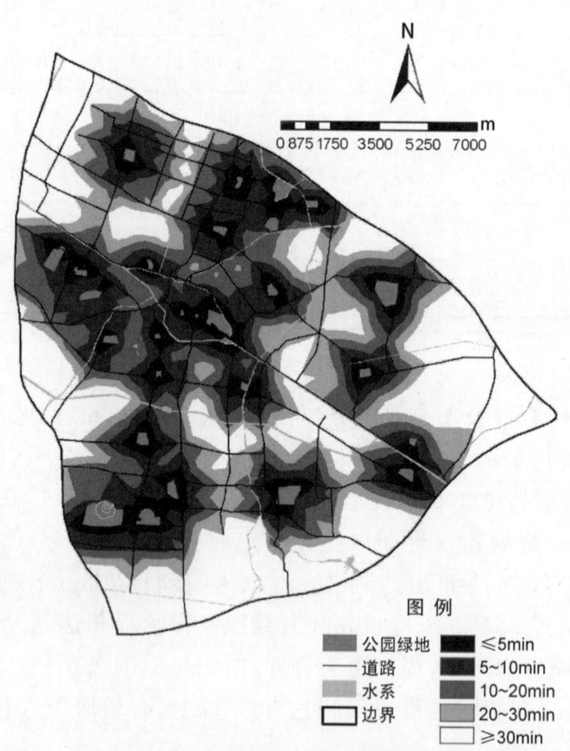

图 3.6-9　研究区域公园绿地规划建议

（图片来源：申世广，2010. 3S技术支持下的城市绿地系统规划研究[D]. 南京：南京林业大学：55）

第4章 城市绿地分类

4.1 城市绿地的分类

4.1.1 国外城市绿地的分类情况

目前还没有统一的国际标准对城市绿地进行分类，每个国家所采用的分类方法不尽相同，内容各有差异，但都是在不断调整中发展。

英国（伦敦）把绿地划分为公共开敞空间、城市绿地空间、都市开敞地、绿链、都市人行道、环城绿带、城市自然保护点、受损地、废弃地和污染地恢复、农业用地；德国（慕尼黑市）将城市绿地分为公园、外缘草地（生态群落）、公有森林、天然林地、租用园地、牧场、耕地、园艺、树篱与农场用地以及住宅、工业、公共设施、道路、铁路、特殊用地等用地上的绿地（姜允芳 等，2007）。

日本把绿地分成设施性绿地和地域制绿地两类，设施绿地包括都市公园、都市公园以外的公共设施性绿地和民间设施性绿地，地域制绿地包括法律规定的绿地、协议规定的绿地以及条例规定的绿地（表 4.1-1、表 4.1-2）。

表 4.1-1 日本城市绿地分类

<table>
<tr><td rowspan="6">绿地</td><td rowspan="3">设施绿地</td><td colspan="3">都市公园（《都市公园法》规定的公共绿地）</td></tr>
<tr><td rowspan="2">都市公园以外的设施绿地</td><td>公共设施性绿地</td><td>公共空地、步行者专用道路、市民农园、河川绿地、游园、运动场等</td></tr>
<tr><td>民间设施性绿地</td><td>企业、社团所有的开放空地和广场、屋顶绿化空间、民间动植物园</td></tr>
<tr><td rowspan="3">地域制绿地</td><td>法律规定的绿地</td><td colspan="2">《都市绿地保全法》规定的绿地保护区、《都市计画法》规定的风景区、《自然环境保全法》规定的自然环境保护区、《河川法》规定的滨水区、《森林法》规定的保护林区域等</td></tr>
<tr><td>协议规定的绿地</td><td colspan="2">《都市绿地保全法》中绿化协定指定的绿地</td></tr>
<tr><td>条例规定的绿地</td><td colspan="2">各类条例、协定、契约规定的绿地保护区域</td></tr>
</table>

表 4.1-2 日本都市公园的分类

种类			内容
基干公园	住区基干公园	街区公园	主要供街区居住者使用,服务半径 250m,标准面积 $0.25hm^2$
		近邻公园	主要供邻里单位内居住者使用,服务半径 500m,标准面积 $2hm^2$
		地区公园	主要供徒步圈内居住者使用,服务半径 1km,标准面积 $4hm^2$
	都市基干公园	综合公园	主要功能为满足城市居民综合使用的需要,标准面积 $10\sim50hm^2$
		运动公园	主要功能为向城市居民提供体育运动场所,标准面积 $15\sim75hm^2$
特殊公园			风致公园、动植物公园、历史公园、墓园
大规模公园	广域公园		主要功能为满足跨行政区的休闲需要,标准面积 $50hm^2$ 以上
	休闲都市		以满足大城市和都市圈内的休闲需要为目的,根据城市规划,以自然环境良好的地域为主体,包括核心性大公园和各种休闲设施的地域综合体。标准面积 $1000hm^2$ 以上
国营公园			服务半径超过县一级行政区,由国家设置的大规模公园。标准面积 $300hm^2$ 以上
缓冲绿地			主要功能为防止环境公害、自然灾害和减少灾害损失,一般配置在公害、灾害的发生地和居住用地、商业用地之间的必要隔离处
都市绿地			主要功能为保护和改善城市自然环境,形成良好的城市景观。标准面积 $0.1hm^2$ 以上,城市中心区不低于 $0.05hm^2$
都市林			以动植物生存地保护为目的的都市公园
绿道			主要功能为确保避难道路、保护城市生活安全。以连接邻里单位的林带和非机动车道为主体。标准宽幅为 10～20m
广场公园			主要功能为改善景观,为周围设施使用者提供休息场所

4.1.2 我国各时期的城市绿地分类情况

随着我国绿地建设及规划思想在各个时期的不同发展,我国城市绿地的分类标准也表现得有所不同,见表 4.1-3。

表 4.1-3 我国各个时期城市绿地分类情况

时间	书籍/文件	绿地分类
1961 年	高等学校教学用书《城乡规划》	城市公共绿地、小区及街坊绿地、专用绿地和风景游览、休疗养区绿地
1963 年	我国首个关于城市绿地分类的法规性文件——《关于城市园林绿化工作的若干规定》	公共绿地、专用绿地、园林绿化生产用地、特殊用途绿地和风景区绿地
1979 年	《关于加强城市园林绿化工作的意见》	公共绿地、专用绿地、园林绿化生产绿地、风景区和森林公园
1982 年	《城市园林绿化管理暂行条例》	公共绿地、专用绿地、生产绿地、防护绿地、城市郊区风景名胜区
1991 年	《城市用地分类与规划建设用地标准》	公共绿地(包括公园、街头绿地)、生产防护绿地(包括生产绿地、防护绿地)
1993 年	《城市绿化规划建设指标的规定》	公共绿地、居住区绿地、单位附属绿地、防护绿地、生产绿地和风景林地
2002 年	《城市绿地分类标准》	公园绿地、生产绿地、防护绿地、附属绿地以及其他绿地五大类

由以上不同分类，可以看出我国城市绿地的分类是在1949年后逐步摸索、不断发展的产物，在各时期都对城市绿地的建设起过重要的指引性作用。总的来说，我国城市绿地分类以2002年为界分成两个阶段：2002年之前，我国还未有统一的绿地分类标准，业内人士、行政主管部门从不同角度提出多种绿地分类方法；2002年《城市绿地分类标准》(以下简称《绿标》)颁布之后，我国绿地分类具有了统一的行业标准(廖远涛 等，2010)。《绿标》实施后，在统一城市绿地的分类和统计口径、规范绿地系统规划的编制和审批，加强城市绿地各部门之间规划管理的沟通衔接等方面发挥了积极作用。但是随着我国城乡一体化进程的发展和生态文明建设理念的深入，《绿标》已不能满足新的城市建设需求，引起了一系列的问题。这些问题主要表现在与规划、国土用地分类标准的衔接、非建设用地的保护和利用、绿地的划分依据、其他绿地的分类纲目、城市绿地数据的统计方法等方面。

4.1.3 我国现行城市绿地分类标准

2014年住房和城乡建设部启动了《城市绿地分类标准》修订工作，2017年颁布了新版《城市绿地分类标准》(CJJ/T 85—2017)(以下简称"2017版《绿标》")。2017版《绿标》以绿地主要功能和用途作为分类依据，采用大、中、小3个层次的分类方法，把我国的城市绿地划分为5大类、15中类、11小类，见本书附录1。

2017版《绿标》建立了与规划、土地用地分类标准的对应关系。参考《城市用地分类与规划建设用地标准》(GB 50137—2011)和《土地利用现状分类》(GB/T 21010—2017)，将绿地分为城市建设用地范围内绿地和城市建设用地之外的"区域绿地"两部分。其中G1、G2、G3、XG位于城市建设用地内，EG位于城市建设用地外。在用地分类上做到了与城市总体规划的无缝衔接，解决了城市绿地系统规划与城市总体规划、土地利用规划等上位规划在实际用地操作时的融合协调问题，保证了城乡用地口径的一致性。

4.2 城市绿地各论

为了在实际工作中能准确合理地划分各类绿地，以下对各类绿地的含义、内容、用地选择及用地属性等方面做详细介绍。

4.2.1 公园绿地

2002版《绿标》中首次提出了"公园绿地"的概念，明确定义公园绿地是"城市中向公众开放的，以游憩为主要功能，有一定的游憩设施和服务设施，同时兼有健全生态、美化景观、科普教育、应急避险等综合作用的绿化用地"。公园绿地是城市绿地系统和城市绿色基础设施的重要组成部分，能够较好地表示城市整体环境水平和居民生活质量。

与其他类型的绿地相比，公园绿地主要特征是为向全体居民提供良好的户外绿色休憩场所，是对城市形象影响最大的绿地。参考2017版《绿标》，按照使用功能，公园绿地包括综合公园、社区公园、专类公园、游园4个类别。

1. 综合公园

综合公园是城市公园绿地系统的"核心"组成部分，具有丰富的绿地内容、完善的游憩和服务设施，能满足人们游览休息、文化娱乐、科普教育等多种需求。综合公园一般可供市民半天到一天的活动，规模不宜小于 $10hm^2$，受用地条件限制的山地城市、中小规模城市，可根据用地实际情况，将综合公园下限降至 $5hm^2$。综合公园应按其规模大小合理设置儿童游戏、休闲游憩、运动康体、公共服务、商业服务等设施(表 4.2-1)。综合公园的位置在城市绿地系统规划中应予以明确，选址时应充分考虑公园的可达性、原始自然条件、土地集约节约利用以及公园发展需要等因素(图 4.2-1～图 4.2-5)。

表 4.2-1 综合公园设施设置规定

设施类型	公园规模/hm^2		
	10～20	20～50	≥50
儿童游戏	●	○	●
休闲游憩	●	●	●
运动康体	●	●	●
文化科普	○	●	●
公共服务	●	●	●
商业服务	○	●	●
园务管理	○	●	●

注：1. “●”表示应设置，“○”表示宜设置。
2. 表中数据以上包括本数，以下不包括本数。

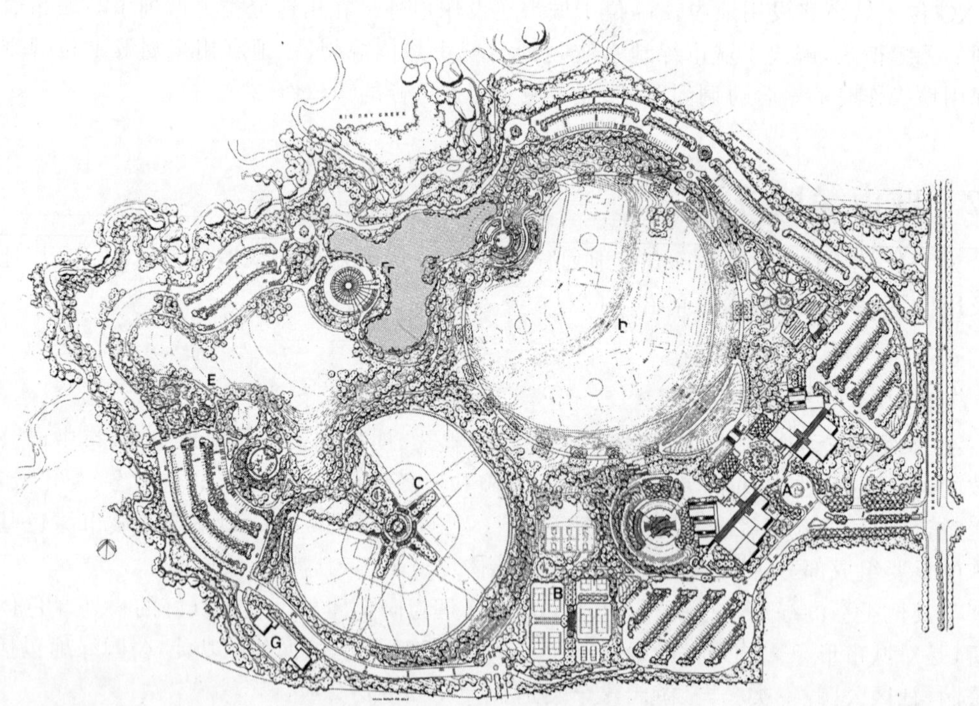

图 4.2-1 美国 Westminster City Park

(图片来源：ANON，1990. Contemporary landscape in the world[M]. 東京：プロセス アーキテクチュア：84)

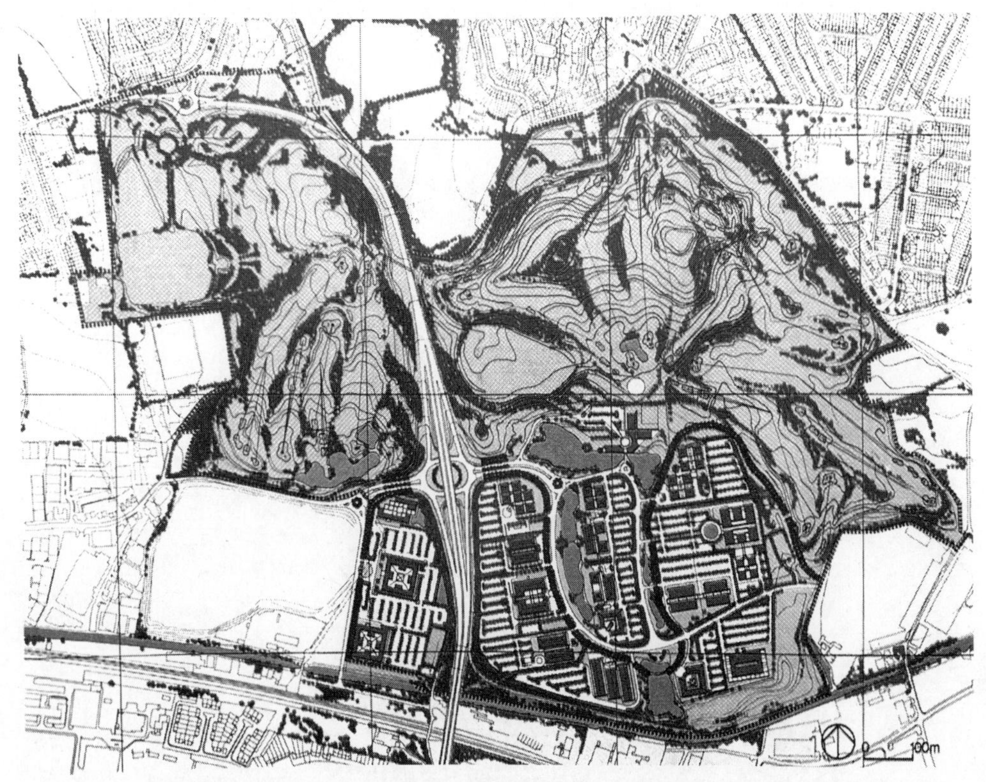

图 4.2-2 伦敦 Stockley Park

（图片来源：SUTHERLAND L，1998. Designing the new landscape[M]. London：Thames & Hudson：124）

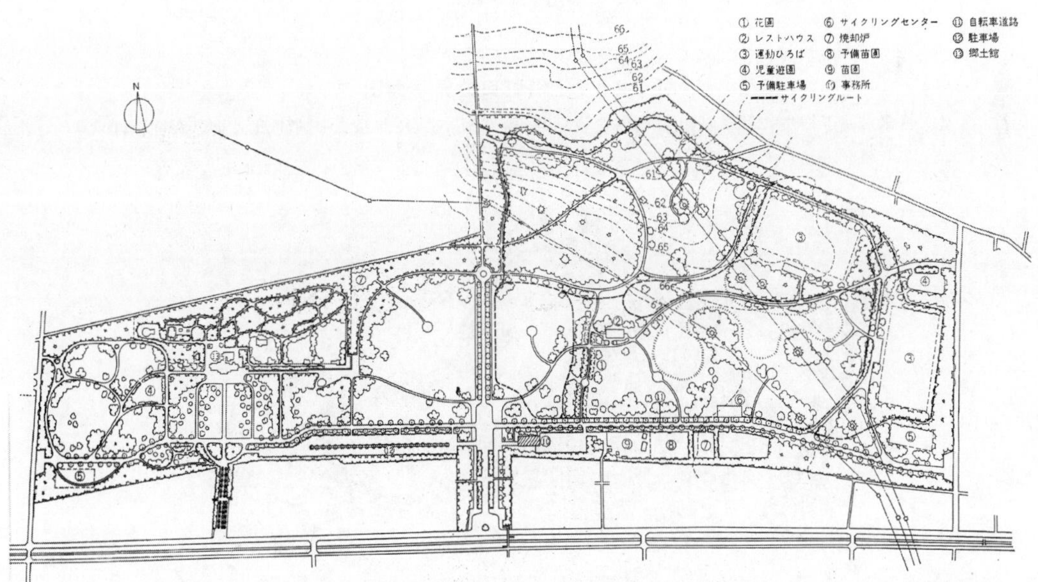

图 4.2-3 东京小金井公园平面图

（图片来源：北村信正，1972. 造园实务集成——公共造园篇：(1)計画と設計の実際[M]. 東京：技報堂：130）

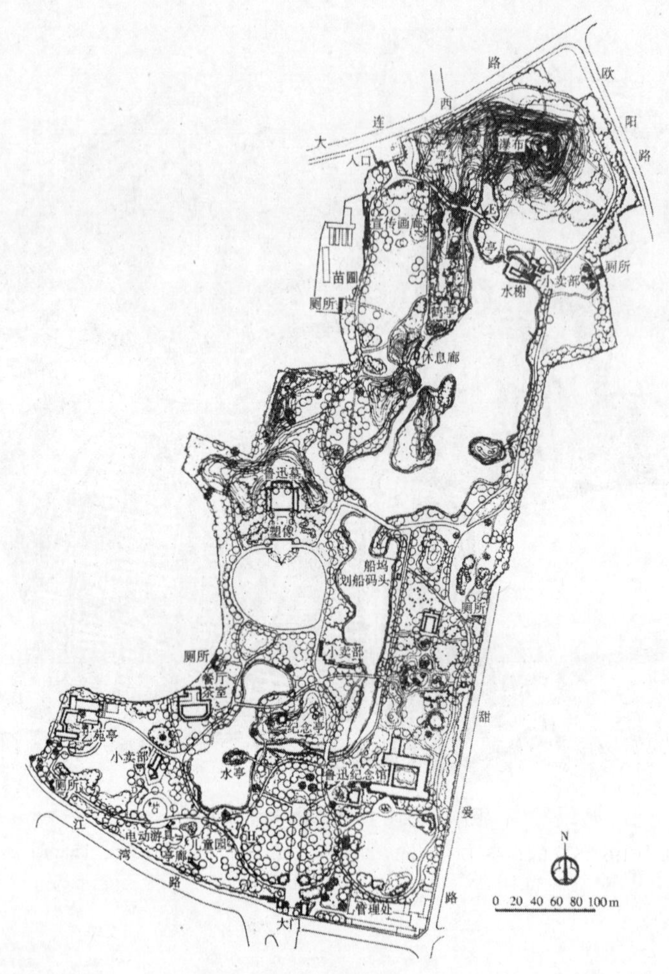

图 4.2-4 上海虹口公园平面图

(图片来源：李铮生，2006.城市园林绿地规划与设计[M].2版.北京：中国建筑工业出版社：319)

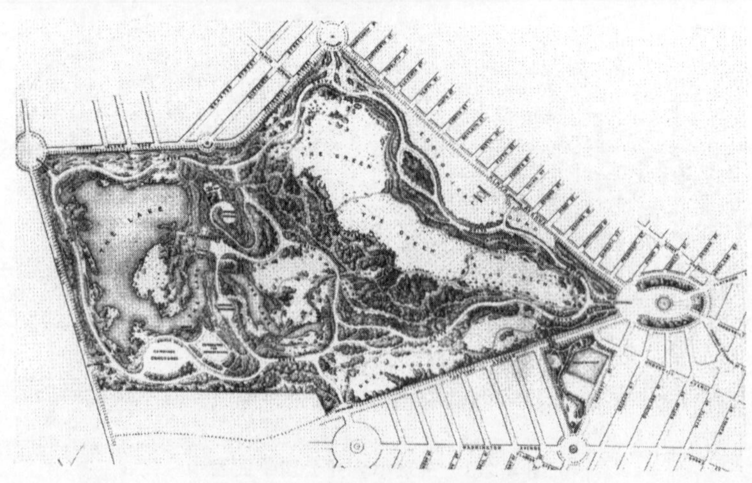

图 4.2-5 布罗斯派克公园平面图

(图片来源：许浩，2002.国外城市绿地系统规划[M].北京：中国建筑工业出版社：12)

2017 版《绿标》中取消了带状公园，沿水滨、道路、古城墙等建设的公园，可以根据规模、功能相应归入综合公园、专类公园、游园或防护绿地。

2. 社区公园

社区公园是指用地独立，具有基本的游憩和服务设施，主要为一定社区范围内居民就近开展日常休闲活动服务的绿地，规模宜在 $1hm^2$ 以上。社区公园的用地特别强调其规划属性属于城市建设用地中的公园绿地，而不是属于其他用地类别的附属绿地。社区公园是城市中居民使用频率最高的绿地类型，应根据其规模合理设置儿童游戏、休闲游憩、运动康体、文化科普等配套设施（表 4.2-2）。社区公园的规划布局和设计手法与综合公园类似，但需要考虑其使用人群主要为附近居民，且游览时间多集中在早晚，特别是夏季晚上往往为游览高峰期，因此需要更加注重夜景景观的营造，可以布置造型灯具以及夜香植物（图 4.2-6）。

表 4.2-2　大于 $1hm^2$ 的居住区公园设施设置规定

设施类型	公园规模/hm^2		
	1～2	2～5	5～10
儿童游戏	○	●	●
休闲游憩	●	●	●
运动康体	△	○	●
文化科普	△	○	○
公共服务	△	○	●
商业服务	—	△	○
园务管理	—	△	○

注：1. “●”表示应设置，“○”表示宜设置，“△”表示可设置，“—”表示可不设置。
2. 表中数据以上包括本数，以下不包括本数。

3. 专类公园

具有特定的内容或形式，有一定的游憩设施和服务设施的绿地被称为专类公园。专类公园可分为动物园、植物园、历史名园、遗址公园、游乐公园、其他专类公园 6 类。

（1）动物园

动物园是指以动物为中心，根据动物和游憩学规律，在人工饲养条件下所建成的大型专类公园。动物园的任务之一是进行动物的繁殖、驯化、病理、生态习性等科学研究，移地保护濒危动物，成为动物基因保存基地；任务之二是供市民参观游览、休憩娱乐兼对市民进行文化教育及科普宣传。

动物园的用地规模主要取决于展出动物的种类，面积宜大于 $20hm^2$，其中专类动物园面积宜大于 $5hm^2$。动物园应有适合动物生活的环境，与居民密集地区有一定距离，与屠宰场、动物毛皮加工厂、垃圾处理场、污水处理厂等也应保持必要的安全距离。同时，因动物常会狂吠吼叫、产生恶臭，并可能产生传播疾病，因此动物园周围应设必要的安全、卫生隔离设施和绿带，以防止动物的粪便、气味等对城市其他区域和水体进行污染。此外，动物园应有一定的供游人参观、休息、科普的设施（图 4.2-7）。

（2）植物园

植物园是指以植物为中心，根据植物和游憩学规律进行种植布置，所建成的大型专类

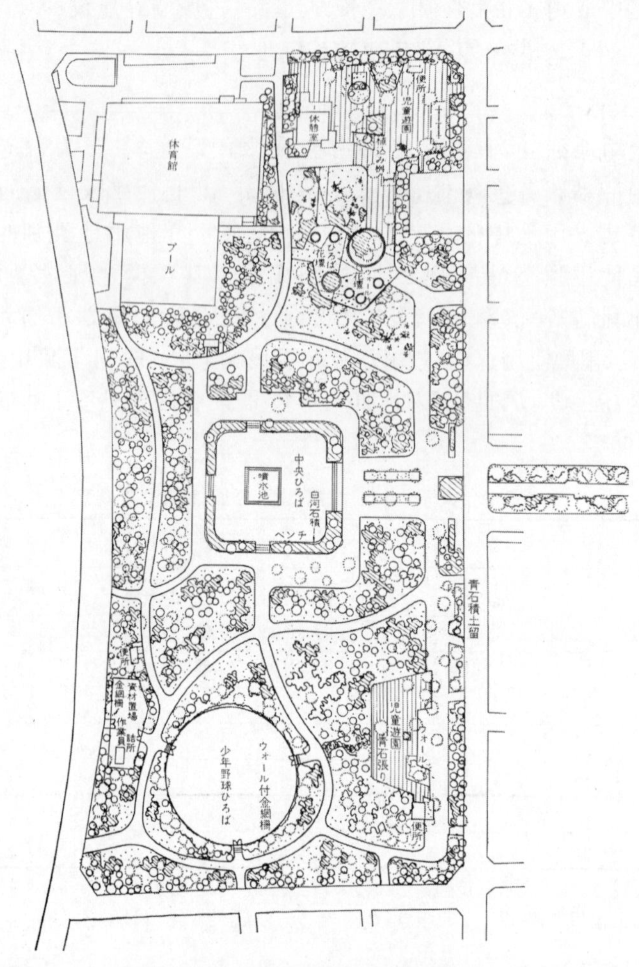

图 4.2-6 滨町公园平面图

(图片来源：北村信正，1972. 造园实务集成 公共造園篇：(1)計画と設計の実際[M]. 東京：技報堂：122)

公园。它的主要任务之一是调查收集各种植物材料，并对植物进行引种驯化、植物保护，研究植物在环境保护、综合利用等方面的价值，移地保护濒危植物种类，成为植物基因保存基地。任务之二是供市民观赏、游憩及科普教育。植物园的选址应充分考虑植物不同生态习性对环境的不同要求，应选择地形地貌较为复杂，具有多种小气候的区域。植物园用地规模较大，一般远离居住区，尽可能设置在交通方便的近郊区。另外，植物对土壤及水文条件要求较高，所以应该避免选择土壤贫瘠，地下水位高，缺乏水源及靠近各种污染源的地方(徐文辉，2008)(图 4.2-8)。

(3) 历史名园

历史名园是体现一定历史时期代表性的造园艺术，是需要特别保护的园林，包括历史悠久、知名度高，体现传统造园艺术并审定为文物保护单位的园林以及具有鲜明时代特征的设计理念、营造手法和空间效果的园林。例如，南京瞻园、扬州个园、苏州拙政园等。历史名园在我国公园中占有一定的数量，是历史、文化内涵最为丰富的绿地类型，可以很好地反映一个城市的历史面貌(图 4.2-9)。

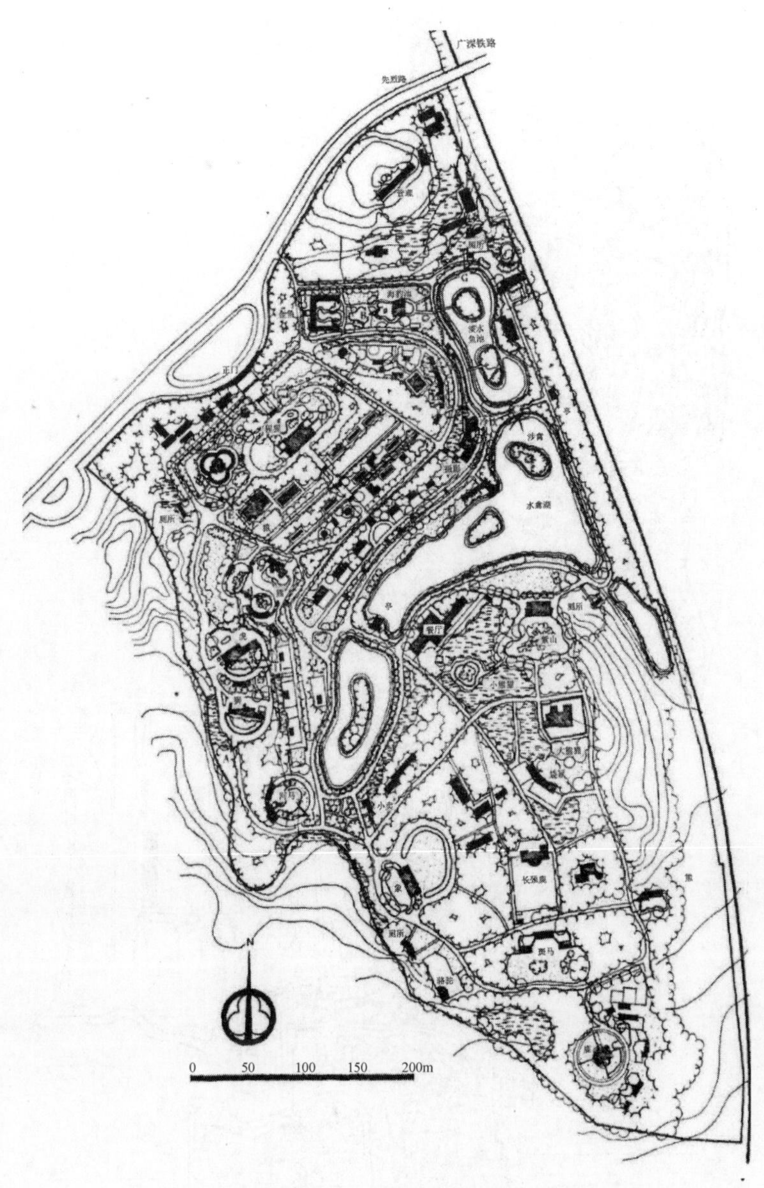

图 4.2-7　广州动物园平面图

（图片来源：同济大学建筑系园林教研室，1986.公园规划与建筑图集[M].北京：中国建筑工业出版社：222）

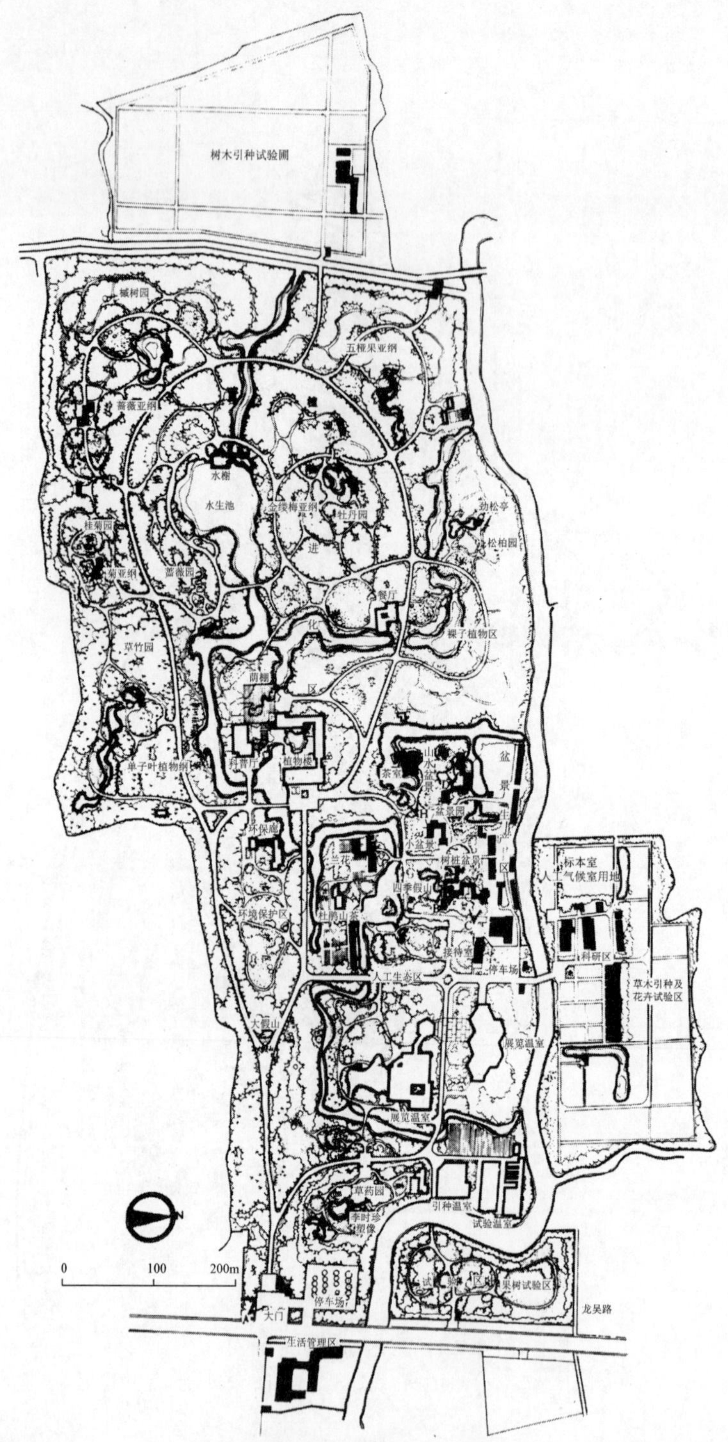

图 4.2-8 上海植物园平面图

(图片来源：同济大学建筑系园林教研室，1986. 公园规划与建筑图集[M]. 北京：中国建筑工业出版社：222)

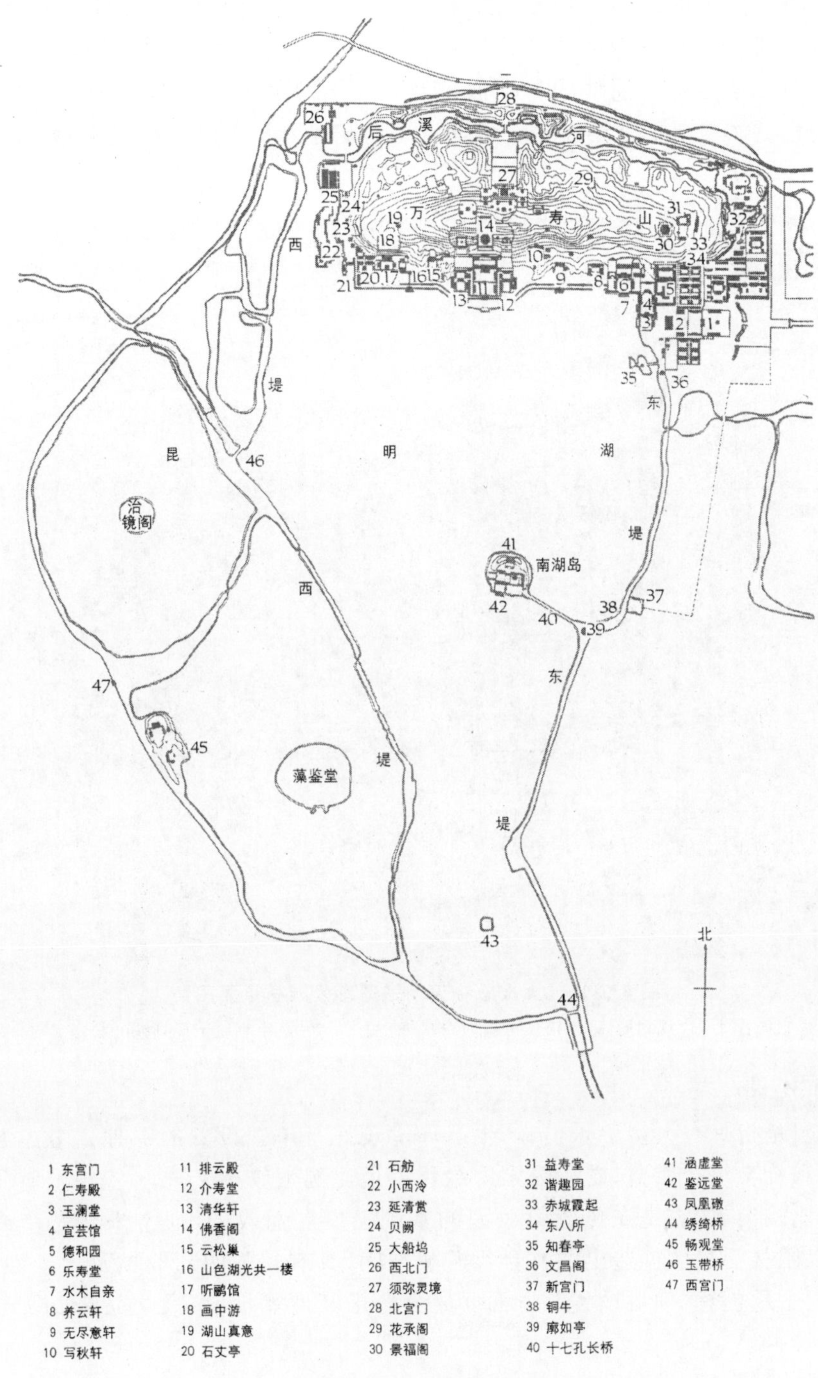

图 4.2-9　颐和园平面图

（图片来源：周维权，2008. 中国古典园林史[M]. 北京：清华大学出版社：575）

(4) 遗址公园

遗址公园是以历史遗迹、遗址或其背景为主体规划建设的公园绿地类型，其用地性质属于城市建设用地范围内的公园绿地范畴。遗址公园的核心是遗址本身，因此遗址公园的首要任务是进行遗址的科学保护及相关的科学研究和文化教育，同时正确处理保护和利用的关系，合理建设服务设施、活动场地等，承担必要的景观和游憩功能(图 4.2-10)。

图 4.2-10 大报恩寺琉璃塔遗址公园总平面图

(图片来源：南京市规划局，南京市城市规划编制研究中心，2004. 南京城市规划(2004)[Z]：90)

(5) 游乐公园

游乐公园是指具有大型游乐设施，生态环境较好且单独设置的绿地。考虑游乐场所的环境质量和社会综合效益，游乐公园中绿化占地比例不应小于 65%。主题游乐园近几年发展速度比较突出，它是在传统游乐园的基础上发展而成的，通常围绕一个或多个特定的主题，以园林为载体创造出的舞台化游憩空间，具有很强的商业性及大众性。因此，其位置选择、主题创意、项目设置等方面要充分考虑其商业价值、大众品味以及环境的效益(冯维波，2000)。

(6) 其他专类公园

其他专类公园是指除以上专类公园外，在城市建设用地范围内其他具有特定主题内容的绿地，其主要任务是为本地居民提供休闲游憩、康体娱乐的绿色空间，同时兼顾生态、科普、文化等功能，是城市公园绿地体系的重要组成部分，参与城市建设用地的平衡。其他专类公园主要包括体育健身公园、纪念性公园、儿童公园以及城市建设用地范围内的风景名胜公园、城市湿地公园、城市森林公园等。以体育健身公园为例进行介绍，体育健身公园是指以体育健身为主题，以优美的公园环境为载体，具有完善的体育和健身设施，能够进行各类体育比赛、训练以及日常的体育锻炼、健身等游憩活动的绿地。由于人们生活水平的提高，健康生活理念的增强以及全民健身运动的普及，体育健身公园作为一种独具风格的专类公园逐渐发展起来。该类公园面积一般较大，以不小于 $10hm^2$ 为宜，通常选择与居住区有方便交通联系的地段，以方便居民使用及大量人流疏散(图 4.2-11)。

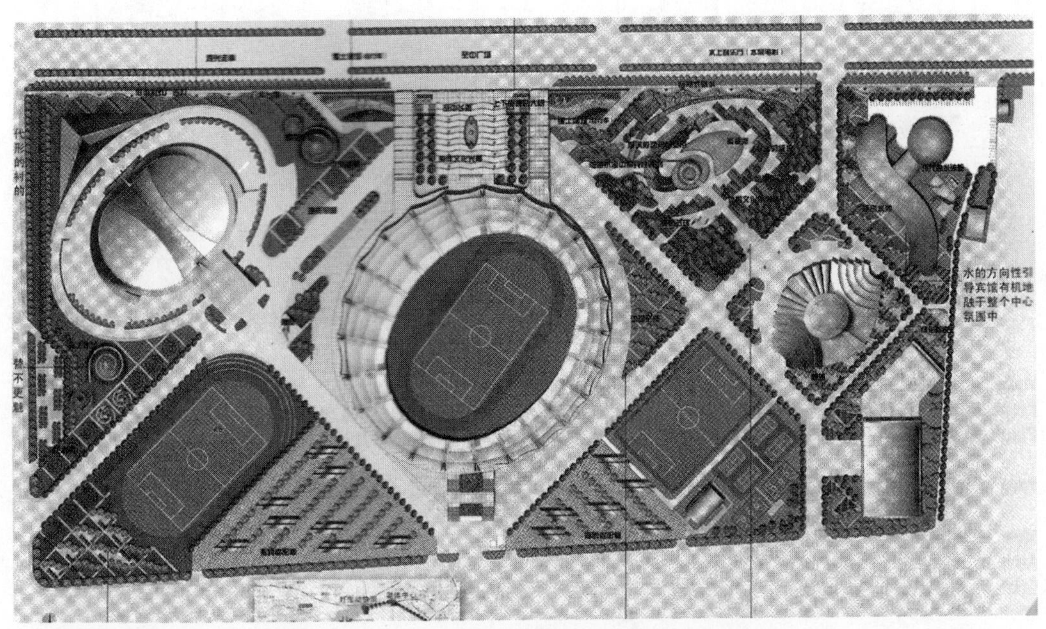

图 4.2-11　秦皇岛市奥林匹克体育公园平面图

(图片来源：中国城市规划设计研究院，建设部城乡规划司，2005. 城市规划资料集(第九分册)[M]. 北京：中国建筑工业出版社：108)

4. 游园

城市公园绿地体系中，除"综合公园""社区公园""专类公园"之外，还有许多零星分布的小型公园绿地，它们用地独立、规模较小、形式多样、设施简单，方便市民就近进入，具有一定游憩功能，其被称为游园。游园用地独立，属于城市建设用地中"公园绿地"范畴，该类型绿地绿化占地比例不小于 65%，在历史城市、特大城市以及城市老城区分布最为广泛，利用率最高(图 4.2-12)。

游园对于改善景观生态环境，美化城市面貌具有十分重要的作用，在建设用地日趋紧张的条件下，块状绿地规模无下限要求。考虑生态廊道效应的阈值和园路、休憩设施的设置，带状游园宽度宜大于 12m。

4.2.2　防护绿地

防护绿地是指用地独立，为了满足城市对卫生、隔离、安全、生态防护的要求而设置的绿地，是城市绿地系统的重要组成部分，主要任务是对自然灾害和城市公害起到一定

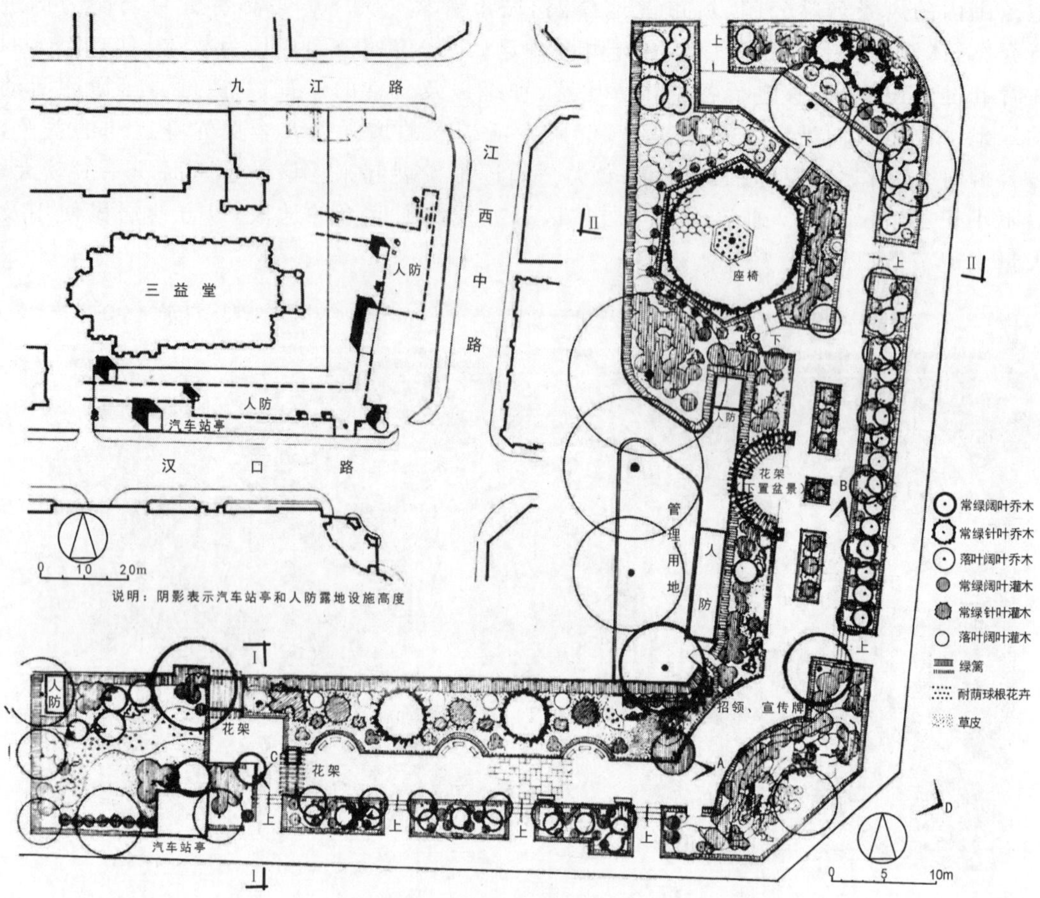

图 4.2-12 上海江西中路游园

（图片来源：同济大学建筑系园林教研室，1986. 公园规划与建筑图集[M]. 北京：中国建筑工业出版社：248(经过本书作者修正)）

的防护作用。防护绿地具有独立的用地属性，城市道路两侧的绿地，如位于道路红线范围内，则纳入“附属绿地”类别。考虑安全性及健康性，防护绿地一般不具有游憩功能，游人不宜进入。位于道路用地范围外的沿路绿地，如具有一定游憩功能，则应纳入“公园绿地”类别。

按照绿地所在位置和防护对象不同，防护绿地通常可以分为 4 类：一是卫生隔离防护绿地，常常位于工厂、垃圾处理站等用地与居住用地之间，用于吸收阻挡煤烟粉尘、有害气体以及噪声等，减少城市污染，净化空气；二是道路及铁路防护绿地，指沿道路或铁路两侧设置的绿地，对保护路基、防止水土流失、美化隔声具有重要作用；三是高压走廊防护绿地，是出于安全考虑，在城市高压线下方一定范围设置的绿化用地，不同规格的高压输电线路，对防护绿地的宽度要求各异(表 4.2-3)；四是公用设施防护绿地，是在城市中的通信、环卫、能源、市政等公用设施周边设置的防护隔离绿地，主要起保护和安全隔离的作用。

表 4.2-3　市区 35～1000kV 高压架空电力线路规划走廊宽度

设施类型线路电压等级/kV	高压线走廊宽度/m
直流±800	80～90
直流±500	55～70
1000(750)	90～110
500	60～75
330	35～45
220	30～40
66,110	15～25
35	15～20

值得注意的是，随着城市环境质量的提高，防护绿地开始由功能单一性逐渐向功能复合性转变，一块防护绿地可能同时承担多种功能，需要根据实际情况对防护绿地进行不同分类。

4.2.3　广场用地

广场用地是指以游憩、纪念、集会和避险等功能为主的城市公共活动场地，不包括以交通集散为主的广场用地。城市广场可以满足城市居民日益增长的社会交往和户外休闲的需求，有效增加城市开敞空间，塑造具有地方特色的城市风貌。考虑生态、游憩及景观营造的需要，广场绿地率宜大于 35%且小于 65%(图 4.2-13)。

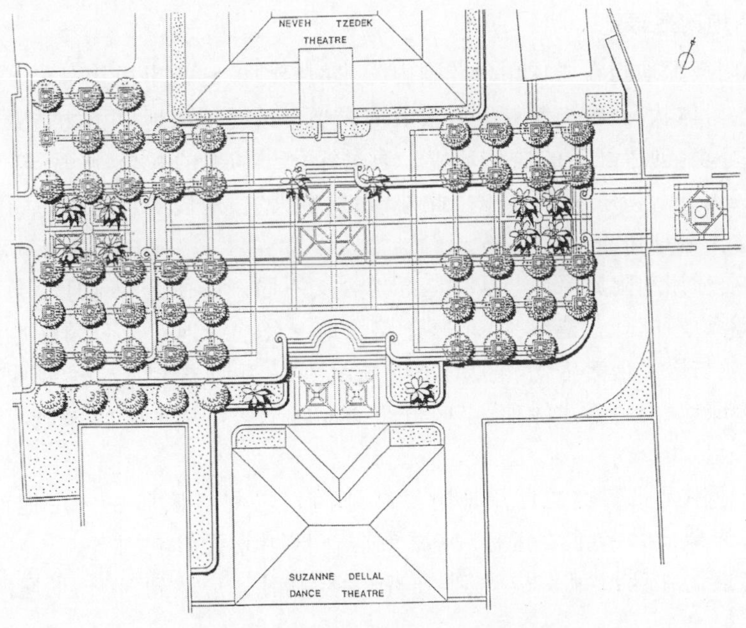

图 4.2-13　以色列 Neve Zedek 广场

(图片来源：ANON，1990. Contemporary landscape in the world[M]. 東京：プロセス アーキテクチュア：16)

4.2.4 附属绿地

附属绿地指城市建设用地中除绿地与广场用地之外的各类用地中的附属绿化用地。附属绿地是城市绿地中分布最广的绿地类型，对提高城市环境质量具有重要作用。根据所附属的用地性质，附属绿地可以分为7小类，见表4.2-4。

表4.2-4 附属绿地分类

代码	分　类	内　容	绿地率一般要求①
RG	居住用地附属绿地	居住用地内建设的绿地	居住用地绿地率不应小于30%
AG	公共管理与公共服务设施用地附属绿地	公共管理与公共服务设施用地内配建的绿地	公共管理与公共服务设施用地绿地率不应小于35%
BG	商业服务业设施用地附属绿地	商业服务业设施用地内的绿地	商业服务业设施用地绿地率不应小于35%
MG	工业用地附属绿地	工业用地内建设的绿地	工业用地绿地率宜为20%
WG	物流仓储用地附属绿地	物流仓储用地内的绿地	物流仓储用地绿地率不应小于20%
SG	道路与交通设施用地附属绿地	道路与交通设施用地内的绿地	道路与交通设施用地绿地率不应小于20%
UG	公用设施用地附属绿地	公用设施用地内配建的绿地	公用设施用地绿地率不应小于30%

下面重点介绍居住用地附属绿地、道路与交通设施用地附属绿地以及公共管理与公共服务设施用地附属绿地。

1. 居住用地附属绿地

居住用地附属绿地指在居住用地范围内配建的绿地。它是市民接触最多的绿地，对居民的日常生活、身体状况、精神面貌具有很大的影响。该类型绿地以植物造景为主，能有效改善局部生态环境，创造舒适的居住环境。通过绿化与场地的配合，形成丰富的户外活动场所，满足居民游憩、休闲、社交需求。此外，在发生火灾、地震等灾害时，居住绿地还具有疏散、防火等防灾避难功能。

需要注意居住用地附属绿地与居住区绿地含义不同。居住区绿地通常包括公共绿地、集中绿地、宅旁绿地、配套公建绿地、小区道路绿地。公共绿地对应公园绿地(主要指社区公园、小游园)或与居民生活密切相关的小广场用地，其用地规划属性为绿地与广场用地；集中绿地、宅旁绿地、配套公建绿地、小区道路绿地属于居住用地附属绿地，其用地规划属性属于居住用地。

居住区绿地率是指各类居住用地附属绿地面积之和与该居住区用地面积的比率，是评价居住区绿地质量的重要指标。《城市居住区规划设计标准》(GB 50180—2018)中规定新建高层居住区绿地率应达到35%，多层居住区应达到30%，低层居住区应达到

① 绿地率一般要求指通常情况对该类型用地提出的绿地率要求。在对相关附属绿地进行规划设计时，还需满足地块控规、相关规范等对绿地率的规定。

25%，并对居住街坊的绿地率、容积率、建筑密度、建筑高度等进行了详细规定(表 4.2-5)。

表 4.2-5　居住街坊用地与建筑控制指标

(来源：《城市居住区规划设计标准》(GB 50180—2018))

建筑气候区划	住宅建筑平均层数类别	住宅用地容积率	建筑密度最大值/%	绿地率最小值/%	住宅建筑高度控制最大值/m	人均住宅用地面积最大值/(m²/人)
Ⅰ、Ⅶ	低层(1～3 层)	1.0	35	30	18	36
	多层Ⅰ类(4～6 层)	1.1～1.4	28	30	27	32
	多层Ⅱ类(7～9 层)	1.5～1.7	25	30	36	22
	高层Ⅰ类(10～18 层)	1.8～2.4	20	35	54	19
	高层Ⅱ类(19～26 层)	2.5～2.8	20	35	80	13
Ⅱ、Ⅵ	低层(1～3 层)	1.0～1.1	40	28	18	36
	多层Ⅰ类(4～6 层)	1.2～1.5	30	30	27	30
	多层Ⅱ类(7～9 层)	1.6～1.9	28	30	36	21
	高层Ⅰ类(10～18 层)	2.0～2.6	20	35	54	17
	高层Ⅱ类(19～26 层)	2.7～2.9	20	35	80	13
Ⅲ、Ⅳ、Ⅴ	低层(1～3 层)	1.0～1.2	43	25	18	36
	多层Ⅰ类(4～6 层)	1.3～1.6	32	30	27	27
	多层Ⅱ类(7～9 层)	1.7～2.1	30	30	36	20
	高层Ⅰ类(10～18 层)	2.2～2.8	22	35	54	16
	高层Ⅱ类(19～26 层)	2.9～3.1	22	35	80	12

近年，随着生活水平的提高，居民对于居住区的绿化环境提出了更高要求，绿地环境成为居民购房的主要影响因素之一。在相同地段，不考虑其他因素，通常绿地率高、绿地景观相对好的住宅区，更容易受到居民的欢迎(图 4.2-14)。

2. 道路与交通设施用地附属绿地

城市道路与交通设施用地包括城市道路用地、城市轨道交通用地、交通枢纽用地、交通场站用地及其他交通设施用地。位于城市道路和交通设施用地内的绿地称为道路与交通设施用地附属绿地，不包括居住用地、工业用地等的内部道路、停车场等范围内的绿地。该类型绿地具有净化空气、减弱噪声、改善小气候、形成生态廊道等生态功能，和组织交通、分割空间、集中视线等安全功能，以及美化街景的景观功能，同时能够带来一定的经济效益和社会效益。

城市道路与交通设施用地附属绿地是城市绿地系统中不可或缺的组成部分，通过道路、轨道两侧的绿色线性空间可以将城市内外分散的各类点状、面状绿地串联起来，形成一个完整的绿地网络结构(刘骏 等，2017)。根据《城市道路绿化规划与设计规

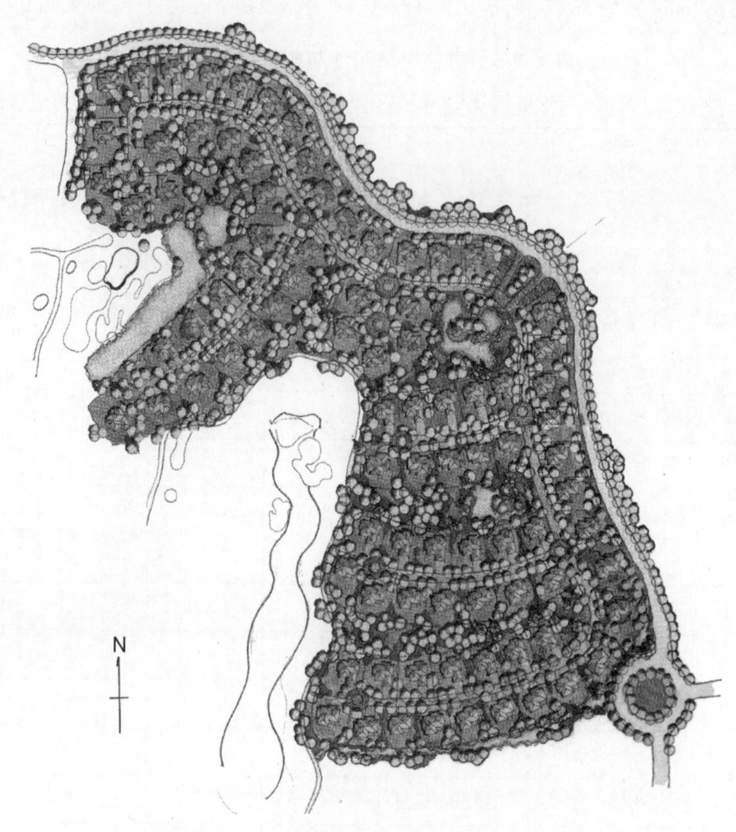

图 4.2-14 杭州某小区绿地景观设计平面图

(图片来源：中国城市规划设计研究院，建设部城乡规划司，2005. 城市规划资料集(第九分册)[M]. 北京：中国建筑工业出版社：148)

范》(CJJ/T 75—2023)的相关规定，城市道路绿地主要包括道路绿带(分车绿带、行道树绿带、路侧绿带等)，交通岛绿地(中心岛绿地、导向岛绿地、立体交叉绿岛等)、社会停车场绿地等(图 4.2-15)。

3. 公共管理与公共服务设施用地附属绿地

公共管理与公共服务设施用地附属绿地是指行政、文化、教育、体育、卫生等公共管理与公共服务设施用地内的绿化用地。学校等教育科研机构以及医院等医疗卫生机构中往往具有较大的绿地面积，对绿地的景观功能要求相对较高。学校绿地建设的目的是为师生营造一个学习、交流、社交以及游憩活动的优美场所，同时作为校园文化的载体，陶冶师生情操，培养高尚品德(图 4.2-16)。医疗机构绿地，一方面能创造舒适安静的医疗环境，促使患者心情愉悦，有利于身心健康；另一方面能够固碳释氧、降噪杀菌、增加空气负离子，改善小气候，起到卫生防护的作用。现代医院绿地规划设计中已经出现了将绿地与康体保健相结合的趋势，利用植物保健功能，促进患者的康复、疗愈。

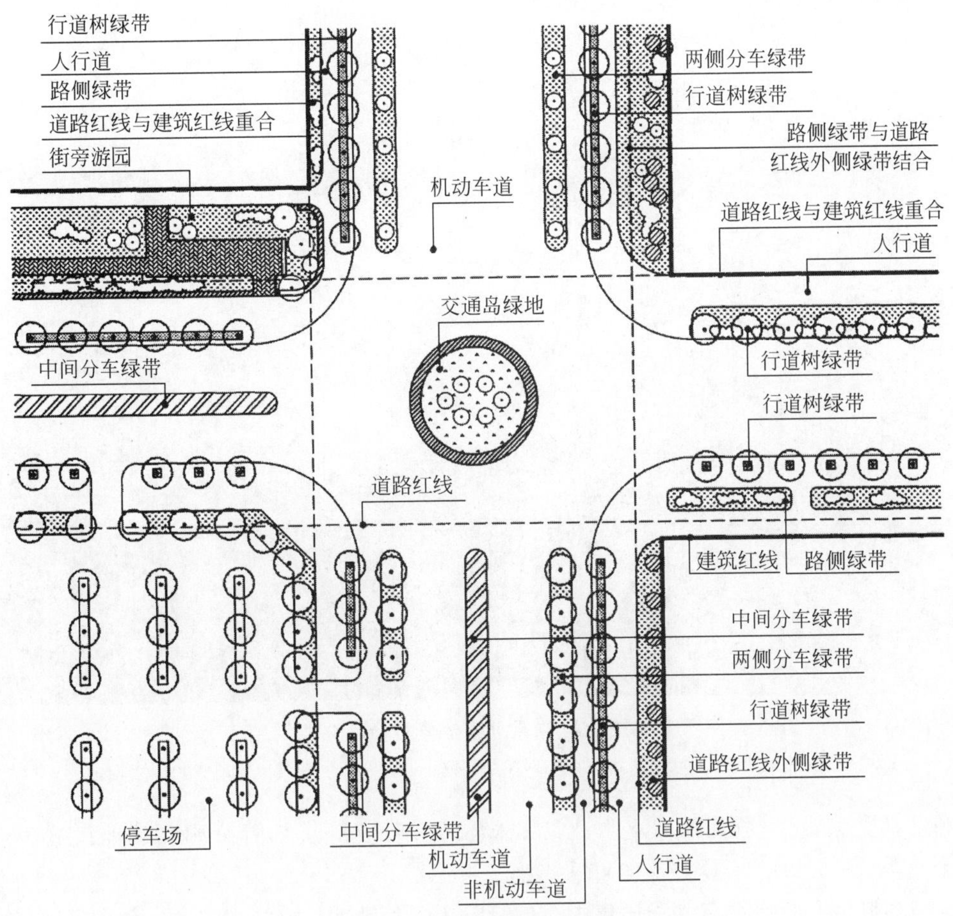

图 4.2-15　道路绿地组成

（图片来源：中国城市规划设计研究院，2023. 城市道路绿化设计标准：CJJ/T 75—2023[S]. 北京：中国建筑工业出版社）

4.2.5　区域绿地

区域绿地是指市（县）域范围以内、城市建设用地之外，具有保障城乡生态和景观格局完整、居民休闲游憩、设施安全与防护隔离、苗木生产等重要作用的各类绿地。该类绿地与建设用地范围内的绿地共同构成城乡一体化的绿地系统，对城乡整体区域的生态效益、景观格局、游憩空间具有重要作用。城镇开发边界内规划人均区域绿地的面积不应小于 $20m^2$/人。基于生态、生产和生活功能，区域绿地分为风景游憩绿地、生态保育绿地、区域设施防护绿地、生产绿地 4 个中类。凡是区域绿地，皆不参与城市建设用地指标统计。

1. 风景游憩绿地

风景游憩绿地指自然环境良好，具有一定的游憩和服务设施，城乡居民可以进入并参与休闲游憩、健身娱乐、观光考察等活动的城市外围绿地，是城乡一体的绿地游憩体系中的重要组成部分。我国规定规划市域内人均风景游憩绿地面积不应小于 $20m^2$/人。根据游览

图 4.2-16 南京外国语学校仙林分校

(图片来源：南京市规划局，南京市城市规划编制研究中心，2004. 南京城市规划(2004)[Z]：161)

景观和活动类型，可以分为风景名胜区、森林公园、湿地公园、郊野公园和其他风景游憩绿地 5 个小类(图 4.2-17～图 4.2-19)。

风景名胜区是指风景名胜资源集中，自然环境优美，具有一定的观赏、文化或者科学价值，经相关主管部门批准设立，供人们游览观赏或者进行科学文化活动的区域。风景名胜区具有各种功能特征，这些功能包括供人们观赏、游览、休闲及科研活动，保护动植物及历史人文资源，保持水土、保护水源等。由于风景名胜区位于城市周边，其规模较大，绿化及景观价值均较高。因此风景名胜区绿地在改善城市的生态环境，满足市民游憩及旅游功能，防止城市不合理地蔓延和扩张，改善城郊地区环境及景观状况等方面，都起到非常重要的作用。

森林公园是位于城市建设用地范围以外，具有一定规模的自然状态和半自然状态的森林生态环境，供人们进行科学文化研究，同时兼顾一定的游憩、游览观光、科普教育的绿地。单个森林公园的规划面积宜大于 $50hm^2$，以达到保护森林资源的自然状态和完整性的目的。

湿地公园是指位于城市建设用地范围以外，具有良好的湿地生态环境和多样化的湿地景观资源的区域，以保护湿地生态系统，进行湿地恢复、科学研究、科普教育为主要功能，兼具适度开展娱乐、休闲等生态旅游功能。湿地是地球上具有重要环境能力的生态系统，是多种生物的栖息地和孳生地，同时也是原材料和能源的地矿资源。城市周边湿地的存在可有效维持城市生物物种及景观的多样性，改善城市的环境质量，另外还可为居民的休闲生活服务，同时也可作为青少年进行生态知识科普教育的基地。湿地公园应具有一定的面积规模，单个湿地公园的规划面积宜大于 $50hm^2$，其中湿地系统面积不宜小于公园面积的 50%。

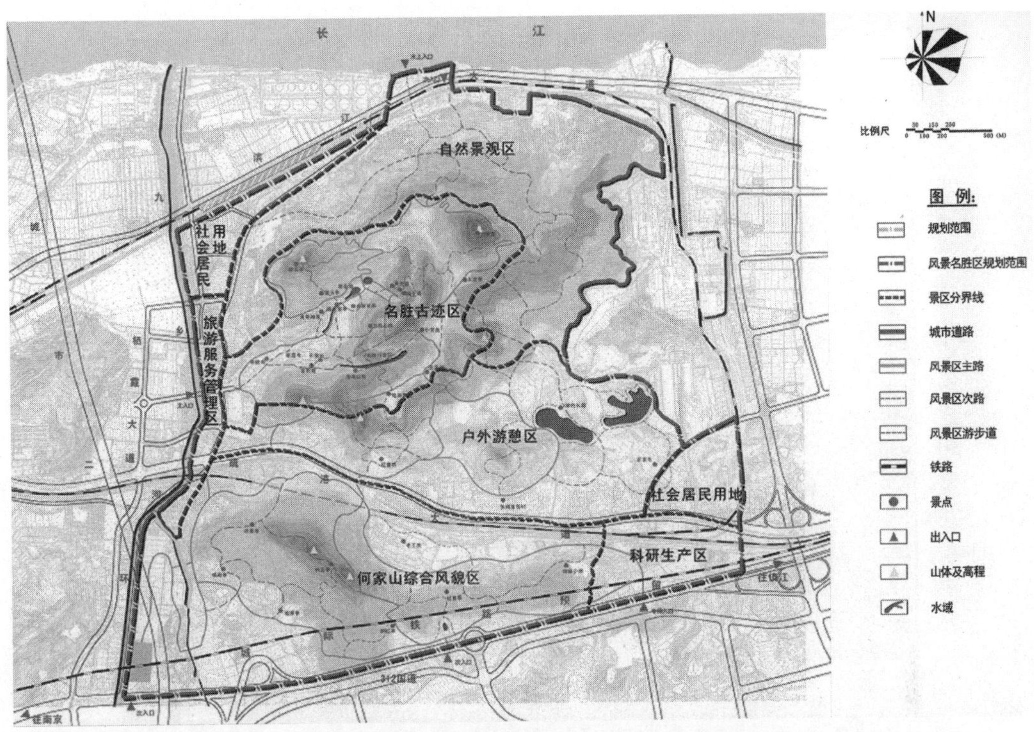

图 4.2-17　南京栖霞山风景名胜区总体规划

（图片来源：南京市规划局，南京市城市规划编制研究中心，2004. 南京城市规划（2004）[Z]：110）

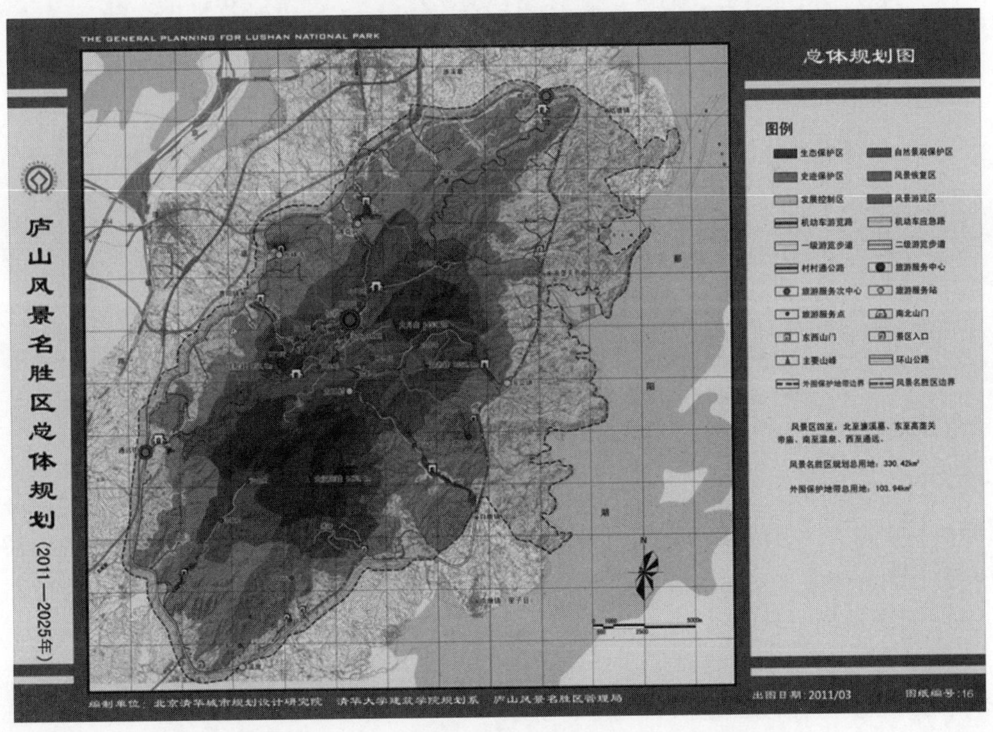

图 4.2-18　庐山风景名胜区总体规划（2011—2025 年）

（图片来源：庐山市人民政府，2011. 庐山风景名胜区总体规划（2011—2025 年））

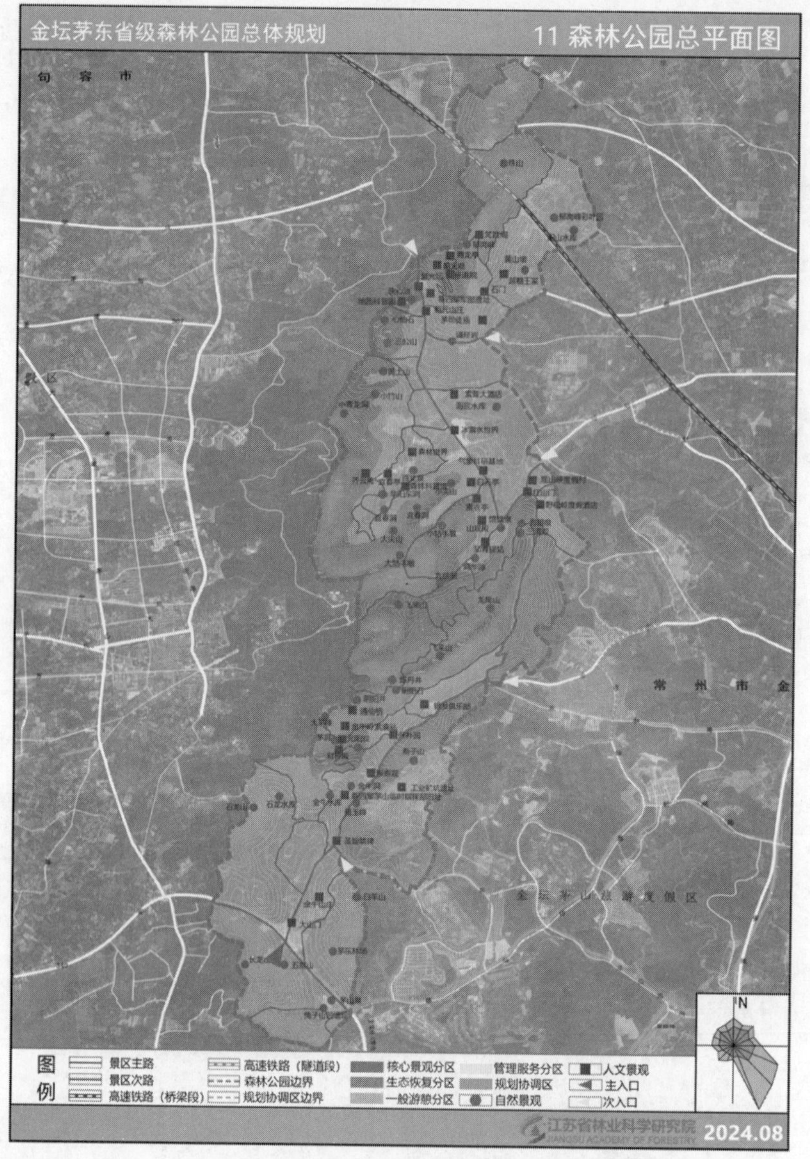

图 4.2-19 金坛茅东省级森林公园总体规划(2024—2030 年)

(图片来源：常州市金坛区自然资源和规划局，2024.金坛茅东省级森林公园总体规划(2024—2030 年))

郊野公园位于城市郊区，是具有较大规模的原生自然风貌和野趣景观及一定的服务设施，并向公众开放的区域，以防止城市无序蔓延为主要目标，兼顾亲近自然、保护生态、游憩休闲、科普教育等多种功能。单个郊野公园的规划面积宜大于 $50hm^2$，并设置必要的休闲游憩和户外科普教育设施。

其他风景游憩绿地是指在城市建设用地以外，除上述外的风景游憩绿地，主要包括野生动植物园、遗址公园、地质公园等。

2. 生态保育绿地

生态保育绿地是指进行生态保护、恢复和资源培育区域，主要功能是保障城乡生态安全和进行景观改善，通常不宜开展游憩活动的绿地。生态保育绿地主要包括自然保护区、水源保护地、湿地保护区、公益林、防护林，需要进行生态修复的区域以及生物栖息地等。

3. 区域设施防护绿地

区域设施防护绿地是指对区域交通设施、区域公用设施进行防护隔离的绿地，具有安全、防护、卫生、隔离的作用，包括各级公路、铁路、港口、机场、管道运输等交通设施周边的防护隔离绿化用地，以及能源、水工、通信、环卫等为区域服务的公用设施周边的防护隔离绿化用地。我国主要区域交通设施两侧防护绿地宽度控制要求见表4.2-6。

表4.2-6　城镇建设区外公路红线宽度和两侧隔离带规划控制宽度　　m

公路等级	高速公路	一级公路	二级公路	三级公路	四级公路
公路红线宽度	40～50	30～50	20～40	10～24	8～10
公路两侧隔离带控制宽度	20～50	10～30	10～20	5～10	2～5

4. 生产绿地

生产绿地指为城乡绿化服务的各类苗木、花草、种子的苗圃、花圃和草圃等，不包括农业生产园。生产绿地是园林苗木生产、培育、引种、科研保障的基地。随着城市的建设发展，生产绿地逐步向城市建设用地外转移，成为城市建设用地外的绿地中的重要类别。

生产绿地应依据城市的生态环境进行布局，要和城市的自然地理、地形、河流水系、文化、功能分区相协调，同时考虑城市的近期建设与远期发展，远期要建设的公园、植物园、动物园等用地，都可组织于近期的生产绿地布局中，例如上海植物园、杭州植物园的前身都是苗圃，这样规划设置不仅可以充分利用土地资源，还可熟化土壤、有效改善区域环境，为城市的远期建设创造有利建设条件。

第5章 城市绿地系统规划的工作内容和编制程序

5.1 城市绿地系统规划的依据和原则

5.1.1 规划依据

（1）相关法律法规和规章制度

国家及地方各级人民政府颁布的法规和制度文件是城市绿地系统规划的法定依据。例如《中华人民共和国城乡规划法》《中华人民共和国土地管理法》《中华人民共和国环境保护法》《中华人民共和国文物保护法》《城市绿化规划建设指标的规定》《城市绿化条例》《风景名胜区条例》《城市古树名木保护管理办法》《城市绿地系统规划编制纲要(试行)》等,以及各地方政府制定的城乡规划条例、绿化条例、绿地系统编制办法等。

（2）相关技术规范标准

国家或行业各类技术标准和规范是城市绿地系统规划编制必不可少的依据。例如《城市绿地分类标准》《公园设计规范》《城市居住区规划设计标准》《城市道路绿化规划与设计规范》《风景名胜区详细规划标准》等。

（3）相关各类规划

依法获批的与城市绿地系统相关的规划是城市绿地系统规划的基本依据。例如国土空间规划、城市总体规划、城市土地利用总体规划、城市近期建设规划等。

（4）城市现状基础条件

城市自然、经济、社会等现状条件是城市绿地系统规划的基础依据,贯穿整个规划的全部过程。

5.1.2 规划原则

1. 均衡性

（1）空间布局的均衡

均衡性意味着绿地的空间布局应该尽可能的均衡,而不是过度集中在某一区域。绿地系统中,每一块绿地都有其服务范围,范围的大小视该绿地的规模和功能而定。从使用、利

用的角度来说，所有绿地的服务范围必须覆盖整个建成区，这样才能最大限度地保证所有人都能够便捷地到达绿地，公平地使用绿地。绿地系统中不同阶层的绿地在规模、设施和功能上都有所差异，每一阶层的绿地都应该尽可能地均衡布局。

(2) 功能的均衡

均衡性不仅表现在空间布局上，还体现在系统的功能上。除了极其特殊的绿地功能以外，一般来说，绿地系统规划应该兼顾绿地的不同功能，统筹安排不同功能的各类绿地，避免功能过于单一。

2. 系统性

系统性原则要求编制绿地系统规划必须遵从整体、有机、联系的观点。在均衡布局的基础上，绿地之间要通过有机的组合关系，形成统一的绿地系统，这样才能提高绿地系统的总体效能。系统性原则包括两个方面：一是空间的系统化；二是功能的系统化。

(1) 空间系统化

空间系统化要求块状绿地之间有连续的绿道，通过绿道连接各个绿地，最终形成统一、整体的绿地系统。在绿地系统中的任何一点，均可以沿着绿道顺畅地到达另一处绿地。空间系统化最重要的衡量标准是看绿道在绿地系统中所占的分量。当绿道发达，相互贯通形成网络后，即形成了比较成熟的绿地系统。

绿地空间系统化的形成过程有四个阶段：孤立阶段、均等阶段、触手阶段、网络阶段。在孤立阶段，绿地数量少，分布不平衡，彼此无联系，绿地率不到10%；均等阶段，绿地数量增多，在空间布局上基本符合均衡性原则，但是没有绿道连接，因此不成系统，绿地率在10%～15%；触手阶段，绿道正在形成，但是并没有贯通，形成了初步的系统化，绿地率在15%～20%；到了网络阶段，绿地之间以绿道相互贯通，是绿地的系统性最成熟的阶段，绿地率不低于25%。

(2) 功能系统化

功能系统化要求绿地规划要注意功能的分配。绿地系统的各类功能配置既要在系统总体上达到各类功能的均衡，又要注意各类功能之间的联系和搭配。例如，大型郊野公园不仅是城市居民远距离休闲的基地，也是城市外围的生态据点，在功能上应该有所侧重。居住区绿地往往以休闲娱乐为主要功能，其生态功能应该根据基地和周围情况分离到生态绿地中。沿河岸布置生态绿带，有利于形成生态廊道，但是也应该在人流节点处设置休闲设施以兼顾休闲体系的形成。防灾功能一般分布在居住区绿地中，城区内的大型综合公园也应当布置防灾据点，形成城市防灾体系(表5.1-1)。

3. 生态性

生态性是为了达到环保、生态保护的要求，必须遵循的原则。由于绿地具有氧碳平衡、除尘杀菌、防止水土流失、生物多样性保护等功能，这些功能能否发挥，主要取决于绿地的空间布局和规模总量。绿地的布局必须有利于生态系统的稳定，因此，对于河流、丘陵林地、生物迁徙通道和栖息地等，需要将其设置为绿地进行有效的保护和管理。

编制绿地规划，在客观条件允许的前提下，必须尽可能地提高绿地建设的规模总量，才能更多地产生氧气、杀菌除尘。因此，在均衡性、系统性、布局合理的前提下，应该大力提高绿地率和人均绿地面积。绿地率和人均绿地面积越大，生态效益就越高；反之则越低。

表 5.1-1　不同功能相对应的绿地类型

绿地类型	休闲功能				环境保护功能(生态功能)							防灾功能			景观功能		
	野外休闲	日常休闲	运动	文化历史教育	城市形态控制	保护动物栖息环境	水土保持	保护植被	氧碳平衡	环境净化	防止噪声污染	防止自然灾害	确保避难通道	确保救助据点	美化环境	形成地域景观	形成景观标识
街道绿地		■	■						■	■	■		■		■		
居住区绿地		■	■						■	■	■			■	■		
动物园		▲			▲		■										
植物园		▲		▲			▲	■	▲	■					▲	▲	
综合公园		■	■	■	▲		▲	▲	▲	▲	▲			▲		▲	▲
体育公园			■	▲				▲	▲	▲	▲	▲		▲	▲		
森林公园	■		▲	▲	■	■	■	■	■	■	▲				▲	▲	
历史名园		▲		■				▲							▲	▲	▲
绿道	▲	▲			▲		■	■					▲		▲		

注："■"为主要功能；"▲"为次要功能。

5.2　绿地系统布局方法

5.2.1　生态布局法

生态布局法是基于生态保护目的而建立起来的绿地规划方法，其实质在于通过绿地的有机组合，形成适宜生物生存、繁殖，能够保持生态系统稳定，或者有利于促进生态系统恢复的环境。

拉尔鲁在 1985 年出版的 *Design for Human Ecosystems* 一书中，提出了以生态保护为目的的绿地空间系统的 4 种配置类型：分散型、群落型、廊道型、群落廊道结合型。在分散型配置中，绿地分布在每个单元内，彼此之间缺少联系，是最低级的配置方式；群落型配置则将绿地集中于各个单元边缘或者跨单元边界配置，各个群落之间缺少生物通道；廊道型指沿着生物多样性高的河流、水路等自然廊道配置绿地；群落廊道结合型将各个绿地通过绿地廊道结合起来(图 5.2-1～图 5.2-4)。

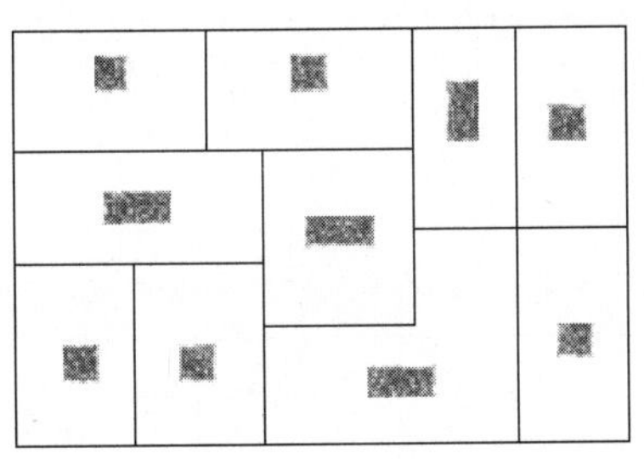

图 5.2-1　分散型

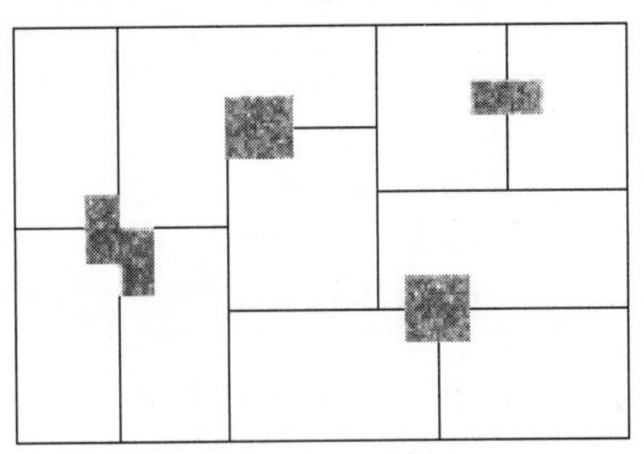

图 5.2-2　群落型

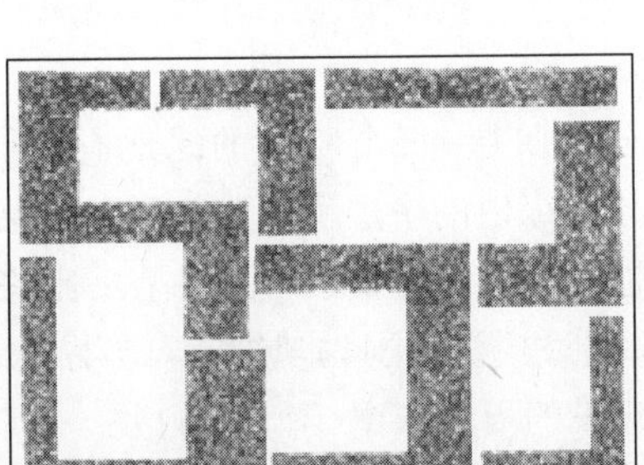

图 5.2-3　廊道型

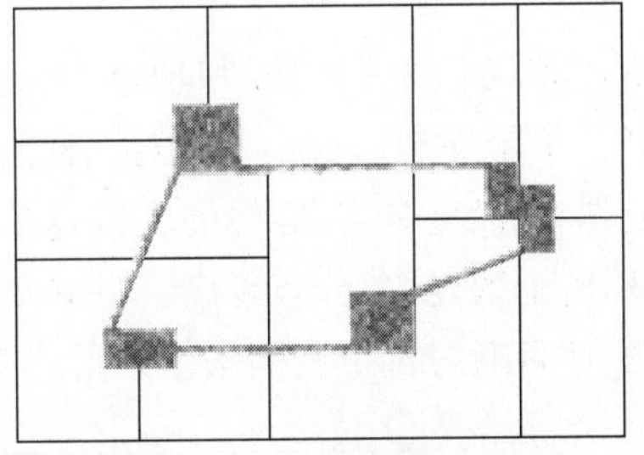

图 5.2-4　群落廊道结合型

特纳(Tuener)在 1987 年提出了 6 种绿地配置形态：集中型、均等型、混合型、边缘结合型、水系活用型和蛛网系统型。集中型配置可以容纳最多的休闲设施和户外活动。均等型配置是在各个街区均衡地配置绿地，这些绿地具有相同的服务半径，有利于居民最大限度地公平地使用绿地。混合型配置方式注重于其他公共设施的空间结合，绿地的功能和规模有所分化。集中型、均等型和混合型是以居民休闲利用为主要考量的布局方式，绿地之间缺乏联络通道，不利于物种的迁徙交流。边缘结合型是沿街区或者建筑物边缘配置绿地，形成生物廊道。水系活用型沿着河流水系和山体布置绿地，形成保护水环境和生物廊道的绿地系统。蛛网系统型综合了水系活用型、边缘结合型、混合型、集中型的结构，以各类廊道贯通生态节点和休闲节点，是最高级别的生态布局模式(图 5.2-5～图 5.2-10)。

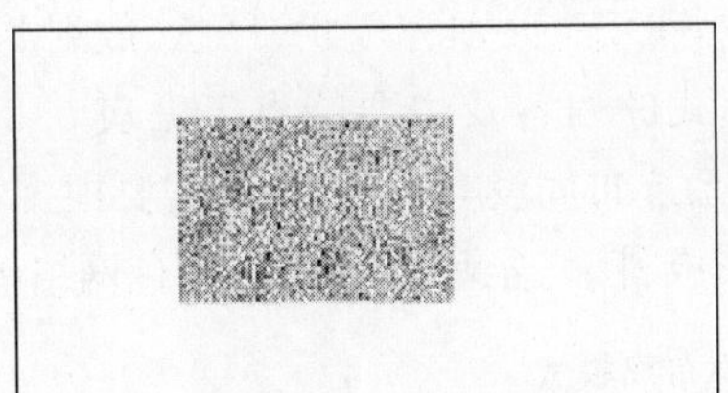

图 5.2-5　集中型

图 5.2-6　均等型

图 5.2-7　混合型

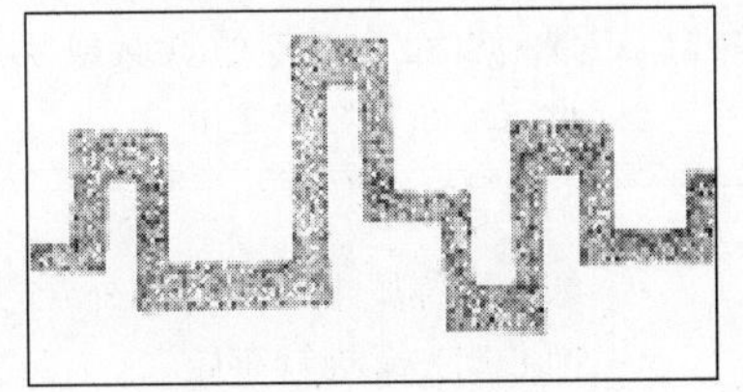

图 5.2-8　边缘结合型

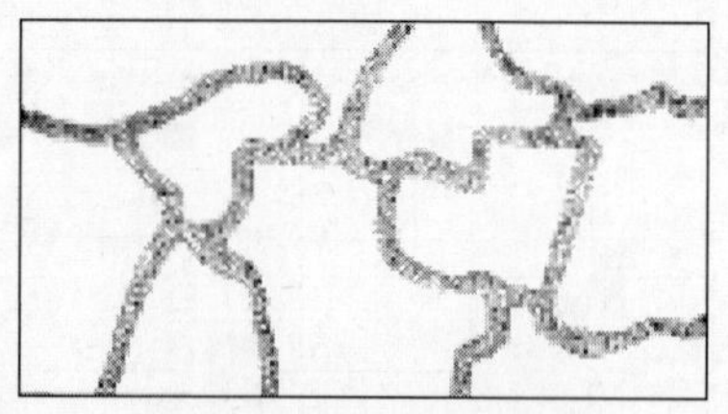
图 5.2-9　水系活用型

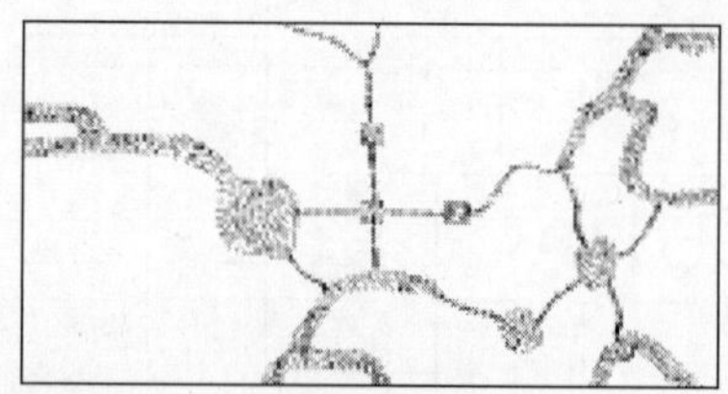
图 5.2-10　蛛网系统型

5.2.2　阶层布局法

阶层布局法根据规模和功能，将绿地划分为不同的阶层，每个阶层的绿地有不同的服务半径。单个绿地的规模、设施数、使用人数、服务半径与绿地的阶层呈正比关系。阶层越高，则规模越大，设施越多，容纳的人数越多，服务的半径越大。绿地的个数与阶层呈反比关系，阶层越低，则个数越多，分布越广。阶层布局法在日本应用最广泛，是日本城市绿地规划最根本的方法，并且通过都市公园法体系形式被确定为绿地建设的根本依据(图 5.2-11)。

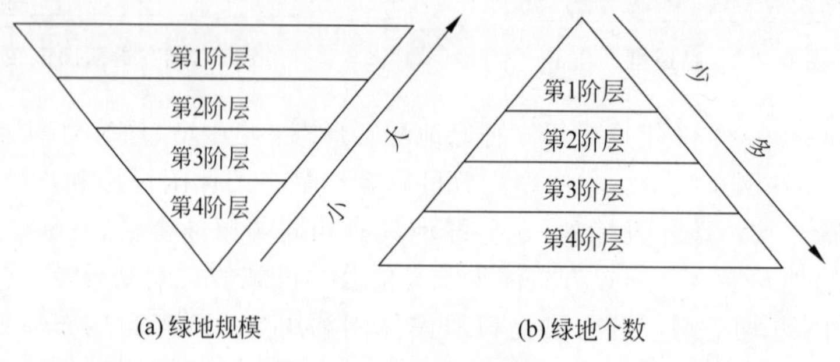

图 5.2-11　阶层结构示意

5.2.3　布局形态

李铮生(2006)总结出城市绿地系统布局的八种基本形态，分别为点状、环状、放射状、放射环状、网状、楔状、带状、指状(图 5.2-12)。各类布局模式的内容及主要特点等见表 5.2-1。因为城市之间自然地理条件和社会经济条件等差异，绿地系统布局没有万能模式，需要根据城市实际条件和发展格局特征，选择多种布局形式有机结合，形成科学、合理、可持续的绿色网络体系。

表 5.2-1　城市绿地系统的布局模式

布局模式	内　容	主 要 特 点
点状	绿地以大小不等的点状或块状形式分布在城市之中	绿地分布较为均匀，能够方便居民使用，但绿地位置分散，规模一般较小，难以提高城市整体艺术风貌，也无法较好地改善城市小气候条件，多应用在旧城改造中
环状	绿地围绕城市内部或者外缘，呈同心圆方式进行布局	利用绿色环带连接沿线各类绿地，能够形成较好的景观效果，并且对控制城市无序蔓延具有一定作用，但是环与环之间相对孤立，不方便居民使用。一般结合城市环路、护城河、古城墙等进行建设

续表

布局模式	内　　容	主要特点
放射状	多条带状绿地自市中心向外围呈放射状布局	容易表现城市的艺术风貌，但把城市分割为放射状，不利于横向联系。多结合放射状干道、水系等进行建设
放射环状	放射状与环状相结合的布局方式	弥补了环状、放射状单独布局的不足，是一种理想的绿地布局模式。但是应用条件相对苛刻，多用于新城建设
网状	利用带状绿地，串联点状绿地，呈现出网状的绿地布局形式	同时具有带状、点状布局模式的优点，并且易于构建生态网络，保护生物多样性
楔状	绿地以楔状形式自郊区嵌入市中心的布局方式	促进城市与郊区的空气交流，对改善城市小气候，缓解热岛效应具有显著作用。此外，楔状绿地有利于城市与自然的融合，有效改善城市艺术面貌。但该布局形式与放射状类似，绿地之间横向联系缺乏
带状	绿地呈条带状纵向或横向分布在城市中	多与道路、河流、高压走廊等结合，可以有效改善城市环境，美化城市面貌，还具有一定的防护隔离作用。但对于远离绿带的居民使用不方便
指状	绿地呈手指状分布在城市中	具有多个明显发展轴，布局方式灵活，易于形成较大面积的绿地，但是各个“手指”之间缺乏联系

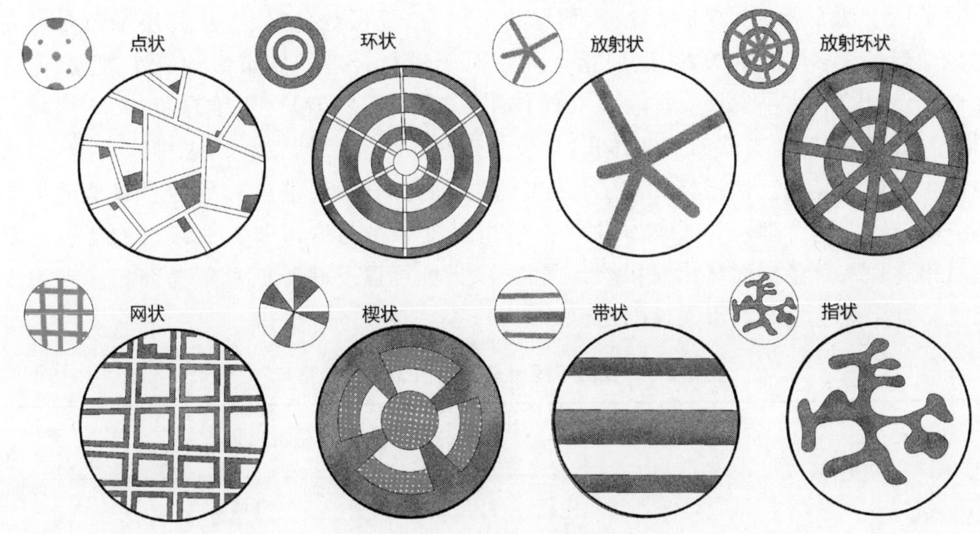

图 5.2-12　城市绿地布局模式

（图片来源：李铮生，2006. 城市园林绿地规划与设计[M]. 2 版. 北京：中国建筑工业出版社：68(经本书作者改绘)）

5.3　城市绿地系统的规划指标

城市绿地系统的规划指标通常用于规划编制阶段，通过将规划目标转换为具体量化的数值对绿地系统的总量、形态、布局等进行引导控制。我国在 1949 年以后开始采用绿地量化指标，起初参考苏联模式，主要指标包括树株数、公园个数与面积、公园每年的游人量等。后来在 1979 年国家城建总局发布《关于加强城市园林绿化工作的意见书》，首次提出了“绿化覆盖率”指标。在此基础上，逐渐派生出“人均公园(公共)绿地面积[①]”和“城市绿地率”两个指标。

绿化覆盖率：城市一定区域范围内所有植物的垂直投影面积与该区域总用地面积的比值。

人均公园绿地面积：城市一定区域范围内各类公园绿地总面积与该区域常住人口规模的比值。

城市绿地率：城市中各类绿地面积总和与城市建设用地面积的比值。

随着经济发展和社会进步，绿地系统指标水平在不同时期各有不同，但总体来说趋于更加合理和丰富(表5.3-1)。

“绿化覆盖率”“人均公共(公园)绿地面积”和“绿地率”是根据我国的实际情况和发展速度而制定形成，主要关注城市建设用地范围内绿地的数量和面积。随着绿地在城乡环境建设中作用的凸显以及人们对绿地需求的提高，城乡绿地率、人均绿地面积等指标开始较多应用于绿地规划编制、统计工作中。

城乡绿地率指市(县)域范围内各类绿地面积总和与城乡用地面积的比值。

人均绿地面积是指城市建设用地范围内各类绿地面积总和与城市常住人口规模的比值。

除了以上两个指标，三维绿量、人均绿化三维量、复层绿色量、人均复层绿色量等新兴指标也受到了许多学者的关注，这些指标体系对于进行合理的城市绿地系统规划，促进城市绿地建设向较高水平发展发挥着重要的作用(刘骏 等，2001)。三维绿量，又称绿化三维量，指绿色植物茎叶所占据的空间体积，单位一般用 m^3。通常情况下，三维绿量越大，植物产生的生态效益越好。该指标突破了二维绿量指标的局限性，能够较好衡量绿地的生态效益和空间结构上的合理性。人均绿化三维量指三维绿量与城市非农业人口的比值。复层绿色量指乔、灌、草各层面绿化面积统计之和，该指标可以反映叶面总覆盖面积。人均复层绿色量指复层绿色量与城市人口的比值。

表5.3-1 我国不同时期采用的城市绿地指标

时间/年	文件	人口/万	人均公园/公共绿地面积		城市绿地率		城市绿化覆盖率	
			近期/(m^2/人)	远期/(m^2/人)	近期/%	远期/%	近期/%	远期/%
1956	全国基建会议文件	人口<50		6～10				
		人口>50		8～12				
1975	建委拟定参考指标		2～4	4～6				
1978	全国园林会议		4～6(至1985年)	6～10(至2000年)				
1982	城市园林绿化管理暂行条例		3～5	7～11	30			

① 2002年《绿标》以公园绿地代替公共绿地，相应人均公园绿地面积指标代替人均公共绿地面积。

续表

<table>
<tr><th rowspan="3">时间/年</th><th rowspan="3">文件</th><th rowspan="3" colspan="2">人口/万</th><th colspan="2">人均公园/公共绿地面积</th><th colspan="2">城市绿地率</th><th colspan="2">城市绿化覆盖率</th></tr>
<tr><th>近期/</th><th>远期/</th><th>近期/</th><th>远期/</th><th>近期/</th><th>远期/</th></tr>
<tr><th>（m²/人）</th><th>（m²/人）</th><th>%</th><th>%</th><th>%</th><th>%</th></tr>
<tr><td rowspan="7">1992</td><td rowspan="7">国家园林城市基本绿化指标</td><td colspan="8">城市人口/万</td></tr>
<tr><td rowspan="2">>50</td><td>秦岭淮河以南</td><td>8</td><td></td><td>34</td><td></td><td>39</td><td></td></tr>
<tr><td>秦岭淮河以北</td><td>7.5</td><td></td><td>32</td><td></td><td>37</td><td></td></tr>
<tr><td rowspan="2">50～100</td><td>秦岭淮河以南</td><td>7</td><td></td><td>32</td><td></td><td>37</td><td></td></tr>
<tr><td>秦岭淮河以北</td><td>6.5</td><td></td><td>30</td><td></td><td>35</td><td></td></tr>
<tr><td rowspan="2">>100</td><td>秦岭淮河以南</td><td>6.5</td><td></td><td>30</td><td></td><td>35</td><td></td></tr>
<tr><td>秦岭淮河以北</td><td>6</td><td></td><td>28</td><td></td><td>33</td><td></td></tr>
<tr><td rowspan="4">1993</td><td rowspan="4">城市绿地规划建设指标的规定</td><td colspan="8">根据人均建设用地指标面积不同分为三个等级</td></tr>
<tr><td colspan="2"><75m²</td><td>5（2000年）</td><td>6（2010年）</td><td>25</td><td>30</td><td>30</td><td>35</td></tr>
<tr><td colspan="2">75～105m²</td><td>6（2000年）</td><td>7（2010年）</td><td>25</td><td>30</td><td>30</td><td>35</td></tr>
<tr><td colspan="2">>105m²</td><td>7（2000年）</td><td>8（2010年）</td><td>25</td><td>30</td><td>30</td><td>35</td></tr>
<tr><td rowspan="2">2001</td><td rowspan="2">国务院关于加强城市绿化建设的通知</td><td colspan="2">城市规划建成区</td><td>8（2005年）</td><td>10（2010年）</td><td rowspan="2">30</td><td rowspan="2">35</td><td rowspan="2">35</td><td rowspan="2">40</td></tr>
<tr><td colspan="2">城市中心区</td><td>4（2005年）</td><td>6（2010年）</td></tr>
<tr><td>2004</td><td>国家生态园林城市标准（暂行）</td><td colspan="2">城市建成区</td><td colspan="2">12</td><td colspan="2">38</td><td colspan="2">45</td></tr>
<tr><td rowspan="7">2005</td><td rowspan="7">国家园林城市标准（修订）</td><td colspan="8">城市人口/万</td></tr>
<tr><td rowspan="2">>50</td><td>秦岭淮河以南</td><td>9</td><td></td><td>35</td><td></td><td>40</td><td></td></tr>
<tr><td>秦岭淮河以北</td><td>8.5</td><td></td><td>34</td><td></td><td>38</td><td></td></tr>
<tr><td rowspan="2">50～100</td><td>秦岭淮河以南</td><td>8</td><td></td><td>33</td><td></td><td>38</td><td></td></tr>
<tr><td>秦岭淮河以北</td><td>7.5</td><td></td><td>31</td><td></td><td>36</td><td></td></tr>
<tr><td rowspan="2">>100</td><td>秦岭淮河以南</td><td>7.5</td><td></td><td>31</td><td></td><td>36</td><td></td></tr>
<tr><td>秦岭淮河以北</td><td>7</td><td></td><td>29</td><td></td><td>34</td><td></td></tr>
</table>

续表

时间/年	文件	人口/万	人均公园/公共绿地面积		城市绿地率		城市绿化覆盖率	
			近期/(m^2/人)	远期/(m^2/人)	近期/%	远期/%	近期/%	远期/%
2007	国家森林城市评价指标	城市建成区	9		33		35	
		城市中心区	5					
2012	城市用地分类与规划建设用地标准		规划人均绿地与广场用地面积不应小于10m^2/人,其中人均公园绿地面积不应小于8m^2/人					

5.4 城市绿地系统规划编制的程序

根据《城市绿地系统规划编制纲要(试行)》,城市绿地系统规划的编制工作一般包括基础资料整理、规划文件编制和规划成果审批三个阶段。

5.4.1 基础资料整理

基础资料是城市绿地系统规划编制的基础,因此在规划初期需要通过现场勘察、资料查阅、访问访谈等方式收集整理与城市绿地建设密切相关的各类资料。

(1) 城市自然资料

城市自然资料主要包括地形图、地质地貌、气候、水文、土壤、自然资源等状况。

(2) 现状社会条件资料

现状社会条件资料主要包括城市经济、城市人口以及人口组成等状况。

(3) 现状绿地资料

现有各类绿地情况,包括公园绿地、道路绿地、附属绿地、防护绿地、广场用地、生产绿地、风景游憩绿地、生态保育绿地、区域设施防护绿地现状情况。

(4) 城市发展资料

城市发展资料主要包括城市面积、城市规模、城市发展目标、城市用地等发展规划。

(5) 城市历史与文化资料

城市历史与文化资料主要包括城市的历史沿革、神话传说、风俗习惯以及各类人文景观概况等。

5.4.2 规划文件编制

规划文件主要包括规划文本、规划说明书、规划图则和规划基础资料四个部分。其中,依法批准的规划文本与规划图则具有同等法律效力。成果应复制多份,报送各有关部门,作为今后的执行依据。

1. 规划文本

对规划的各项目标和内容提出规定性要求的文件。文本编写要求简洁明了、重点突出，须按照法规条文格式编写。规划文本通常包括：规划总则、规划愿景与指标、市域绿地系统规划、城区绿地系统规划的目标、指标和布局结构、公园绿地规划、防护绿地规划、广场用地规划、附属绿地规划、道路绿地规划、树种规划、古树名木保护规划、防灾避险功能绿地规划、城区绿线规划、近期建设规划、规划实施措施、附录。

2. 规划说明书

规划说明书是对规划文本的具体解释，包括的内容和规划文本一致，是以章节形式对文本中的相关条文以及规划图纸内容进行详细阐述，但不具备法律效力。

3. 规划图则

规划图则是城市绿地系统规划的核心图件，以图、表、文形式表达对城市绿地作出的控制和引导，主要包括城市区位关系图、现状图（包括城市综合现状图、建成区现状图和各类绿地现状图以及古树名木和文物古迹分布图等）、城市绿地现状分析图、规划总图、市域大环境绿化规划图、绿地分类规划图、近期绿地建设规划图等。

城市绿地系统规划中绿地一般落实到中类。图纸比例与城市总体规划应保持基本一致，一般采用 1∶25 000～1∶5000；城市区位关系图宜缩小至 1∶50 000～1∶10 000，并标明风玫瑰图，绿地分类规划图可放大至 1∶10 000～1∶2000。

4. 规划基础资料

基础资料汇编是城市绿地系统规划的基础，旨在对规划编制的背景资料进行充分的解释和说明，反映资料来源和相关的机构组成情况，是城市绿地系统规划工作的重要资料支撑，是规划成果的重要组成部分。

5.4.3 规划成果审批

我国还未出台针对绿地系统的国家层面的专门法，但是《城乡规划法》《城市绿线管理办法》《城市绿化条例》等相关法律和规章制度对其成果审批进行了相关规定。城市人民政府应当组织城市规划主管部门和城市绿化主管部门等共同编制城市绿地系统规划，并纳入城市总体规划。

对于城市总体规划中的绿地系统规划应当与总规同步编制，主要内容纳入城市总体规划的文本、图纸和说明书，作为城市总体规划的一部分一并审批。对于单独编制的绿地系统专项规划，一般由城市人民政府批准后纳入城市总体规划。2018 年，伴随自然资源部的成立以及国土空间规划体系的建立，我国由“城乡规划”进入了“国土空间规划”的新历程。目前，我国国土空间规划立法工作尚在进行中，已有的城乡规划和土地管理领域相关法律法规对绿地系统规划的编制、审批规定依然具有法律效应。进一步结合国务院颁布的《关于建立国土空间规划体系并监督实施的若干意见》以及国土空间规划体系下部分城市具体审批流程，绿地系统规划作为专项规划，应由行业主管部门会同自然资源主管部门组织编制，并报同级人民政府审批。

经依法批准的绿地系统规划，是城乡绿地建设和规划管理的依据，未经法定程序不得修改。

第6章

区域绿地系统规划

6.1 区域绿地规划的功能

区域绿地规划是对一定地区内林地、河流、公园、草场等绿地和开放空间的保护与建设进行总体部署。随着城市化、城乡一体化的发展，道路交通网络不断延伸，人类活动对整体自然环境造成的压力日益增加，人类生存环境日益复杂化，客观上要求绿地规划不再局限于城市绿地系统规划编制的范围，要着眼于广域的生态保护与建设。区域绿地规划具有宏观性和战略性的特点，能够弥补城市绿地系统规划无法对宏观地域背景中的绿地生态空间进行统筹安排的缺点，在区域环境与地球重要生态系统保护、国民游憩地体系建设、优化城市空间体系方面发挥着重要作用。

区域绿地规划的功能包括大规模生态地与区域环境生态系统保护、城镇建设区隔离、建设广域性游憩体系、大规模风景地保护、促进区域安全、维护地域特色等。区域绿地规划包括片状的绿地规划（如国家公园、风景名胜区规划）、线型的绿道规划，以及都市圈、大都市区等广域性绿地系统规划。

6.2 我国风景名胜区体系

6.2.1 我国风景名胜区基本概况

我国国土面积广阔，具备热带—寒带、海洋—内陆、沙漠—雪山等多种气候与生物区，景观资源非常丰富，目前国家主要通过风景名胜区对这些自然风景资源进行保护和管理。

风景名胜区分为3级。由国务院审定的具有重要观赏、文化、科学价值，规模较大的为国家级风景名胜区；经过省、自治区和直辖市审定的，有地方代表性且具备一定规模和设施条件的为省级风景名胜区；市、县人民政府审定的为市县级风景名胜区。按照规模来分，风景名胜区可分为小型风景区（20km^2 以下）、中型风景区（20～100km^2）、大型风景区（100～500km^2）和特大型风景区（500km^2 以上）。

根据景观特征，风景名胜区可以分为10类：山岳型、峡谷型、岩洞型、江河型、湖泊型、海滨型、森林型、草原型、史迹型和综合型。我国部分国家级风景名胜区见表6.2-1。

表 6.2-1 我国主要国家级风景名胜区状况

风景区名称	所在地	特征	
		景观类型	基本特征
八达岭—十三陵	北京延庆、昌平	史迹型	明朝开始建造。八达岭为古代军事防御工程,含居庸关、天台等胜迹。十三陵每陵各居一山,山环水抱,含 13 位帝王的宝城宝顶陵寝
避暑山庄外八庙	河北承德	史迹型	建于清朝。避暑山庄为帝王宫苑,包括宫殿和园林,朴素淡雅。外八庙为避暑山庄周围的 12 座藏传佛教寺庙群,宏伟壮观,金碧辉煌
北戴河	河北秦皇岛	海滨型	清朝开始开发。为我国开发最早、规模最大的海滨度假区。背靠联峰山,海岸线长,气候宜人。同时是召开会议、领导人休养之地,具有一定的政治含义
五台山	山西五台	山岳型	位列中国四大佛教名山之首,寺院众多。五台山指一系列山峰群,主要由五座雄伟的山峰环抱而成,地质古老
恒山	山西浑源	山岳型	为"五岳"中的北岳,自古为道教活动场所。主峰天峰岭,主庙北岳庙,山势险峻雄伟,建筑林立,寺奇泉绝
五大连池	黑龙江五大连池	湖泊型	14 座新老期火山形成独特地质地貌,火山爆发形成 5 个互相连通如串珠的堰塞湖,山川辉映,泉水奇特
太湖	江苏苏州	综合型	中国的第三大淡水湖,横跨江苏多个市。形如新月,与周围湖泊串连成密集的江南水网,湖山秀丽。湖中岛屿 48 个,连同沿湖半岛山峰有 72 峰
钟山	江苏南京	山岳型	以中山陵为中心,包括紫金山、玄武湖两大区域。山水、城楼浑然一体,名胜古迹丰富。主要有明孝陵、中山陵、灵谷、头陀岭等景区
西湖	浙江杭州	湖泊型	湖中被孤山、白堤、苏堤、杨公堤分成里湖、外湖、岳湖、西里湖和小南湖五部分。雷峰塔与保俶塔隔湖相对。湖光山色,古迹众多。有著名的西湖十景
两江一湖	浙江杭州	湖泊型	分别为富春江、新安江、千岛湖。千岛湖以千岛、秀水、金腰带为特色,属人工湖,岛屿数居世界之最。森林繁茂,水质清澈
雁荡山	浙江温州	山岳型	东南第一山,始开发于南北朝,以北雁荡山最有名。雁荡山以奇峰、怪石、瀑布闻名,并有"雁荡三绝"
普陀山	浙江舟山	山岳型	舟山群岛众多岛屿中的一个,中国佛教四大名山之一。有普陀十二景,植物丰富,寺塔林立,山海相连,秀丽神秘
黄山	安徽黄山	山岳型	"三山五岳"之一,道教名山。有 72 峰,主峰莲花峰,以奇松、怪石、云海、温泉闻名,群落丰富,雄伟瑰丽
九华山	安徽池州	山岳型	佛教四大名山之一,地藏菩萨道场。九大主峰如九朵莲花,群峰之中遍布深沟峡谷,溪瀑泉交织,古刹胜迹林立
武夷山	福建武夷山	山岳型	属于典型的丹霞地貌,山与水、自然与人文有机融合,奇秀深幽,包括亚热带原生性森林系统、九曲溪生态保护区、古闽越文化遗存等
庐山	江西九江	山岳型	文化、宗教名山,同时也是政治名山,著名的避暑胜地。有河流、湖泊、坡地、山峰等多种地貌,奇特瑰丽。含牯岭镇、五老峰、仙人洞、三叠泉瀑布等景点

续表

风景区名称	所在地	特　征	
		景观类型	基本特征
泰山	山东泰安	山岳型	“五岳”之首，景点以主峰为中心，呈放射状分布，包括六大风景区。山势险峻雄伟，峰峦层叠，多松柏，有城子崖遗址、岱庙等人文景观
华山	陕西华阴	山岳型	“五岳”之一，有东西南北中五峰，以奇险著称，雄伟险峻，有华山峪、长空栈道、千尺幢等景点
骊山	陕西西安	史迹型	秦岭北侧的支脉，山势逶迤，景色秀丽，自古为帝王游乐之地，曾建有许多离宫别墅，温泉喷涌。有著名的“骊山晚照”、烽火台、兵谏亭殿等
崂山	山东青岛	山岳型	矗立于黄海之滨，山海相连，高大雄伟，为道教名山，道观众多，其中以太清宫最为著名。还有崂山十二景
龙门石窟	河南洛阳	史迹型	洛阳南郊伊水分隔龙门山和香山，石窟位于崖壁上，主要开凿于北魏至北宋年间，各时期的窟龛造像交错分布，数量为各石窟之首。著名的有奉先寺、宾阳洞
麦积山	甘肃天水	山岳型	始建于十六国的后秦。有麦积山、仙人崖、石门、曲溪四大景区和街亭古镇，麦积山石窟为中国四大石窟之一，洞窟和佛像开凿于陡峭的悬崖上
嵩山	河南登封	山岳型	中岳嵩山，由太室山与少室山组成，道、佛、儒三教荟萃，峻峰林立，著名的有少林寺、中岳庙、嵩阳书院等
武当山	湖北十堰	山岳型	著名的道教圣地之一。群峰林立，一柱擎天，万山来朝。山上药用植物丰富，古建筑群规模宏大。有著名的太和宫、玄岳门、隐仙岩等
衡山	湖南衡阳	山岳型	南岳衡山，“五岳独秀”。由72座山峰组成，山势雄伟，植被丰富，景色秀丽，有著名的南岳大庙、衡山四绝等
漓江	广西桂林	综合型	典型的喀斯特地貌景观。山、水、洞各具特色。河流水质清澈、风光秀丽，两岸的山峰伟岸挺拔，形态万千。有九马画山、黄布倒影、半边渡等美景
峨眉山	四川峨眉山	山岳型	中国四大佛教名山之一，地势陡峭，植被葱郁，秀甲天下。有八大寺庙、乐山大佛、峨眉金顶等
长江三峡	湖北宜昌	峡谷型	三峡西起白帝城，东至南津关，分为瞿塘峡、巫峡、西陵峡三大峡谷。江水流湍急，两岸悬崖绝壁，景色壮观。有夔门、黄陵等景点
黄龙寺—九寨沟	四川阿坝藏族羌族自治州	湖泊型	九寨沟内分布108个湖泊，以翠海(高山湖泊)、叠海、彩林、雪山、藏情“五绝”闻名，湖水碧澈多姿 黄龙寺周围的长坡上分布有形态不一的彩池，漫台倾泻，层叠曲折，有迎宾池、洗身洞、金沙铺地等景点
缙云山	重庆北碚	山岳型	古名巴山，共有9峰。山间云雾缭绕，环境清幽、林木葱郁，植物资源丰富，有缙云寺、绍龙观等古迹
岳麓山	湖南长沙	山岳型	是衡山72峰之一，位于长沙湘江两岸，山清水秀。由丘陵、河湖、文化古迹、名人墓葬、革命纪念遗址组成。有岳麓书院、爱晚亭、麓山寺等景点

续表

风景区名称	所在地	特　　征	
		景观类型	基本特征
青城山—都江堰	四川都江堰	史迹型	青城山全山四季常青，以清幽闻名，现保存有数十座宫观。都江堰建于战国时期，是全世界历史最悠久的无坝引水水利工程。含茶马古道、玉女峰等景观
剑门蜀道	四川绵阳	史迹型	以剑门关为核心，北起陕西宁强，南到成都，峰峦叠嶂，雄奇险峻。沿线三国文化深厚，有三星堆遗址、德阳文庙、昭化古城等
黄果树	贵州安顺	江河型	以黄果树大瀑布为中心，分布着风格各异的18个瀑布，形成瀑布群，气势雄伟壮观
天山—天池	新疆阜康	综合型	天山横亘亚洲腹地，终年积雪，冰川延绵。天池是天山东段博格达峰山腰的高山融雪湖泊，湖畔森林茂密。景区含天池上下四个山地垂直自然景观带
大理	云南大理	综合型	以白族为主的多民族地区，气候温和，山水秀丽，文物古迹众多，以古城为中心分布。有崇圣寺三塔、太和城遗址等
西双版纳	云南西双版纳	森林型	西双版纳傣族自治州，以热带雨林自然景观和少数民族风情闻名，澜沧江贯穿南北，动植物资源丰富
蜀南竹海	四川宜宾	森林型	以竹景为特色的景区，竹子种类繁多，同时其他植物丰富，飞瀑流泉，山水溶洞，青翠幽峻。有龙吟寺、仙寓洞、青龙湖等
蜀岗瘦西湖	江苏扬州	湖泊型	盛于清代康乾时期，瘦西湖水上园林，亭廊楼阁傍水而建，清秀古朴，有著名24景。蜀冈以宗教文化与自然生态为主，有大明寺、观音禅寺等
岳阳楼洞庭湖	湖南岳阳	湖泊型	岳阳楼精巧雄伟，是我国江南三大名楼之一，背靠岳阳城，俯瞰洞庭湖。洞庭湖是中国第二大淡水湖，浩浩荡荡
武陵源	湖南张家界	森林型	武陵源属于砂岩峰林地貌景观，以奇峰、怪石、幽谷、秀水、溶洞闻名。主要有张家界森林公园、天子山、索溪峪、杨家界景区
三江并流	云南迪庆	江河型	指金沙江、澜沧江、怒江并流区域，动植物种类丰富，多民族共存。包含高山雪峰、峡谷险滩等景观
滇池	云南昆明	湖泊型	云南最大的淡水湖，为金沙江支流湖泊。风光秀丽，是度假避暑胜地。有海埂公园、白鱼口等
崆峒山	甘肃平凉	山岳型	六盘山支脉，自然景观和人文景观丰富，危崖耸立，林海浩渺，古建宏伟古朴，有苍松岭、朝阳洞等
鸣沙山—月牙泉	甘肃敦煌	综合型	鸣沙山为流沙积成，分红黄绿白黑五色，沙垄相衔。月牙泉被鸣沙山包围，形状酷似新月，沙泉相映而不浊不涸
青海湖	青海西宁	湖泊型	青藏高原东北部，是中国最大的湖泊，湖中有海心山和鸟岛，是鸟类保护湿地。山、湖、草原相映成趣，景色壮丽

6.2.2 风景名胜区规划

风景名胜区的规划包括总体规划和详细规划两个阶段。总体规划的内容是基础资料收集与分析，风景资源评价，明确范围、性质与目标，确定分区、结构和布局，确定游人容量、人口容量、生态分区，制定专项规划(包括保护培育规划、风景游赏规划、典型景观规划、游览设施规划、基础设施规划、居民社会调控规划、经济发展引导规划、土地利用协调规划、分期发展规划)等。重点地段可编制控制性详细规划与修建性详细规划。

1. 基础资料收集与分析

风景名胜区占地规模大、所属权益复杂、资源丰富，因此规划前应首先进行资料收集、现状调查和风景资源评价，以进一步明确风景区的性质与规模。现状调查主要包括地形、地质、气象、水文、自然资源、人口、历史文化、行政区划、经济发展、社会条件、交通状况、旅游设施、基础工程、土地利用、建筑工程等资料。现状分析阶段须提出明确的发展优势与动力、矛盾与制约因素、规划对策与重点等。

2. 风景资源评价

风景资源评价包括景源调查、景源筛选与分类、景源评分与分级、评价结论 4 个部分。评价过程中需要采取定性、定量分析相结合的方法，对风景资源进行综合评价。风景资源分为 5 个等级。其中，特级景源具有珍贵、独特、世界遗产价值；一级景源具有名贵、罕见、国家重点保护价值和国家代表性作用；二级景源具备重要、特殊、省级重点保护价值和地方代表性；三级景源具有一定价值、游线辅助作用和市县级保护价值；四级景源具有一般价值、构景作用和地方吸引力(表 6.2-2)。

表 6.2-2 风景资源分类

资源分类	
天景	(1)日月星光，(2)虹霞蜃景，(3)风雨阴晴，(4)气候景象，(5)自然声象，(6)云雾景观，(7)冰雪霜露，(8)其他天景
地景	(1)大尺度山地，(2)山景，(3)奇峰，(4)峡谷，(5)洞府，(6)石林石景，(7)沙景沙漠，(8)火山熔岩，(9)蚀余景观，(10)洲岛屿礁，(11)海岸景观，(12)海底地形，(13)地质珍迹，(14)其他地景
水景	(1)泉井，(2)溪流，(3)江河，(4)湖泊，(5)潭池，(6)瀑布跌水，(7)沼泽滩涂，(8)海湾海域，(9)冰雪冰川，(10)其他水景
生景	(1)森林，(2)草地草原，(3)古树古木，(4)珍稀生物，(5)植物生态类群，(6)动物群栖息地，(7)物候季相景观，(8)其他生物景观
园景	(1)历史名园，(2)现代公园，(3)植物园，(4)动物园，(5)庭宅花园，(6)专类游园，(7)陵园墓园，(8)其他园景
建筑	(1)景观建筑，(2)民居宗祠，(3)文娱建筑，(4)商业服务建筑，(5)宫殿衙署，(6)宗教建筑，(7)纪念建筑，(8)工交建筑，(9)工程构筑物，(10)其他建筑
胜迹	(1)遗址遗迹，(2)摩崖题刻，(3)石窟，(4)雕塑，(5)纪念地，(6)科技工程，(7)游娱文体场地，(8)其他胜迹
风物	(1)节假庆典，(2)民族民俗，(3)宗教礼仪，(4)神话传说，(5)民间文艺，(6)地方人物，(7)地方物产，(8)其他风物

3. 明确范围、性质与目标

总体规划必须根据现状调查结果确定规划范围、风景区性质和规划目标。风景区性质包括主要景观特征、主要功能和风景区级别。规划目标即风景区在规划期限的发展目标，必须贯穿合理开发、可持续发展原则，科学预测风景区发展的各类需求，并与国家、地区经济和社会发展水平相适应。

4. 确定分区、结构和布局

根据现状条件、资源状况和发展目标，确定规划分区、结构和布局。分区包括功能分区、景区分区和保护区分区。根据规划对象功能、性质及相互作用规律，确定规划结构，明确结构要素配置关系，并进行整体布局。

6.3 美国国家公园体系

6.3.1 国家公园的性质与历史

美国国家公园用于保护规模宏大、具有美国代表性的景观资源。国家公园必须是未经人类聚居、开发和建设的自然性区域，由国家机关采取控制措施，以保护该区域的自然生态系统。

19 世纪后半叶，随着工业的快速发展，城市区域环境迅速恶化，自然资源被大量破坏。1832 年在热泉地区设置了美国最早的自然保护区，用以保护温泉资源和促进休闲，从而拉开了自然保护的序幕。1864 年设置美国最早的自然公园——约斯迈特州立公园，用以保护约斯迈特大峡谷景观，同时确保人类的自由通行权利。1872 年设立世界上第一个国家公园——黄石国家公园，面积达 $8983km^2$，保护当地珍贵的火山遗迹、地下热泉、峡谷急流以及野牛动物等资源。1890 年设立红杉树国家公园、国王峡谷国家公园和约斯迈特国家公园(图 6.3-1)。1899 年因独立峰和火山口湖的历史纪念意义而设立雷尼尔和火山口湖国家公园。早期的国家公园缺少预算、缺乏政府管理机构和设置标准，管理比较粗放。直到 1916 年，美国国会通过了国家公园局设置法案，结束了国家公园缺乏专门管理机构的历史。

图 6.3-1　约斯迈特国家公园

(图片来源：乐卫忠，2009. 美国国家公园巡礼[M]. 北京：中国建筑工业出版社：41)

为了保护历史环境和原始住民遗迹，1906 年美国通过《古迹保护法》，赋予总统设置国家纪念地的权力。同年，以美洲人类遗址环境保护为目的的浮德平顶山国家公园设立，国家纪念地开始被纳入国家公园管理体系。1933 年开始，美国建国后的历史性环境也被纳入国家公园体系，由国家公园管理局统一管理。

第二次世界大战以后，美国国家公园数量迅速增加。美国现有 63 处国家公园，占地辽阔，公园范围内均最大限度地保持原始状态，所保护的景观类型多样，大致分为八大类景观风貌：山岳溪谷森林类、高原悬崖峡谷型、荒漠、岛屿海湾湖湾类、沼泽湿地类、草原类、冻原冰川类、火山类(乐卫忠，2009)。

美国部分国家公园基本情况见表 6.3-1。

表 6.3-1 美国部分国家公园基本情况

序号	公园名称	建立时间	位置	特色
1	黄石国家公园 (Yellowstone National Park)	1872 年	怀俄明州 蒙大拿州 爱达荷州	世界第一座国家公园，有世界一半以上的间歇泉，湖泊和野生动物资源丰富
2	约斯迈特国家公园 (Yosemite National Park)	1890 年	加利福尼亚州	悬崖、瀑布、溪流、红杉、生物多样性丰富
3	红杉树国家公园 (Sequoia National Park)	1890 年	加利福尼亚州	美国最高的山、最深谷和最巨大的树、云雾森林
4	瑞尼尔山国家公园 (Mont Rainier National Park)	1899 年	华盛顿州	层状火山瑞尼尔山，峡谷、瀑布、冰穴、冰河
5	火山湖口国家公园 (Crater Lake National Park)	1902 年	俄勒冈州	形成于火山湖口，美国最深的湖泊，湖水清澈
6	风洞国家公园 (Wind Cave National Park)	1903 年	南达科他州	为保护洞穴而成立，北美大草原、美洲野牛及叉角羚
7	冰川国家公园 (Glacier Verde National Park)	1910 年	蒙大拿州	冰川湖泊、冲断层山脉里、元古宙化石
8	落基山国家公园 (Rocky Mountain National Park)	1915 年	科罗拉多州	冰川覆盖的山峰群、高地冻土带、山岭景观
9	戴娜丽国家公园 (Denali National Park)	1917 年	阿拉斯加州	冻土高原、北地森林形、亚北极生态系统
10	大峡谷国家公园 (Grand Canyon National Park)	1919 年	亚利桑那州	河流冲击痕迹、绚丽的科罗拉多高原色彩
11	阿凯第埃国家公园 (Acadia National Park)	1919 年	缅因州	大西洋海岸最高的山峰、花岗岩林、海岸线、林地和湖泊
12	热泉国家公园 (Hot Spring National Park)	1921 年	阿肯色州	美国国家公园中最小的一座，为保护热泉资源而设立，医疗性质温泉浴室

续表

序号	公园名称	建立时间	位置	特色
13	勃莱斯国家公园 (Bryce Canyon National Park)	1928年	犹他州	其独特的地理结构称为岩柱，数量达数百根，由风、河流里的水与冰侵蚀和湖床的沉积岩组成。被誉为天然石俑的殿堂
14	大蒂顿国家公园 (Grand Teton National Park)	1929年	怀俄明州	中纬度温带生态系统、丰富的生物资源
15	卡尔斯巴德洞窟国家公园 (Carlsbad Caverns National Park)	1930年	新墨西哥州	卡尔斯巴德洞窟、墨西哥无尾蝙蝠
16	大仙人掌国家公园 (Saguaro National Park)	1933年	亚利桑那州	半沙漠景观、大量仙人掌科植物，以保护珍稀植物为特色
17	奥林匹克国家公园 (Olympic National Park)	1938年	华盛顿州	太平洋海岸景观、奥林匹克山景观、悬崖、原始森林、温带雨林
18	维尔京群岛国家公园 (Virgin Islands National Park)	1956年	美属维尔京群岛	位于加勒比海海域，人文和自然资源、海生生物保护区
19	峡谷群地带国家公园 (Canyonlands National Park)	1964年	犹他州	砂岩高地，石雕塑品、有6000多年历史的远古壁画
20	北瀑布国家公园 (North Cascades National Park)	1968年	华盛顿州	多山、多冰川、多湖泊河溪
21	船工国家公园 (Voyageurs National Park)	1975年	明尼苏达州	岛屿、半岛、湖湾与大湖众多，盛产木材，鱼类丰富
22	崎岖之地国家公园 (Badlands National Park)	1978年	南达科他州	地质复杂、岩石城堡、岩石教堂、奇特山峦和辽阔草原
23	科伯克山谷国家公园 (Kobuk Valley National Park)	1980年	阿拉斯加州	位于北极圈内，游人最少，以科伯克河为交通主动脉
24	海峡群岛国家公园 (Channel Island National Park)	1980年	加利福尼亚州	火山活动迹象和断层、山丘岩石、圣罗莎岛是最早有人类居住的岛屿、地中海生态系统
25	美属萨摩亚国家公园 (American Samoa National Park)	1988年	美属萨摩亚	火山山峰、热带雨林、海岛景观、鸟类资源丰富
26	死亡谷国家公园 (Death Valley National Park)	1994年	加利福尼亚州 内华达州	采矿业的历史遗迹公园、恶水盆地是西半球海拔最低点
27	古雅霍格谷山谷国家公园 (Cuyahoga Valley National Park)	2000年	俄亥俄州	冰川、山谷山体、湿地与谷地丛林、有历史性建筑的村庄、美国早期铁路遗迹
28	康格利国家公园 (Congaree National Park)	2003年	南卡罗来纳州	沼泽、森林和洼地、硬木森林

续表

序号	公园名称	建立时间	位置	特色
29	大沙丘国家公园 (Great Sand Dunes National Park)	2004年	科罗拉多州	北美最高的沙丘和天然草地、灌木丛和湿地,复合型生态系统
30	尖顶国家公园 (Pinnacles National Park)	2013年	加利福尼亚州	尖峰石阵、岩洞、蝙蝠栖息地
31	大拱门国家公园 (Gateway Arch National Park)	2018年	密苏里州圣路易斯	美国最小的国家公园、丰富的拱门资源、尖塔岩、平衡石、鳍状砂岩等
32	印第安纳沙丘国家公园 (Indiana Dunes National Park)	2019年	印第安纳州	沙丘地貌、是濒危的卡纳蓝蝴蝶的家园、有长约25km的密歇根湖湖岸线
33	白沙国家公园 (White Sands National Park)	2019年	新墨西哥州	巨型石膏沙丘、多样沙丘形态、古老人类足迹
34	新河峡谷国家公园 (New River Gorge National Park)	2020年	西弗吉尼亚州	峡谷与河流、新河峡谷大桥、煤炭工业遗迹、桥梁日

6.3.2 国家公园的规划体系

美国国家公园规划体系包括总体管理规划、战略规划、实施规划、年度规划4个层次,各个层次的规划都具有明确的目标、内容与年限。总体管理规划是宏观、基础性的规划,每10～15年修订一次,内容包括明确国家公园的功能、性质、定位,确定资源保护框架、总体布局、游客容量等,并进行环境评估。战略规划是总体管理规划的进一步细化,是在总体管理规划的框架内,进一步明确目标体系、手段方法、建设时序、评估内容与时间。通过战略规划,也可以对总体管理规划进行补充和修改。实施规划是根据总体管理规划和战略规划,进一步确定具体的实施项目、实施方法、时序,以及投资预算、项目规模等细节问题,其中又包括专项的资源管理规划、土地利用规划、游客利用规划、讲解规划等。年度规划则是确定每个财政年度的工作目标、工作内容、年度预算等。

6.4 日本国立公园体系

在日本自然公园体系里,国立公园等级最高,国定公园次之,对日本的国土景观资源具有重要的保护作用。国立公园是环境大臣根据《自然公园法》指定并由环境省进行管理的自然风景地域。国定公园又称为准国立公园,是具有优美的自然景观,由环境大臣指定并由都道府县进行管理的风景地域。都道府县立自然公园是由知事根据本地条例指定且具有地方代表性景观资源的风景地域。

6.4.1 国立公园发展历史

1. 第二次世界大战前国立公园的建立

日本自然资源丰富，森林面积占其陆地面积的2/3，野生植物种类超过3万种，动物超过3.6万种，生物多样性较丰富。在封建社会时期，由于生产力有限，人对自然界的干扰不大，自然环境没有大的变化。明治维新以后，工业化快速发展使自然环境受到较大的破坏，促使人们重新认识风景价值并开展自然保护运动，从而推动了国立公园的建立。

对于风景林地资源的保护源于北海道开发。由于日本明治维新以后，北海道大力发展农业、开垦荒地、大面积采伐原始森林，自然资源受到严重破坏，因此国会于1913年颁布《北海道原生天然保护林制度》、1915年颁布《国有保护林制度》，通过立法保护北海道的原始森林和风景林地资源。

起源于德国的天然纪念物思想在20世纪初期传入日本，重点为对植物的保护。1911年三好学提出应保护日光的杉树、松岛的松树、小金井的樱花等具有文化纪念价值和观赏价值的植被。1919年国会颁布《史迹与名胜天然纪念物保存法》，保护的范围扩展到神社寺院、植物、动物、历史建筑、遗迹、纪念碑、古城遗址、地质矿物等，截至1926年共有21种动物、137种植物、19处地质地貌景观共计177件被指定为天然纪念物（黑天乃生 等，2004）。

对于具有代表自然与文化价值的独立景物及其周边环境进行整体性保护始于风景地富士山和日光地区。1868年当地团体向国会提出设置公园并进行风景管理的申请。由于官方缺少基本的认识，这些申请未被受理。1879年民间团体“保晃会”成立，致力于日光神社和寺院的保护、修缮以及风景的维持和管理。1908年日光的主要建筑物被认定为特别保护建造物，1911年日本国会通过设置国立大公园的申请，公园范围涉及富士山、日光、琵琶湖、松岛等地区。

在民间力量的推动下，1921年日本内务省开始国立公园候选地调查。1930年确定了14处候选公园，1931年正式颁布《国立公园法》（黑天乃生 等，2004）。《国立公园法》中规定了国立公园的设置条件，要求国立公园必须具备最有代表性的风景资源，如名胜、史迹、传统胜地和自然山岳景观。1934—1936年设立了最初的12处国立公园，即濑户内海、云仙、雾岛、大雪山、阿寒、日光、中部山岳、阿苏、十和田、富士箱根、吉野熊野、大山国立公园。

1942年国立公园的选定不再局限于自然性景观和文化资源，而是拓展到部分风景优美、接近城市区域、适合国民体育锻炼、陶冶情操和健身休闲的场所，确定了道南、三国山脉、奥秩父、琵琶湖为国立公园候选地。

2. 第二次世界大战后国立公园的发展

1946年伊势志摩国立公园建立，成为第二次世界大战后第一个新设置的国立公园。由于第二次世界大战期间日本实施举国军事体制，原有的国立公园大多荒废。在整治已有国立公园的同时，很多地方政府也向国会提出了新设置国立公园的申请。日本中央政府经过调查，将这些候选地域分为国立公园和准国立公园。1949年准国立公园称为国定公园，正式建立了国定公园制度。同时，为了促进人们更好地使用国立公园，1948年联合国军队司令部公共卫生福祉局向日本国立公园部提交了《查尔斯·里奇备忘录》，指出当时日本公路体系的弊端。此后，日本政府实施各种道路改善措施，提高国立公园的交通效率和可达性。

随着战后经济复苏和发展以及道路条件的改善,大量人为活动对国立公园的自然环境造成极大破坏。1949 年,日本设置了特别保护地区制度,用以保护国立公园中最核心的景观资源。1950 年《史迹与名胜天然纪念物保存法》修改为《文化财保护法》。在开发压力不断加大的情况下,国立公园的选定范围逐渐扩大,将沿海悬崖、溺湾等滨海风景资源纳入国立公园保护范畴,1952 年确定的 19 处国立和国定公园候选地中有 15 处为滨海公园。1957 年《国立公园法》修改为《自然公园法》,正式确立了国立公园、国定公园、县立自然公园 3 级保护体系。

随着对自然生态系统的认知加强,1964 年日本将具有独特陆地生态系统的地域纳入国立公园保护范围,设置南阿尔卑斯和知床国立公园。1970 年颁布了海洋公园制度和湖沼制度,保护范畴扩大到珊瑚礁等海洋生态系统。

城市开发能够促进第二产业和第三产业的发展,提高国家的经济能力。因此,日本各个党派相继发表了关于城市发展的策略宣言。在经济政治利益的驱动下,1968 年自民党发表了《都市政策大纲》,提出全面推进城市开发,1972 年田中角荣也发表了《日本列岛改造论》,呼吁全国采纳都市政策大纲,实现经济的高速增长。城市化促进了各地经济发展,但是牺牲了环境,导致鹳等生物急剧减少,迫使人们重新审视自然林、湿地、海岸线的价值,野生动物因素纳入国立公园的景观资源评价范畴。

1987 年钏路湿原国立公园设立,表明人们开始重视大范围的湿地环境保护。1994 年自然公园作为公共事业纳入国家预算体系,奠定了国立公园稳定的财政基础。2002 年创立了利用调整地区制度、风景地保护协定、公园管理团体制度等国立公园管理体制。2005 年颁布规定禁止在国立公园核心地区引入动植物,以防止外来生物对本地生态系统的干扰。

截至 2024 年,日本国立公园共有 35 处,总面积约为 219 万 hm^2,占日本总国土面积的 5.8%。国定公园共 56 处,面积为 141 万 hm^2,占国土面积的 3.6%。具有代表性国立公园见表 6.4-1。

表 6.4-1 日本部分国立公园

名　　称	所在地	代表性风景资源
利尻礼文佐吕别国立公园	北海道	由 2 个岛和湿地组成,包括利尻山、礼文岛峭壁、佐吕别湿地草原、沙丘林等
知床国立公园	北海道	知床半岛的原始自然公园、自然文化遗产、多种野生动物栖息地
阿寒国立公园	北海道	森林、阿寒湖、火山、温泉
钏路湿原国立公园	北海道	日本最大湿地
支笏洞爷国立公园	北海道	羊蹄山、昭和新山、有珠山、支笏湖、洞爷湖登别、温泉、定山溪、温泉、原始森林
大雪山国立公园	北海道	北海道的屋脊、湿地、高山植物群
十和田八幡平国立公园	东北	十和田湖、高山植物群落、温泉
陆中海岸国立公园	东北	北山崎、净土之滨、种差海岸、芜嶋神社、温泉
磐梯朝日国立公园	东北	出羽三山、森林、湖泊、沼泽群
秩父多摩甲斐国立公园	关东	森林、溪流
小笠原国立公园	关东	由 30 多座岛屿组成,本地动植物区系
日光国立公园	关东	湖泊、瀑布、火山、湿地、东照宫、二荒山神社、轮王寺

续表

名　　称	所在地	代表性风景资源
富士箱根伊豆国立公园	关东	火山(富士山等)、湖泊、伊豆半岛、伊豆七岛
南阿尔卑斯国立公园	关东	约 3000m 高的群山、针叶林等高山植被
尾濑国立公园	关东	湿原景观、百名山、会津驹岳、燧岳、至佛山、田代山、帝释山等
上信越高原国立公园	中部	谷川越、火山、温泉
白山国立公园	中部	白山及山麓部分、高山植被群落
中部山岳国立公园	中部	立山连峰、穗高连峰、白马岳、湖泊和河流、温泉
妙高户隐连山国立公园	中部	妙高山、火打山、户隐山、野尻湖、高谷池、温泉、户隐神社
三陆复兴国立公园	中部	种差海岸、碁石海岸、净土滨、芜嶋神社、苇毛崎、展望台
吉野熊野国立公园	近畿	熊野川、吉野山、熊野三山、金峰山寺、青岸渡寺等
山阴海岸国立公园	近畿	日本海海岸景观、鸟取沙丘、特有植被系统
大山隐岐国立公园	中国	大山蒜山、隐岐诸岛、海岸景观、出云大社、三瓶山草原等
阿苏九重国立公园	九州	阿苏山、九重山、温泉、高原、志高湖
雾岛屋久国立公园	九州	火山群(韩国岳等)、自然遗产——屋久岛
西表石垣国立公园	九州	石垣岛、西表岛、珊瑚礁、常绿阔叶林、红树林等亚热带植物群落、多种珍贵野生动物栖息地
西海国立公园	九州	岛屿与海滩、灯塔与展望台、山岳与断崖、海岸与海峡、平户城
云仙天草国立公园	九州	火山、温泉、森林植被、海洋岛、原城
耶马日田英彦山国立公园	九州	溪谷与奇岩、山岳与森林、八千代座、万田坑
祖母倾国定公园	九州	高千穗峡、真名井瀑布
濑户内海国立公园	九州	鸣门海峡、小豆岛、六甲山、严岛神社、日本最大的日本汽孔珊瑚群
庆良间诸岛国立公园	冲绳	阿波连海滩、庆良间蓝海景、珊瑚礁群、座头鲸、海龟、渡嘉敷岛、座间味岛、庆留间岛
奄美群岛国立公园	冲绳	石灰岩地貌、海滩与海岸、原始红树林、阿传村落
足摺宇和海国立公园	四国	足摺岬柏岛、鹈来岛、珊瑚礁群、滑床溪谷、山林植被
伊势志摩国立公园	关西	伊势神宫、里亚斯式海岸、海洋生态、森林植被

6.4.2 国立公园保护与规划

1. 保护分区

根据国立公园风景的品质，陆地部分分为特别地域、普通区域两大类，海域部分分为海中公园地区和普通区域两类。特别地域再划分为特别保护地区、一类保护区、二类保护区、三类保护区 4 个级别，根据不同的级别实施相应的保护与控制措施。

特别保护地区是国立公园中最核心的保护区，实施最严格的保护控制措施。目前 35 处国家公园中，有 200 处特别保护地区。保护的对象主要包括：①原生态系统及周边环境，如钏路湿原的湿地；②具备完整生态系统的河流源头，如南阿尔卑斯的野吕河源头；③反映植被系统性的自然区域，如箱根的汤坂山和文库山；④具备明显的植被垂直分布特征的山体，如雾岛屋久的韩国岳；⑤新的熔岩流上的植被迁移地，如雾岛屋久的樱花岛东熔岩流；⑥天然纪念物，具备稀有性和珍贵性，如阿寒湖的绿海藻等；⑦珍贵、稀有的地质和动物栖息地,如陆中海岸的罗贺平井贺；⑧典型的景观地形,如中部山岳；⑨具备代表性景观的海岸线和岛屿岩礁,如知床的岩尾海岸；⑩具备历史和传统文化吸引力的地区,如伊豆八丁池、日光华严瀑布；⑪特殊自然现象导致的地形,如支笏洞爷的有珠山；⑫优美的花木群落,如日光的野州原杜鹃群落；⑬重要的人文资源,如日光东照宫等。

一类保护区是具有仅次于特别保护地区的景观资源、必须极力保护现有景观的地区。二类保护区的景观资源次于一类保护区,是可以进行适当的农林渔业活动的地区。三类保护区的景观资源次于二类保护区,是一般不控制农林渔业活动的地区。海中公园地区是具有热带鱼类、海藻、珊瑚等代表性的海洋资源,以及海涂、岩礁地形和海鸟活动的区域。普通区域是特别地域、海中公园地区以外的需要实施风景保护措施的区域,主要是发挥其对特别地域、海中公园地区和国立公园以外地区的缓冲、隔离作用。

一般来说,特别保护地区、一类保护区实施最严格的保护措施,不允许进行学术研究以外的其他活动。

2. 规划体系

国立公园规划是根据各个公园的特性确定风景保护、管理措施以及各类设施的建设计划,包括设施计划和控制计划。设施计划包括保护设施计划和利用设施计划,控制计划包括保护计划、利用计划、利用调整地区计划(图 6.4-1)。

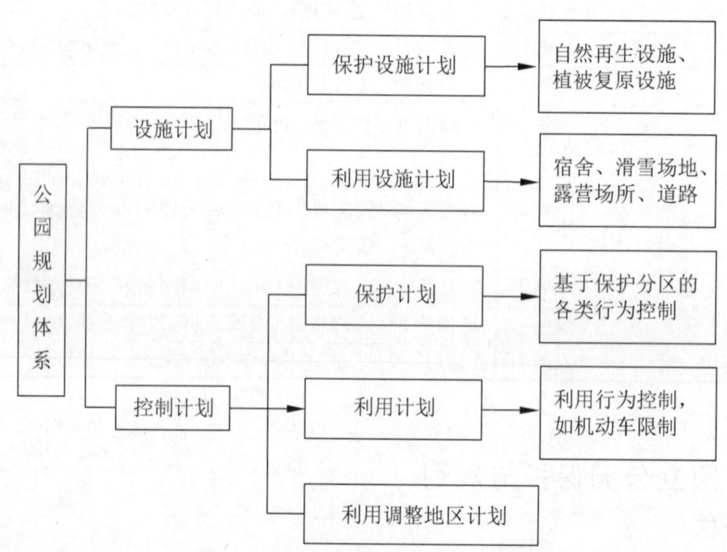

图 6.4-1 日本国立公园规划体系结构

保护计划是通过对公园内部特定行为的禁止与控制,防止开发和过度利用的规划。对于不同的保护分区,应设置不同强度的控制措施。

利用计划是针对重要的景观区,对游客利用的时期和方式进行调整、限制和禁止的设定,达到合理利用与环境保护的平衡。

保护设施计划是为了恢复自然环境和避免危险,对必要的设施进行规划。

利用设施计划是在管理和利用设施集中的区域,为促进公园合理的利用而进行的设施规划。

利用调整地区计划是对于重要的风景地区，由于利用者增加导致生态系统受损，通过控制利用者人数等措施保护其生态系统，并促进其可持续发展。

3. 国立公园的管理

国立公园管理是基于规划所确立的原则与目标而实施的行政措施，具体包括管理计划书、开发行为控制、动植物保护、利用调整、机动车控制、自然再生、风景地保护协定、民间地买入、野生生物管理等。

管理计划书主要内容是确定各个细分区域的建设内容、建筑物色彩、自然系统保护方针，是国立公园实施管理的依据。

开发行为控制的依据是《自然公园法》，对于有可能改变自然风景的行为进行控制。这些行为包括建筑物、构筑物的设置，木材采伐，采石掘土以及动物捕获和植物采集等。依据保护计划和保护分区的等级，控制内容和力度有所区别。

动植物保护措施是在国立、国定公园的特别地域内，对特定的动植物采取严格保护措施。植物采集与动物捕获均采取许可制，以确保生态系统多样性。特定的动植物由管理机构确定，其中植物种需要满足以下条件：①具备分布上的特殊性；②稀有植物；③原生植物；④与其他生物具有较强的依存性；⑤极端环境下生存植物；⑥四季景观植物；⑦各个专业领域中商业价值较高的植物。动物种主要包括玳瑁、绿海龟、小笠原蓝豆娘、小笠原蜻蜓、宫蜻蜓、贝母甲虫、深山白蝴蝶等。

利用调整制度于2002年颁布，即设置利用调整地区，通过设定利用者人数上限和连续利用最长天数，确保该地区生态系统可持续发展能力。利用调整地区的设定必须经过环境大臣或者都道府县知事认定和许可。例如，吉野熊野国立公园的大台原地区，因为道路开通、人为干扰增加引起生态系统衰退，被指定为利用调整地区，设定每日利用者人数上限为100人，团体利用者人数上限为10人。

节假日国立公园的来访者过多，如果不进行控制，就会产生使用过度、环境负荷过大、生态系统受损等问题。因此，环境省采取了机动车使用合理化对策，作为其中的一环，对国立公园分地域、分时间控制机动车进入。

自然再生项目是环境省牵头、多方参与的国家战略性工程，其目的是恢复自然生态系统，内容包括恢复湿地、改善河道、造林、恢复海涂等。除了对国立公园的特别地域进行严格保护外，还确保生物空间的稳定和生物通道，形成完整的地域生态系统。已经实施的有佐吕别和钏路湿原的湿地再生、阿苏的草原再生、吉野熊野的大台原森林系统恢复、小笠原的自然再生、足折宇和海的珊瑚礁再生等工程。

日本国立公园包含很多民宅，土地所有者比较复杂。由于土地所有者对其领地的管理很难达到国立公园的要求，因此公园管理者会与其签订风景地保护协定，代替其实施保护、管理以及信息发布和提供服务。签订风景地保护协定的土地所有者可以获得环境省的税收优惠。政府也收购国立公园内的民间所有土地，以便理顺管理和土地所有关系。

野生生物管理包括外来生物控制和大型动物危害管理。国立公园部分核心地区生态系统脆弱，容易受到外来生物侵扰。因此，2006年开始在特别保护地区内全面禁止利用者引入外来动植物。大型动物，尤其是鹿，在野外大量繁殖和采食植被，会导致生态系统失衡。尾濑和知床国立公园均实施大型动物危害管理措施，以控制鹿的危害（栗山浩一 等，2005）。

6.4.3 国立公园的特点

1. 风景资源的复杂性

日本国立公园的保护对象为自然风景地。自国立公园设置以来,对于自然风景资源的评价逐渐多样化。从最初的名胜、史迹、传统胜地和自然山岳景观,到休闲度假地域、滨海风景资源、陆地海洋生态系统、生物多样性,以及大范围的湿地环境,表明国立公园的风景地保护范围从点到面、从陆地到海洋,保护内容不仅包括自然环境、人文历史遗迹,包括生物系统、生态系统,还包括城市居民的休闲度假地,已经发展成为对自然的整体性保护。对于不同保护对象的价值,采用分区保护与控制措施。

2. 地域制自然公园

地域制自然公园是指公园范围以内,土地所有权属复杂,需要通过相应的法律法规对权益人的行为进行控制和管理,以达到自然公园的保护和利用目标。日本国土面积狭小,土地利用多呈现复合性质。国立公园内,私人领地占总面积的 25.6%,国定公园内私人领地占 39.7%。因此,采用地域制自然公园制度,能够超越土地所有权归属的限制,将需要保护的地域指定为国立公园。由于地域制公园内居住人口较多,产权、财权、产业、管理各类关系复杂,因此必须设计细致、全面的协作管理制度。为理顺这种关系,日本国立公园实施风景地保护协定和民有地购买措施,以确保管理权统一。

3. 多方协作式的保护体制

由于国立公园、国定公园面积广阔,内部土地权属关系构成复杂,牵扯利益多,因此尽管由环境省和都道府县进行管理,一般都会采用公园管理团体制度。该制度是 2002 年创立的、基于多方协作的管理体制,即由环境大臣指定非营利性组织(NPO 法人)全面负责公园日常管理、设施修缮和建造,以及生态环境的保护、数据收集与信息公布。非营利性组织与环境省之间采取联动与监督机制,对于公园内非国有土地,政府采用税收杠杆促使非营利组织与居民缔结风景地保护协定,或者由政府直接出资购买民间土地,以此提高管理效率、降低管理成本。

此外,国立公园设立协议会制度,在制订管理计划的时候吸引居民、专家、非营利性组织、地方政府、环境省等多方利益相关方参与,对现有计划重新审视,以便提高公园管理水平和保护措施的实际可操作性。

6.5 绿道规划

6.5.1 美国曼哈顿绿道规划

曼哈顿滨水绿道(Manhattan Waterfront Greenway)是以休闲散步与自行车运动为主要功能的滨水绿道,由纽约市政府修建,于 2003 年向公众开放。该绿道改善了海岸可达性,为纽约市民提供了新的休闲线路。

早在 1975 年,纽约市规划部门就起草了一个绿道方案,计划沿东河(East River)建设一条以休闲娱乐为主的自行车、人混行道,用以加强居住区与滨水空间的联系,增加行人与自行车到达公园、娱乐设施、医院、博物馆等目的地的机会。

为完成滨水绿道的建设，政府颁布了一系列规划文件，其中包括《纽约绿道总体规划》(*New York City Greenway Master Plan*，DCP)，《纽约自行车道总体规划》(*New York City Bicycle Master Plan*，DCP/DOT)，《纽约滨水空间总体规划》(*New York City Comprehensive Waterfront Plan*，DCP)，《东河自行车道与游憩空间总体规划报告》(*East River Bikeway and Esplanade Master Plan Report*，EDC)，《哈莱姆河绿道总体规划》(*Harlem River Greenway Master Plan*，DCP)，《哈德逊河谷绿道总体规划》(*Hudson River Valley Greenway Master Plan*，DPR)，《西莱姆河总体规划》(*West Harlem Master Plan*，EDC)，还有针对第九大道的环境影响报告(EIS)。

1993 年规划部门(DCP)制定的《纽约绿道总体规划》就建议围绕城市建设一个 350mi 的由自行车道和人行道组成的城市绿道系统。1997 年的《纽约自行车道总体规划》把该绿道扩展到包含另外 550 英里的已有街道空间(on-street)道路。同时，《纽约滨水空间总体规划》和《曼哈顿滨水空间规划》都规划了曼哈顿滨水自行车道。这些规划为创造连续的滨水游憩空间奠定了基础。

曼哈顿滨水绿道包括三个基本部分：哈德逊河绿道、东河绿道和哈莱姆河绿道(图 6.5-1)。

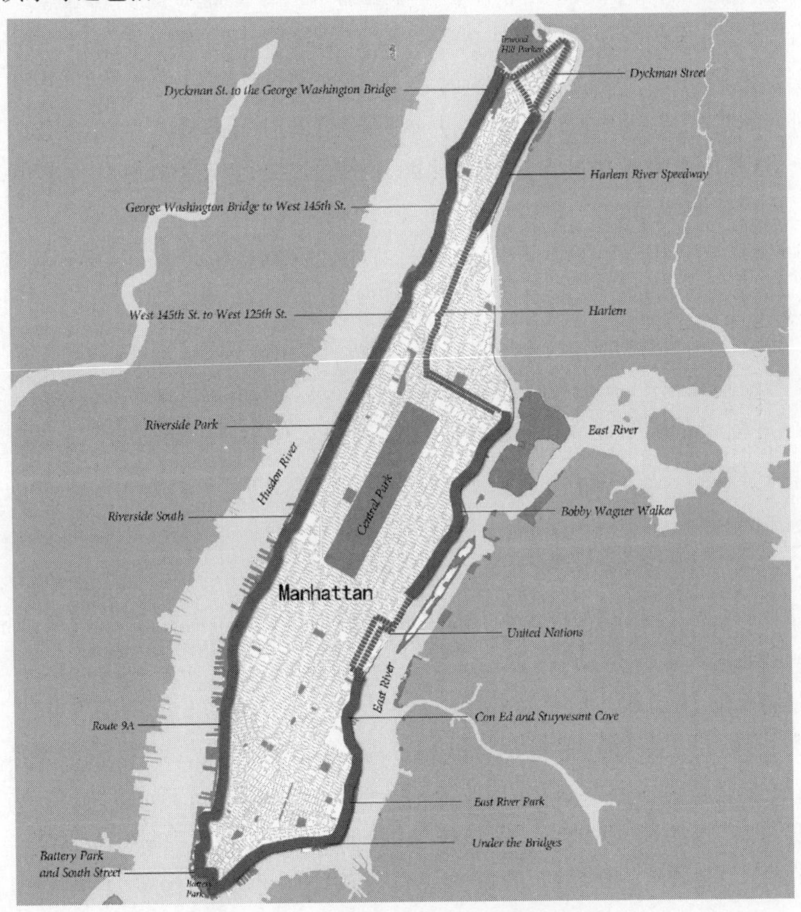

图 6.5-1　曼哈顿滨水绿道规划平面图

(图片来源：Department of City Planning of New York，2004. Manhattan waterfront greenway master plan［R］.)

哈德逊河绿道(The Hudson River Greenway)是曼哈顿绿道的主体部分,同时也是美国最健康、使用最多的自行车路之一。该绿道从迪克曼街(Dyckman Street)延续到巴特利公园(Battery Park),并连通河岸公园(Riverside Park)与哈德逊河公园(Hudson River Park)。除乔治华盛顿大桥北段以外,哈德逊河绿道大部分地段标高接近哈德逊河水位。在靠近城市中心区的地方,南码头地铁车站(The South Ferry Subway Station)的重建规划留出了绿道,用以打通巴特里公园与东河绿道(East River Greenway)的联系。旅游者可以利用单向自行车道与自行车路经过市政厅公园(City Hall Park)与布鲁克林大桥(Brooklyn Bridge)前往布鲁克林市区,而从布鲁克林来的游憩者可以利用公园街和莫瑞街的自行车道到达哈德逊河绿道。

迪克曼街以北1英里是连续的步道,从球类运动场一侧通往因伍德山公园(Inwood Hill Park),并延续到公园游步道系统。绿道经过亨利哈德逊大桥连通布朗克斯区的自行车道,最终通向百老汇大桥(Broadway Bridge)。

东河绿道从巴特里以东穿过南街海港到达东哈莱姆,在34街与60街之间中断了2km左右。由于绿道宽幅不够,而且其中一部分从高速公路与埃迪森东河码头之间穿过,因此绿道控制速度很低。2008年夏,沿着布鲁克林区的东河绿道能够提供观景点欣赏纽约城瀑布。2011年10月,纽约市与纽约州达成协议将罗伯特游乐场的一部分作为联合国办公区备用地。作为交换,联合国出资建设38街到60街之间中断的绿道。

哈莱姆河绿道是曼哈顿绿道中最短的一部分,但同时又是最连续的绿道。从东河绿道出发,必须经过东哈莱姆地区的市区街道才能到达这里。迪克曼大街自行车道连接了因伍德山公园与哈德逊河绿道。

曼哈顿滨水绿道及纽约地区其他自行车道的筹建直接促进了一个跨部门组织(Interagency Group)的建立。该组织由城市规划部门、纽约市交通部(DOT)、纽约州交通部(NYSDOT)、经济发展有限公司(EDC)、公园和游憩部(DPR)构成。这个组织的长期目标是围绕曼哈顿岛建设一条连续的滨水路线。这些部门联合进行路线的选择,交通数据的搜集处理,绿道标识系统的建立,并取得公众的支持。这个项目获得了4.5亿美元财政预算,纽约市政府划拨了2.4亿美元作为基本建设款项。

6.5.2 Z三角绿道规划

Z三角洲地区是我国经济发展和城市化最快的地区之一,但是生态破坏、环境污染、城乡无序蔓延等问题非常严重。GD省建设厅于2003年10月发布GD省区域绿地规划指引相关文件,强调了区域绿地的意义及规划方法。同时发布的《Z三角洲城镇群协调发展规划(2004—2020)》,提出了“一环、一带、三核、网状廊道”的Z三角洲区域绿地框架,对维护珠三角区域生态安全起到了重要的作用。2006年颁布的《GD省Z三角洲城镇群协调发展规划实施条例》,以法规的形式明确了“区域绿地”作为“一级管制区”的法律地位。为落实GD省委省政府提出的建设“宜居城乡”的目标,GD省建设厅于2008年6月开展Z三角洲区域绿地划定工作,维护Z三角洲地区的生态基础设施。

2009年《Z三角城乡规划一体化规划》首次提出了“建设Z三角区域绿道”的构想，以生态廊道和慢行系统相结合的“区域绿道”串联大型区域绿地和城市公园，形成贯通区域城乡的绿道网络。随后《Z三角洲绿道网总体规划纲要》(以下简称《纲要》)编制完成，在GD省委省政府的统一部署下，绿道建设在Z三角各个城市相继展开。

2010年1月Z三角绿道网建设开始，至2011年1月，Z三角的区域绿道全线贯通，串联200多处森林公园、自然保护区、风景名胜区、郊野公园、滨水公园和历史文化遗迹等重要节点。市与市之间的城际交界面全部实现绿道互联互通，并陆续配套、完善了驿站、停车场、自行车租赁点以及餐饮、卫生、安保等服务设施。

在详细分析了上位规划与Z三角地区的各类资源特点与基础设施条件的基础上，《纲要》提出将绿道分为(省立)区域绿道、城市绿道和社区绿道三个级别，并首先对区域绿道进行了规划，确定了区域绿道主要由6条主线、4条连接线、22条支线、18处城际交界面、4410km^{2}绿化缓冲区共同构成。

六条主线连接GFZ、SHW、ZZJ三大都市区，包括：1号绿道(以山、海景观为特色，西起ZQSL旅游度假区，经FS、GZ、ZS，至ZH观澳平台，沿Z江西岸布局，全长约310km)；2号绿道(以山川田海景观为特色，北起GZ市LX河国家森林公园，经ZC、DG、SZ，南至HZ市XLW休闲度假区，沿Z江东岸布局，全长约480km)；3号绿道(以文化休闲为特色，横贯Z三角东西两岸，西起JM市DD温泉，经ZS、GZ、DW、HZ，东至HZ市HSD自然保护区，全长约370km)；4号绿道(以生态和都市休闲为特色，北起GZ市FRZ水库，向南经FS、ZH，至ZH市Y温泉度假村，纵贯Z三角西岸的中部，全长约220km)；5号绿道(以生态和都市休闲为特色，北起HZ市LF山自然保护区，途经DG、SZ，南至SZ市YH森林公园，纵贯珠三角东部，全长约120km)；6号绿道(以滨水休闲为特色，北起ZQ市ZS，向南经FS、JM至JM市YH湾湿地与GD温泉，沿X江布局，纵贯Z三角西部，全长约190km)。

《纲要》将区域绿道分为三大类：生态型绿道、郊野型绿道和都市型绿道，确立了分类建设指引与分市建设指引内容。

6.6 案例分析

6.6.1 韦斯彻斯特郡绿地规划

1. 韦斯彻斯特郡的概况

韦斯彻斯特郡(Westchester County)位于美国纽约州南部；南面为纽约市，东面为康涅狄格州，西侧为新泽西州；总面积1100km^2；地形南部狭长，北部宽广，呈不规则扇形。南部狭长地带与纽约市接壤，宽度10km；北部宽度达到40km；南北长度为55km。哈德逊河从西侧流过，主要的山脉与谷地相间，沿南北方向伸展。

韦斯彻斯特郡从北向南可以分为3个部分：北部、中部和南部。城镇体系由6座中心城市、15个镇、22个村组成。6座中心城市是地区的商业中心，也是人口聚集的地方。北部的中心城市为 Peekskill，中部的中心城市为 While Plains，南部中心城市为 Yonkers、Mount Vemon、New Rochelle 和 Rye。2004 年 Mount Vemon 人口为 6.8 万人，New Rochelle 为 7.2 万人，Rye 为 1.5 万人，Yonkers 为 19.7 万人，Peekskill 为 2.3 万人，While Plains 为 5.6 万人。该郡总人口为 94.2 万人，人口大多集中在南部。

与美国其他州一样，韦斯彻斯特郡原先居住的是土著人。17 世纪开始荷兰人、英国人向这里移民并定居。独立战争后就已经出现了 20 个城镇。进入 20 世纪，韦斯彻斯特郡城市化发展很快，交通系统逐渐成熟完善起来，逐渐形成了以纽约市为中心、从南向北沿谷地呈放射型走向的机动车道路形式。1907 年布鲁克斯河河流管理委员会采取措施对河流西边的污染进行清理改善了水质。该委员会负责建设的布鲁克斯河绿道(1925 年建成)从纽约市一直延伸到该郡，刺激了韦斯彻斯特郡绿地系统的规划和建设。1922 年，郡议会通过了《韦斯彻斯特郡公园法》，成立了专门委员会指导绿地系统建设。韦斯彻斯特郡地区的绿地和绿道的建设也带动了居民区的发展，许多新的住宅区在原来的农场和土地上发展起来。完善的绿地系统对外地人和迁徙者来说是一种额外的实惠，因此有更多的人愿意来这里定居，进而促进了人口的聚集和商业的发展。

2. 韦斯彻斯特郡绿地系统规划与建设

根据 1922 年的公园法，韦斯彻斯特郡从纽约州手中接收了面积 445hm^2 的 Mohansik 公园。第二年开始建设 Croton Point Park、Rey Beach and Manursing Island Park、Tibbetts Brook Park、Woodlands Park，这四处公园总面积达 1713hm^2。1924 年委员会公布了绿地系统规划，在已经取得的公园用地的基础上提出了由 9 处公园和 4 条绿道构成的绿地系统方案。1925 年，新规划了 Cross County Parkway、Mamaroneck River Parkway、Pelham Port Chester Parkway、Sprain Brook Parkway、Odell Parkway 和 Saxon Woods Park、Poundridge Reservation。之后，绿地和绿道的建设数量逐年增加，到 1932 年，绿地系统建成面积达到 6909hm^2。

1929—1932 年是韦斯彻斯特郡绿地系统的创始期，也是绿地建设急速发展的主要阶段。1932 年韦斯彻斯特郡重新进行绿地系统规划，整合了前一阶段的建设成果，并提出了系统化的绿地格局，基本形成了该区域现在的绿地布局(图 6.6-1、表 6.6-1)。绿地系统主要由 8 处公园、2 处保护区(reservation)和 9 条绿道构成。其中，Blue Mountain Reservation(600hm^2)、Poundridge Reservation(1200hm^2)、Mohansic Park(445hm^2)面积最大，位于郡的北部，从西向东依次排列，构成绿地系统核心。规划绿道总长度为 256km，面积 6989hm^2，占郡面积的 6%。Briarcliff Peekskill Parkway、Bronx River Parkway、Saw Mill River Parkway 和 Sprain Brook Parkway 从南向北连通纽约市和韦斯彻斯特郡，东西方向的绿道为 Cross County Parkway、Odell Parkway 和 Central Westchester Parkway，形成纵横交叉的格局。由于当时机动车取代了马车作为主要的代步工具，绿道的宽度基本不低于 75m，入口以外的路段被封闭，交叉口设置立交系统，以保证行车安全。

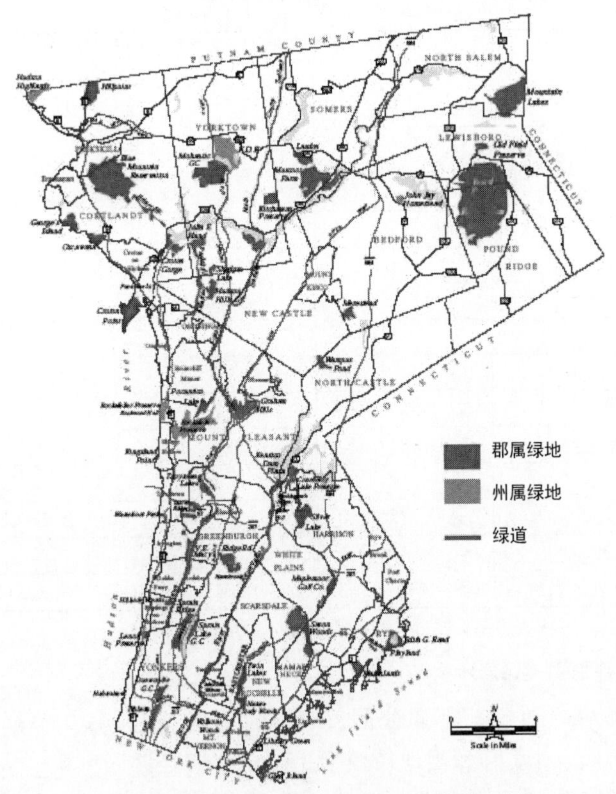

图 6.6-1 韦斯彻斯特郡绿地系统布局

（图片来源：许浩，2002. 国外城市绿地系统规划[M]. 北京：中国建筑工业出版社：30）

表 6.6-1 1929—1932 年韦斯彻斯特郡绿地系统建设面积 hm^2

绿地名称	年份			
	1929	1930	1931	1932
Mohansic Park	440	440	440	440
State Parkway	0	0	0	0
Bronx Parkway Extension	371	375	410	410
Briarcliff Peekskill Parkway and Blue Mountain Reservation	881	910	878	881
Crugers Park	107	107	100	100
Croton Point Park	140	159	202	202
Kingsland Point Park	37	37	34	34
Poundridge Reservation	1600	1620	1640	1640
Silver Lake Park	227	0	0	0
Central Westchester Parkway	0	232	231	231
Saxon Woods Park	328	328	300	300
Hutchinson River Parkway	442	442	358	359
Cross Country Parkway	208	208	224	226
Mamaroneck River Parkway	0	0	0	0

续表

绿地名称	年份			
	1929	1930	1931	1932
Rye Beach and Manursing Island Park	86	86	109	109
Glen Island Park	43	43	43	43
Pelham Port Chester Park	100	108	87	87
Tibbetts Brllk Park	0	0	0	0
Woodlands Park	0	0	0	0
Farragut Parkway	0	0	0	0
Saw Mill River Parkway	907	907	897	897
Sprain Brook Parkway	384	384	473	473
Odell Parkway	0	0	0	0
Bronx River Parkway	435	435	435	437
Others	40	40	40	40
TTL	6776	6861	6902	6909

3. 韦斯彻斯特郡绿地系统分析

韦斯彻斯特郡城市绿地包括郡属公园、州属公园、地方公园以及绿道等公共绿地。所有者分别为郡政府、纽约州政府和当地市政府。Yonkers 是该区域第一大城市、公园最多的城市，郡属公园和州属公园为各市最多，地方公园规模仅次于 Rye，其他绿地规模次于 While Plains。New Rochelle 为第二大城市，绿道等非公园绿地是绿地系统的主要组成部分。第三大城市是 Mount Vemon，在地理位置上距离纽约市最近，城市化发展早，各类绿地数量较少，绿地率也最低。Rye 尽管人口最少，但是绿地建设水准相对较高，在南部的城市中，其郡属公园和地方公园最多，没有州属公园，绿地率仅次于 While Plains。While Plains 的绿地率最高，公园不是绿地系统的主要构成部分，公园以外的绿地建设最发达。Peekskill 的各类绿地比较平均。总体来看，中部城市绿地最发达，南部城市人口多，绿地率低于中部和北部城市(图 6.6-2、图 6.6-3)。

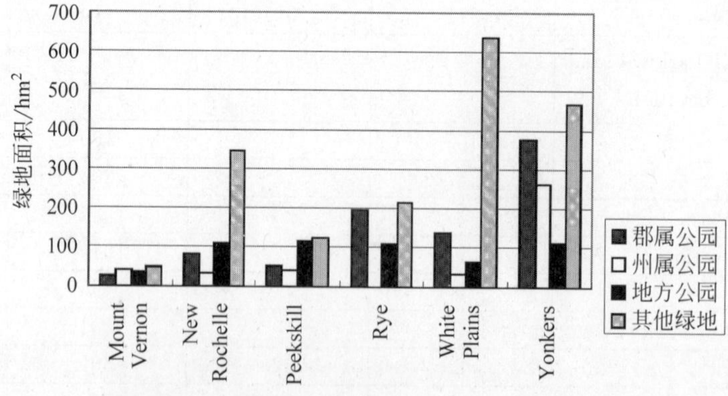

图 6.6-2 韦斯彻斯特郡各类城市绿地面积比较

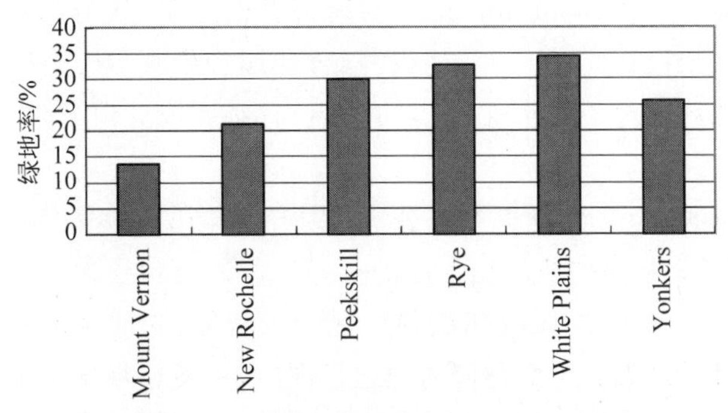

图 6.6-3 韦斯彻斯特郡城市绿地率比较

4. 韦斯彻斯特郡绿地系统特点

(1) 绿道发达

韦斯彻斯特郡是美国在绿地系统建设中最先规划大规模绿道并付诸实施的郡。绿道在绿地系统中的作用非常重要。从建设开始阶段,绿道的整治与公园绿地同步。绿道的规模占绿地总量的50%,占韦斯彻斯特郡土地总面积的6%。韦斯彻斯特郡绿地系统的特点是"绿道、公园、保护地的系统",公园、保护地等块状绿地主要设置在自然景观资源丰富的地区,绿道不仅是公园和保护地之间的联系通道,还尽可能地通过、覆盖资源丰富的地点,通过绿道的建设保护、修复沿途的土地,最后形成绿地系统的网络化。

(2) 各级政府同时推动绿地建设

韦斯彻斯特郡绿地系统规划编制是在郡公园委员会指导下进行的,最终形成高度网络化、发达的绿地系统,是州、郡、地方各级政府和民间共同推动的结果。各级政府都通过购买土地来建设绿地和绿道。韦斯彻斯特郡用于公园建设的专项投资从2000年的500万美元逐渐增加至2020年的870万美元,可见郡投资绿地的力度持续增强,这也是韦斯彻斯特郡绿地系统迅速形成并完善的原因。

(3) 绿地系统建设与城市建设同步

韦斯彻斯特郡绿地系统首先是从南部地区开始建设。南部地区靠近纽约市,接受经济辐射,是城市化发展较快的地区。纽约是美国城市公园运动发展的起点,纽约绿地系统建设的成功使人们认识到优美的环境对经济发展和城市建设的良好促进作用。因此,在纽约市的影响下,韦斯彻斯特郡南部发展较快的地区及时启动了绿地系统建设,城市化从南向北逐渐扩张的过程中,绿地系统也同时完善起来,并发挥了促进城市化健康发展的积极作用。

6.6.2 大波士顿区域绿地系统规划

波士顿市在19世纪末期基本形成了市内的公园系统格局。然而,由于经济的快速发展,郊区逐渐城市化,城市周围的自然环境受到破坏。随着公园法的适用范围逐渐覆盖了整个马萨诸塞州,客观上要求超越波士顿的行政界线,在更大的区域范围内对波士顿及周围地区进行统一的公园绿地规划。

查尔斯·埃利奥特(Charles Eliot)是奥姆斯特德的学生,从哈佛大学毕业后曾经参与波士顿公园系统的规划设计。1890年,他在写给《花园和森林》杂志的文章中公开建议,为了保护波士顿的自然环境免遭城市化进程的破坏,有必要成立以自然保护为目的、具有法人地位的市民团体。

1891年,马萨诸塞州议会通过了《公共保护地区托管法案》(*Trustees of Public Reservations*),规定了公共保护地区托管局的义务和权限。该法案规定公共保护地区托管局是具有法人地位的市民团体,具有州法律所赋予的权限,它的基本任务是取得、保护、开发马萨诸塞州内部具有景观和历史价值的土地。同时,法案还规定了公共保护地区托管局在税收、买卖和让渡土地方面的政策。公共保护地区托管局在成立后,在保护自然环境优美、生态价值高的土地方面起到了积极的作用。目前,受该局保护和管理的自然保护区达60余处。

1891年年底,在公共保护地区托管局的呼吁下,大波士顿区域(包括波士顿市和周围的中小城市,面积约1215hm^2,1903年人口126万)内各个公园委员会汇聚一堂,一致认为公园绿地的建设和保护应该超越各自的行政界线,有必要设置大波士顿区域公园委员会,在更大的范围内对绿地进行统一规划和管理。1892年,州议会通过决议,同意设置区域公园委员会。同年,大波士顿区域公园委员会成立,埃利奥特受命展开了现状调查,于1893年提出了大波士顿区域公园系统规划方案。

除了对现状的植被、地形、土质等的调查,埃利奥特还总结了17世纪以来人口迁入对当地自然环境造成的影响。考虑到预防灾害、水系保护、景观、地价等因素,埃利奥特确定了129处应该保护和建设的开放空间,并且将这些开放空间分为海滨地、岛屿和入江口、河岸绿地、城市建成区外围的森林、人口稠密处的公园和游乐场五大类。

1894年,州议会通过了林荫道法案,着手建设林荫道系统。为了筹集建设大波士顿区域公园系统和林荫道的资金,州政府发行了大量的公园债券。截至1901年,总共筹集了1067万美元的资金。1907年,大波士顿区域公园系统的格局基本建成,面积达4082hm^2,公园路总长度为43.8km(表6.6-2、表6.6-3、图6.6-4)。

表6.6-2 大波士顿区域公园系统的主要郊外绿地(1907年)

主要绿地	面积/hm^2	自然特色
Revere Beach	27	海岸线
Middlesex Fells Res.	759	林地
Charles River Res.	254	滨水绿地
Stony Brook Res.	185	林地
Blue Hill Res.	1962	风景林地
Mystic River Res.	116	滨水绿地
Nantucket Beach	10	海岸线
Neponset River Res.	369	滨水绿地

表 6.6-3　大波士顿区域公园系统的主要公园路(1907 年)

公　园　路	长度/km	公　园　路	长度/km
Revere Beach Parkway	8.3	Neponset River Parkway	3.6
Middlesex Fells Parkway	8.2	Fresh Pond Parkway	0.8
Mystic Parkway	4.6		

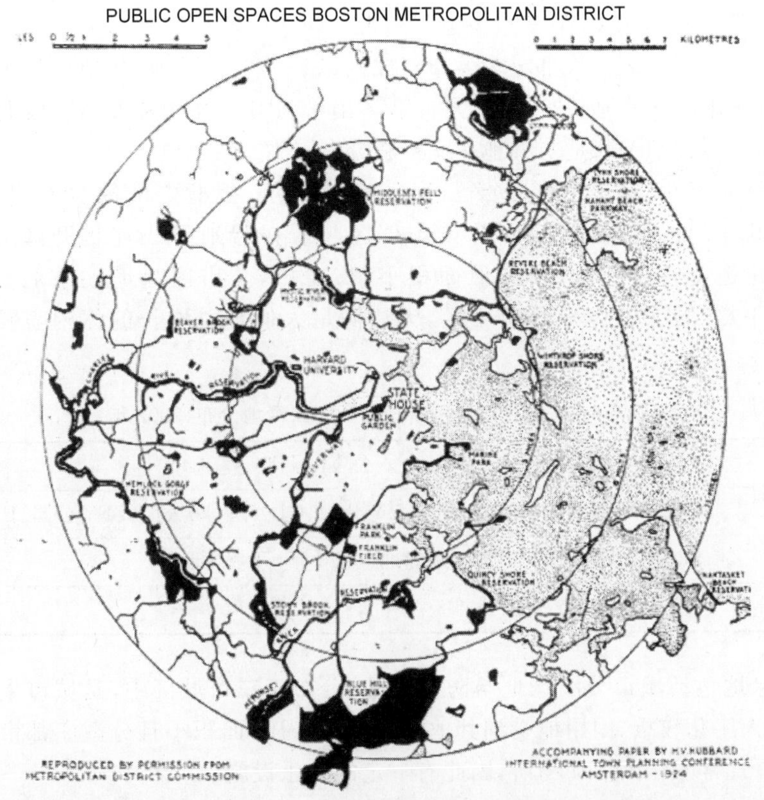

图 6.6-4　大波士顿区域公园系统

(图片来源：许浩，2002. 国外城市绿地系统规划[M]. 北京：中国建筑工业出版社：26)

6.6.3　X 江生态经济带绿地系统规划

1. X 江生态经济带规划背景

CZT 城市群包括 CS、ZZ、XT 三市，土地总面积占 HN 全省的 13.3%，人口占 HN 省总人口的 19.6%。随着经济与社会的发展，CZT 地区经济一体化倾向明显，CZT 城市群已经成为 HN 省经济发展的核心增长极。X 江发源于 GX 省 LG 县，全长 856km。X 江生态经济带南北以 ZZ 市 KZ 岛与 CS 市 YL 岛为界，全长 128km，面积 468.9km^2，跨越 CS、ZZ、XT 主城区的沿江地段，是 CZT 城市群发展的主要经济轴线。

2002 年，HN 省政府委托中国城市规划设计院编制《X 江生态经济带开发建设总体规划》，确定 X 江生态经济带的发展目标是成为生态经济发达、景观环境优美的生态经济发展走廊，其中绿地系统规划部分由本书作者负责。

2. X江生态经济带绿地问题

X江生态经济带贯穿CS、XT、ZZ三市，其周边绿地以林地为主。林地从北、西、南三个方向绕CS城区，XT市BZ山—JH一线和XT城区西南部、ZZ西部FH山—JX山一线以及城区以西以南的农村区域也分布着大量林地。从区域的角度上看，如果把X江看作纵轴，绿地则呈现反复的、不连续的"S"状缠绕X江与三市城区。XT市BZ山—JH、FH山—JX山和ZZ以南林地构成CZT三市生态隔离带。

X江生态经济带规划区大部分为城市建成区以外的农村山地，林地面积占绿地总面积的93%，除防护作用的林地以外，主要分布于Z山、FH山、JX山以及XT段北部西岸等低山上，ZZ段城区以南部分耕地与林地呈交错状分布。

规划区绿地跨CS、XT、ZZ三个行政区，各成系统，彼此之间缺少有机联系。2002年公园绿地共13处，且分布不平均，未与郊区与农村绿地形成连贯开敞的绿色通道。CS与ZZ虽建造有沿江开敞绿地，但面积小、长度短，与市区绿地联系弱，未形成合理的绿地系统。XT段公共绿地严重不足，无法满足人们日益增长的休闲需要(表6.6-4、图6.6-5)。

表6.6-4 X江生态经济带规划区公园绿地分布(2002年)

城市	公园绿地
CS	沿江开敞绿地、YL山风景区、WY公园、NJ公园、JZ公园、ZFY公园、EX公园
ZZ	SF公园、SN公园、沿江开敞绿地、(大桥下)开敞绿地
XT	YH公园、YMZ水上公园

都市型绿地包括城市公园绿地与防护绿地，分布于三市城区中，是城市生态系统的基础，这类绿地人工化较重，因用地受到其他用地类型挤压，面积小且分散。都市型绿地提供三市城市人口日常的休闲活动场所，因此有一定的游乐设施。

洲岛型绿地为本规划区特有的绿地形态，它分布在X江中的YL岛、SL洲、XM洲、YM洲等洲岛上，易受到X江水位的影响，故不宜多建建筑物。

3. 区域绿地结构与规划区绿地定位

X江生态经济带本身为开放的系统，贯穿CZT城市群，连接了三个城市的主城区，使这三个城市的绿地系统从相对独立的、封闭的系统变为贯通的、相互影响的系统。其中，Z山—HX山—FX山至JH西部林地、FH山—JX山林地、ZZ南部林地处于CZT三市的城市生态隔离带与X江的交汇处，在景观与生态上具有重要功能。另外，三市城区之间沿X江分布有大量绿化地与山区林地，良好的自然格局使规划区成为CZT城市群理想的绿色轴线，并为区域内绿色产业与旅游业的发展奠定了良好的自然基础。

区域绿地结构特点决定了规划区绿地的结构功能定位：即X江生态经济带绿地应达到三市绿地贯通、城市隔离的目的，在结构上应以大面积、较完整的自然与风景区域为主体框架，和线型的绿道一起组成开放式绿地系统，在功能上应对沿江区域发挥生态保护、景观、休闲、经济的核心作用。

图 6.6-5　2002 年 X 江生态经济带绿地分布

4. 绿地框架结构

X江生态经济带绿地系统的建设目标是最大限度发挥其休闲、生态、环境、景观、经济作用，建立起一个能持续发展的多功能绿地网络，为将X江生态经济带建成一个经济与生态协调发展的区域奠定物质基础。规划着眼于提升各种不同类型绿地的功能，将规划区绿地划分为防护绿地、道路景观绿地、公园绿地、风景绿地、旅游休闲绿地、生态洲岛绿地、森林公园、滨水公共绿地、郊野滨水绿地、一般林地、其他绿地。各种绿地的功能、分布及景观特征关系见表6.6-5。

表6.6-5　X江生态经济带规划绿地分类与特征

绿地类型	主要功能	分布	景观特征
防护绿地	隔离、安全	铁路公路的两边及工厂外围	平原型、都市型
道路景观绿地	沿道路两旁布置的条状绿地，可作为绿地之间的通道与生物廊道	主要道路两侧	都市型、平原型
公园绿地	城市休闲，微气候调节	三市城区	都市型
风景绿地	休闲、风景与生态保护	风景区与自然风光优美之处	山岳型
旅游休闲绿地	具有体育休闲作用的绿地	休闲旅游型洲岛，高尔夫球场等体育用地	洲岛型、平原型
生态洲岛绿地	具有生态保护性质的洲岛绿地	生态保护型洲岛	洲岛型
森林公园	野外大范围自然环境保护，郊外休闲	自然风光优美之处	山岳型
滨水公共绿地	提供城市人日常散步、娱乐、赏景场所，美化城市滨水环境	城市临水区	都市型
郊野滨水绿地	城市以外的滨水绿地，具有野外休闲、涵养水源功能	郊区与农村临水区	平原型
一般林地	环境保护，城市之间隔离	城市外围，道路两侧	平原型、山岳型
其他绿地	以上绿地以外，被草地与林地等植物所覆盖的区域	郊区与农村	平原型、山岳型

规划绿地总面积约19 151hm^2，占规划区面积的40%左右。绿地基本布局概况为“七绿团、一纵轴、三带、六节点”。“七绿团”指山岳型绿地。这类绿地风景优美，极具休闲功能，本规划中将其划分为风景绿地与森林公园。规划的七绿团为：YL山—TM山风景绿地、EY山风景绿地、JH西部森林公园、ZS—HX山—FX山绿地、FG山森林公园、JX山森林公园、TY森林公园。这七大绿团受城市干扰最小，生物资源丰富，是规划区绿地生态系统中处于骨架地位的基本核心绿团。

X江中的洲岛因易受洪水影响，不宜过多建造人工设施，规划为旅游休闲绿地与生态洲岛绿地。X江两岸开辟滨水绿地(包括滨水公共绿地与郊野滨水绿地)，将绿团、湿地、城市公园绿地连接起来，形成沿X江的生物走廊与绿色休闲体系，构成贯穿CZT三市的绿地纵轴。

为了保护区域基本自然生态格局，规划区内规划三条绿地隔离带。以JH西部森林公园与Z山—HX山—FX山绿地为中心，结合南部绿化地与JH北部林地构成CS与XT城市隔离绿带。以FH山森林公园与JX山森林公园两大绿团为中心，构成XT与ZZ城市隔离绿带。同时，通过加强对 ZZ 城市以南现有林地的保护，控制 ZZ 城区、LDS 镇、LK 镇的城镇建设用地的扩张，构成 ZZ 城市南部的隔离绿带。

“六节点”指 6 个绿地节点。为了防止 CZT 三市城市区的连片开发破坏区域良好的自然生态格局，规划建议在区域范围内沿 CS、XT、ZZ 城市建成区外围构建环城绿带。规划区内城市建成区起始部位共有 6 处，位于环城绿带与 X 江的结合部，是城市向自然生态系统的过渡区，应作为 6 个绿地节点适当加大绿化力度，以控制城市的无限扩大。

沿江第一个街区绿地以外的用地，在沿江方向退后 50～100m 范围内实施绿地率控制，其中一类居住用地绿地率控制在 50%以上，郊区新建住宅区绿地率控制在 35%以上、城市建成区部分绿地率不低于 25%(图 6.6-6、图 6.6-7)。

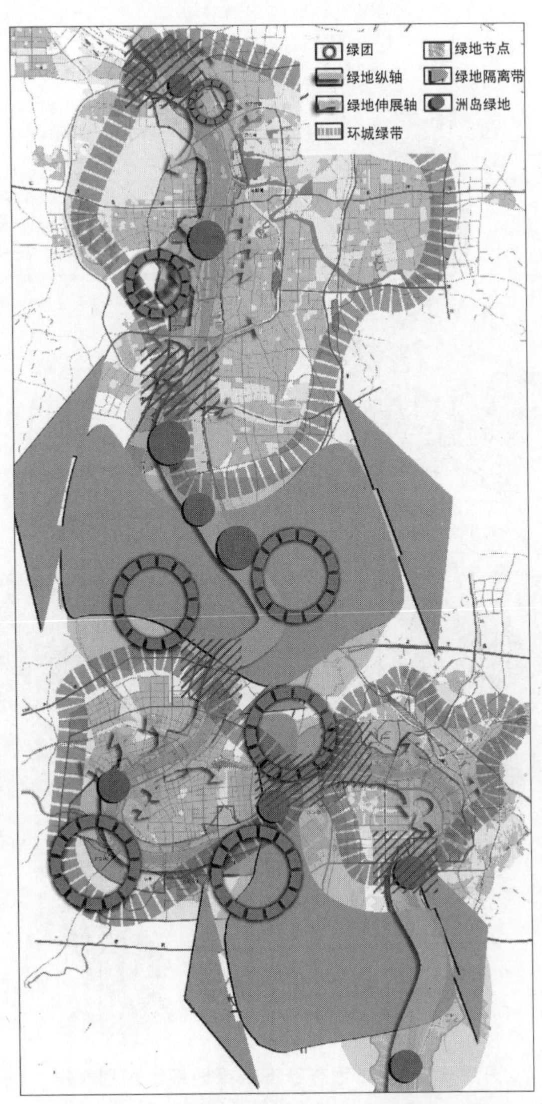

图 6.6-6　X 江生态经济带绿地系统规划结构

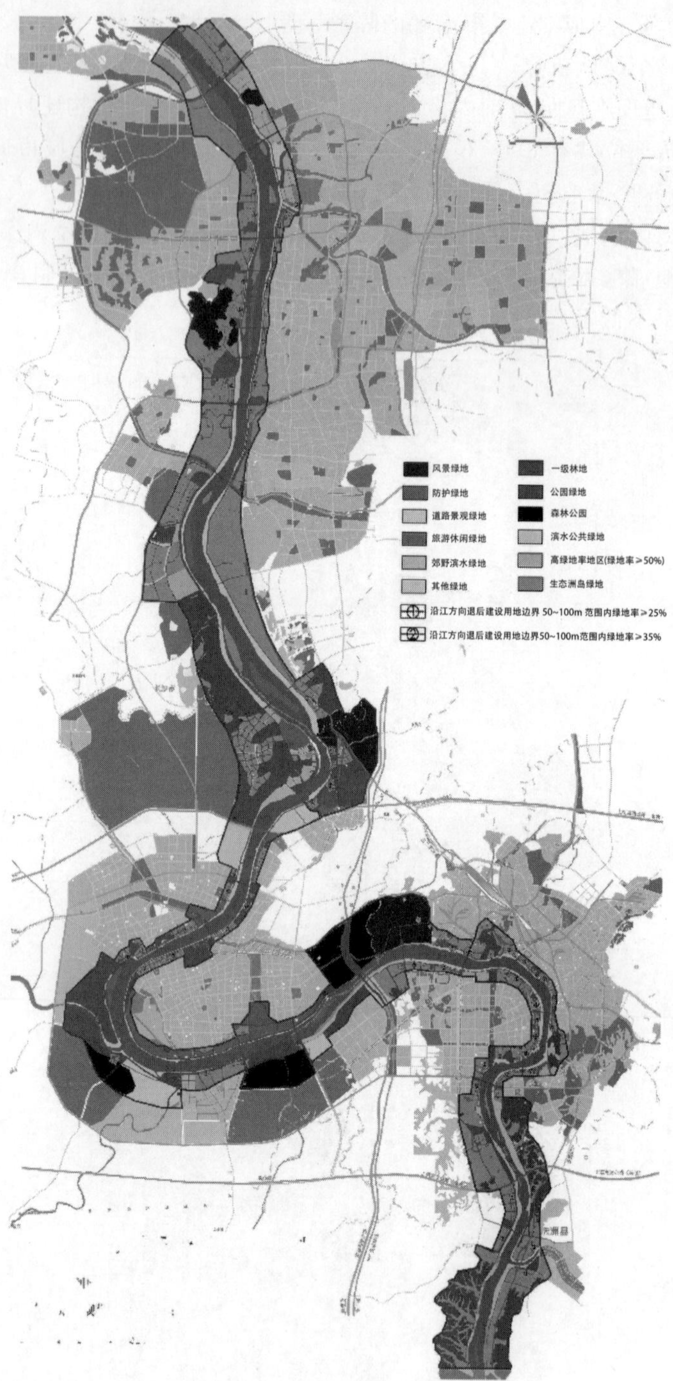

图 6.6-7 X 江生态经济带绿地系统规划布局

第7章 城市绿地系统规划

7.1 YC 市城市绿地系统规划(2011—2030)

1. 现状分析

YC 市地处 SB 平原中部,东临 H 海,西襟 HY。城市地势平坦无较大变化,河流水系众多。YC 市绿化是以农田、道路防护林为主,拥有河流湖泊、森林植被、湿地、农田等多种类型的绿色生态资源。

市域综合交通体系骨架网已经基本形成,各种交通方式齐全,路网密度较大(图 7.1-1)。全市共有干、支流河道 200 余条,沟、塘星罗棋布。市域内河道分成三级,主要河流有 TY 运河、SY 河、XY 港等。

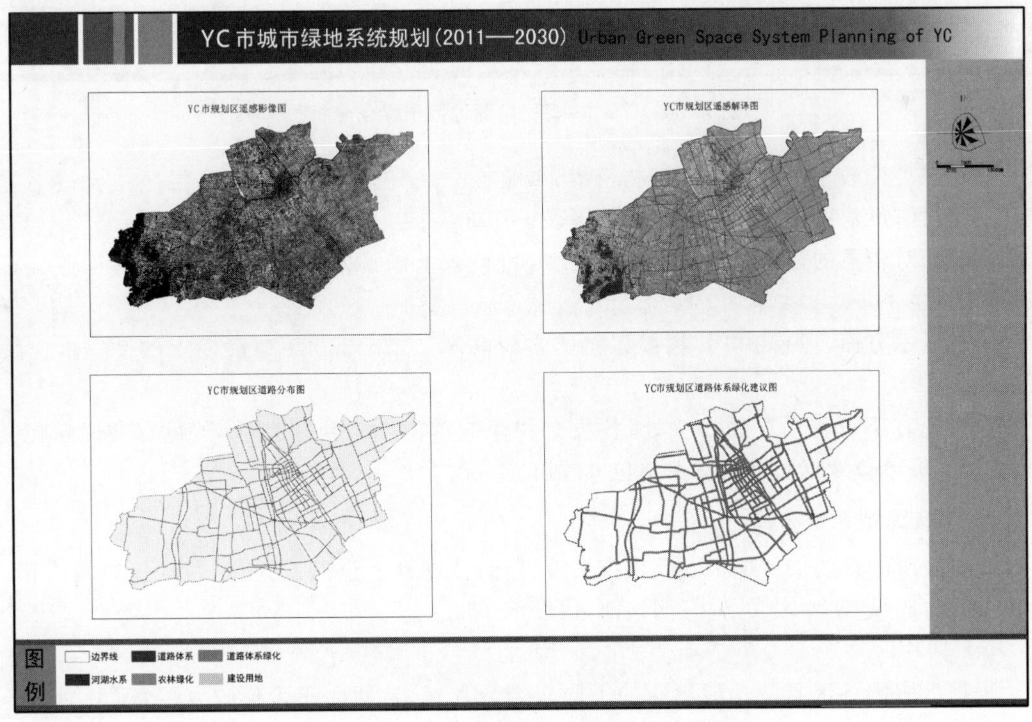

图 7.1-1 YC 市遥感影像、道路因子绿化分析

市区饮用水水源取水口有2个，分别是YL湖取水口和CD取水口。YL湖取水口位于MH河饮用水水源保护区内，城东取水口位于TY河饮用水水源保护区(图7.1-2)。

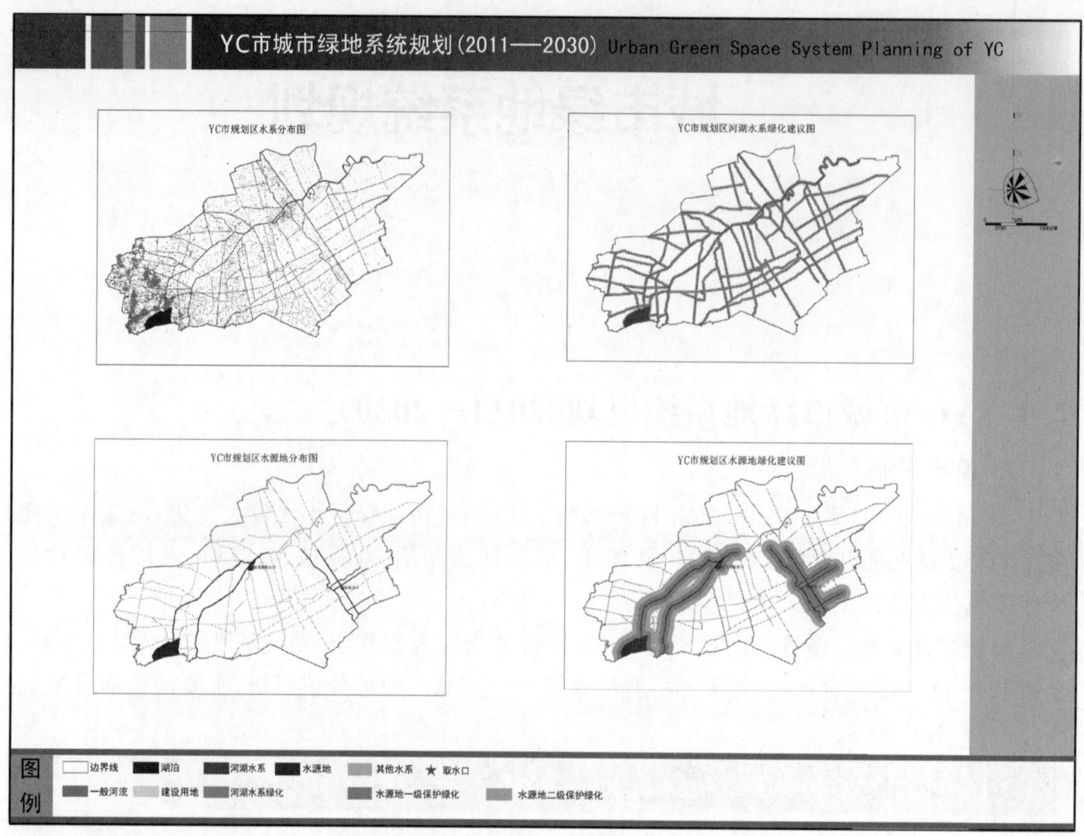

图7.1-2 YC市水系、水源地因子绿化分析

城市热岛比较集中的地方建筑物密集、工业集中、绿化效果差，其中高温区主要位于主城区、开发区，低温区主要分布在城市外围及DZ湖一带。

污染相对较重的是城市东南部的开发区，其次是T湖开发区和YD区的一些工业分布区(图7.1-3)。

古树名木方面，现有100年树龄以上的古树名木32株，300年树龄以上的23株，树龄最高达800年。

全市现有不可移动文物603处，各级文物保护单位134处，其中全国重点文保单位1处，省级文保单位22处，市级文保单位63处(图7.1-4)。

2. 市域绿地系统布局

基于城市的自然条件现状以及城市发展目标，依托众多道路、河流沿线绿化以及农田，形成“四横、四纵、四片区”的生态网络体系(图7.1-5)。

(1) 四片区

根据市域内各区县的功能界定的不同来划分片区，自西向东阶梯式发展，即由第一产业向生态自然保护区发展。“四片区”主要是：

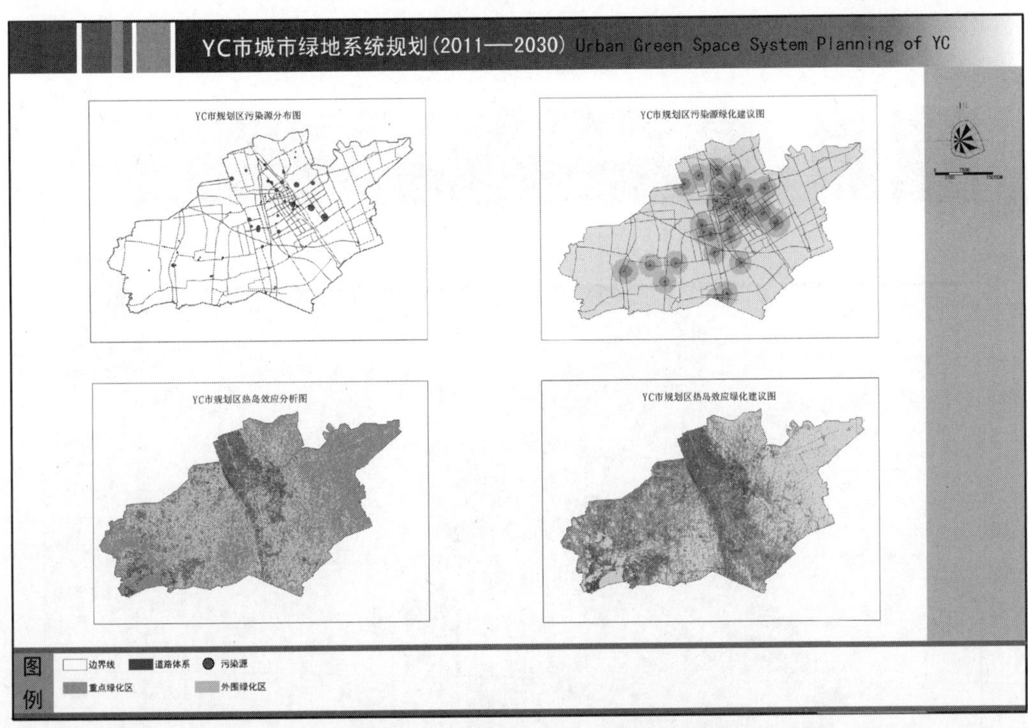

图 7.1-3　YC 市污染源、热岛因子绿化分析

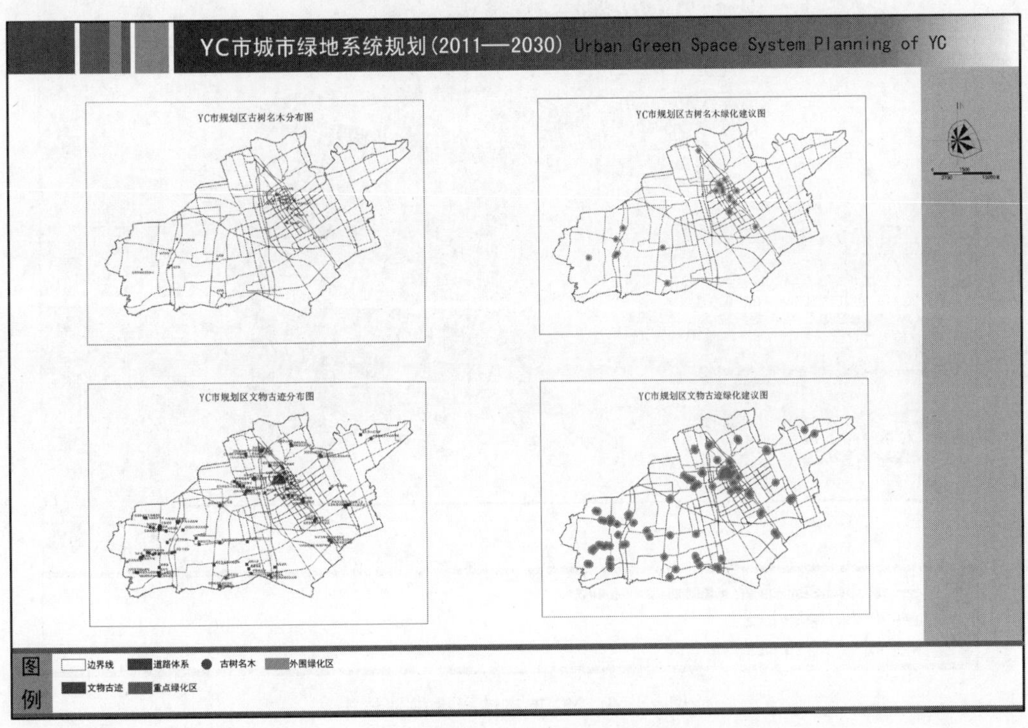

图 7.1-4　YC 市古树名木、文物古迹因子绿化分析

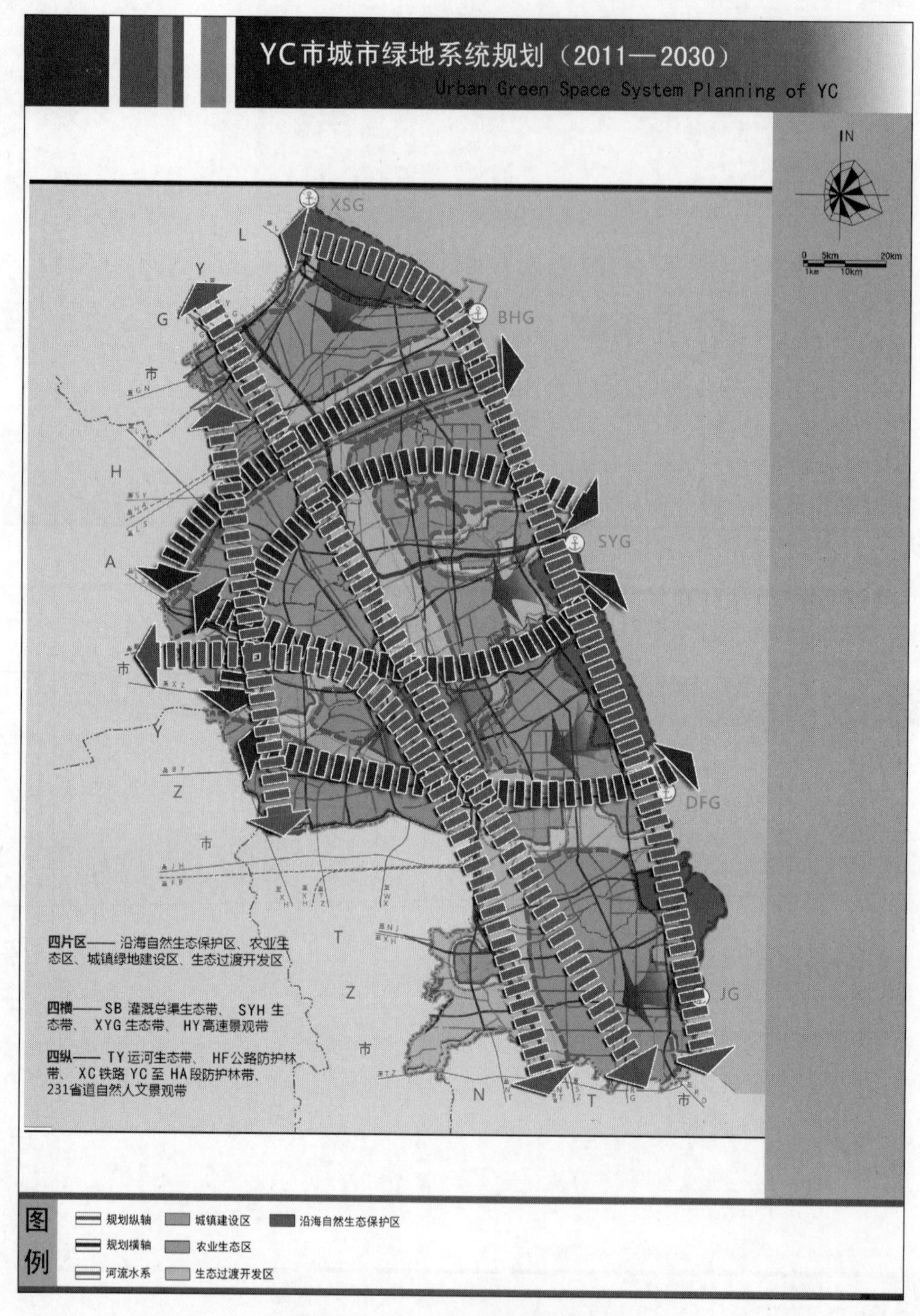

图 7.1-5 YC 市市域绿地规划结构

① 沿海自然生态保护区：通过 HB 高速公路、NJ 高速公路东延到 SY 段、XY 高速公路以及众多横向干线、次干线公路与沿海通道联系。该片区拥有优势突出的沿海滩涂自然风光带及两个国家级自然保护区，整体生态保护体制完整。在这一片区进行整合开发的原因：有利于沿海各自然保护区的统筹发展；区域内有 DF 港等四个重要港口，整合开发既有利于港口之间的组合发展，又有利于生态保护区控制港区的过度发展。

② 农业生态区：区域内包括 XS、FN、SY、BH 四县，根据资料显示，该四县农业发展所占比例较大，生态农业发展必然形成新的绿地风貌。

③ 城镇绿地建设区：区域内包括下辖县、主要建制镇及主城区，借助生态农业、旅游等形式发展绿色生态产业，完善城、镇、村内部的绿地系统规划，加快集镇、中心村绿化的园林化进程，要将满足城镇居民生活及环境建设需要作为城镇绿地建设的重点。合理规划控制城镇发展规模，充分利用自然景观、文物古迹加强绿地系统建设，要求规划区内的小城镇每镇一园，每镇一景，努力改善小城镇环境。该区域的发展情况将在市域全境起到示范作用。

④ 生态过渡开发区：对区域内的风景名胜区、自然保护区和保留地、河口湿地及一些重要的文物古迹等，应分区进行限制性的开发。核心区应禁止进行任何开发建设活动；缓冲区可允许管理人员的出入并开发一些小型的、对环境影响较小的旅游活动，但要注意与核心区的协调；服务设施、游乐设施等只能建设在外围区。注意对植被的保护，进行植物生态环境的营造，加强景观林、防护林和绿化环境的建设，维护生物多样性。同时，为保护景区自然、人文资源的安全，应该在树种选择、绿化高度、配置密度等方面兼顾不同的要求，以免不适当的绿化破坏旅游地的景观文化氛围。

(2) 四横

SB 灌溉总渠生态带、SYH 生态带、XYG 生态带、HY 高速景观带。

(3) 四纵

TY 运河生态带、HF 公路防护林带、XC 铁路 YC 至 HA 段防护林带、231 省道自然人文景观带。

3. 规划区绿地系统布局

规划结合城市生态要求、自然形态及布局特点，将 YC 规划区生态绿地结构概括为"绿廊网城、四片区、多斑块"为主体的生态网络(图 7.1-6)。

(1) 横向绿廊

HY 高速道路绿廊、XYG 滨水绿廊。

(2) 纵向绿廊

TYH 滨水绿廊、204 国道道路绿廊、沿海高速绿廊。

(3) 四片区

城郊生态农业区、城镇生态缓冲区、生态过渡区、中心高密度建设区。

① 城郊生态农业区：以 NJY 高速公路为界、规划区范围西部和北部的基本农田保护区为主的块状绿地，防护林地基质完善，作为城市绿地格局的大背景，在城市的西北提供有力保障。以城市绿地发展的缓冲地的身份，防止城市用地外延，起着调节 YC 工业围城的现状、促进与主城区热污气体交换的作用，是大环境生态基质和生态系统改善的重要组成部

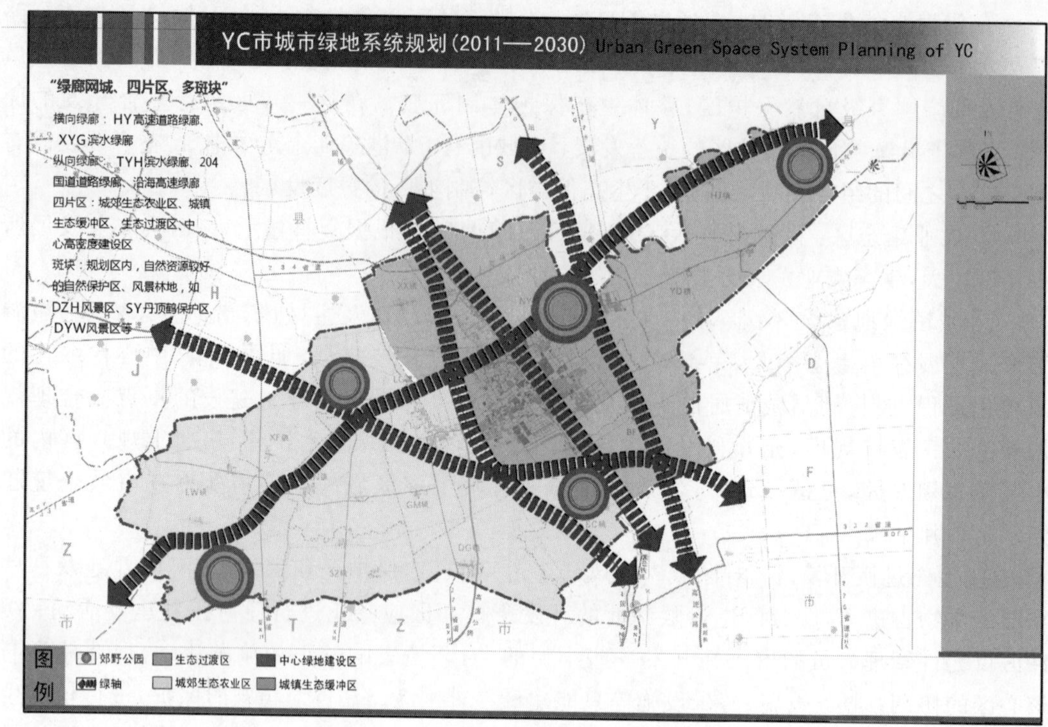

图 7.1-6　YC 市规划区绿地规划结构

分。结合郊区农业产业结构调整,发展外向型农业,加强生态兼用林建设,实现生态环境和农业生产的可持续发展。

② 城镇生态缓冲区：西到 SH 高速公路,东至规划区范围内的区域规划为生态环境控制区,以农田防护林绿地为网络,将风景林地、沿河防护林带、交通走廊隔离绿带和农田保护区相结合。采取积极的生态环境建设,大力保护生态环境敏感区,进行生态环境建设和综合治理,发展生态型城市绿化,控制城镇工业外延,保护和完善现有绿网体系,加强对生态环境的控制。

③ 生态过渡区：NJY 高速公路及 XYG 港之间规划为生态景观控制区,建设沿河绿化生态防护带,提高绿化覆盖率,避免生态破坏和功能退化。作为城市绿地过渡区,连接着城镇绿地与城市环状生态缓冲圈外围的缓冲地带,起着限制城市建设强度和建筑密度的作用。

④ 中心高密度建设区：中心高密度建设区包括中心城区及规划区范围内的各城镇。城区以绿地为节点,以林荫道为连接通廊,在内环形成绿化网；近郊以农田、林地、永久性风景林地等为基础,形成外环；内外环之间利用快速干道、对外交通干道等沿线防护林带连接,使城区中心绿地和城郊生态区有机结合,形成城镇生态网络。

4. 中心城区绿地系统布局

中心城区规划为"双环双区、井字绿廊、绿轴、多园"的复合式绿色网络结构(图 7.1-7)。

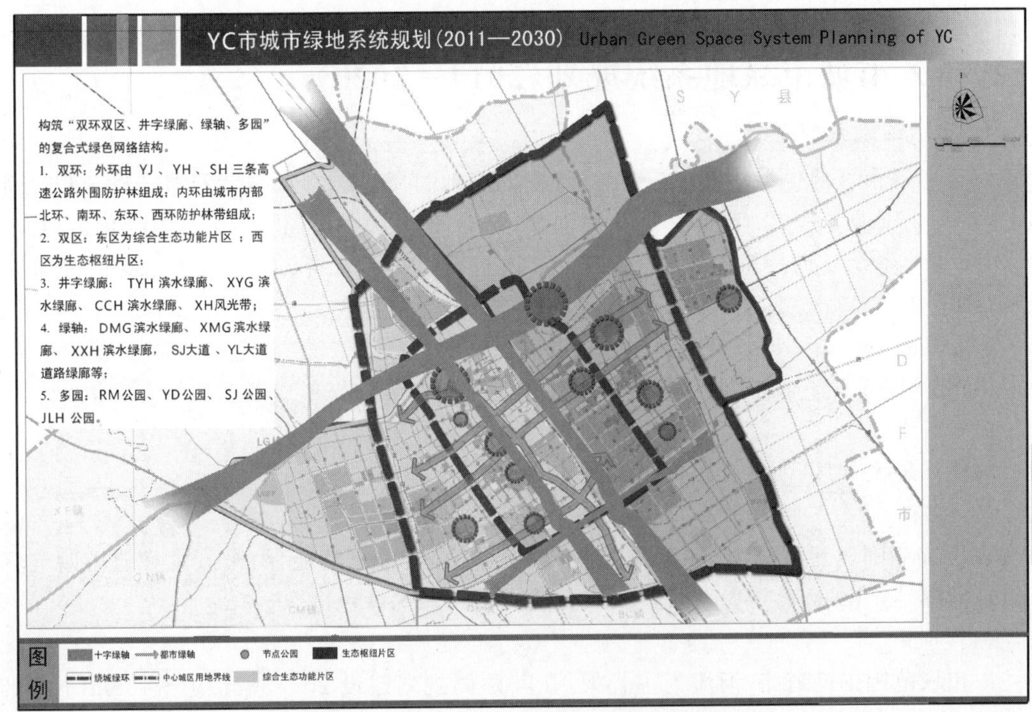

图 7.1-7 YC 市中心城区绿地规划结构

(1) 双环

外环由 YJ、YH、SH 三条高速公路外围防护林组成；内环由城市内部北环、南环、东环、西环防护林带组成。

(2) 双区

东区(综合生态功能片区)、西区(生态枢纽片区)。

① 东区：高速公路环内，TYH 以东片区。片区以绿地为核心，以林荫道为骨架，使城区中心绿地和城郊生态区形成网络，体现城市风貌。

② 西区：改造整治城中村，提升居住质量，合理控制居住用地开发强度，建设配套完善、生活便利、环境宜人的生活片区；完善支路系统，保持老城空间肌理，延续城市发展脉络；强化滨水空间建设，塑造城市特色。

(3) 井字绿廊

TYH 滨水绿廊、XYG 滨水绿廊、CCH 滨水绿廊、XH 风光带。

结合城市河道整治，建设生态化、景观化、人文化的城市低位生态绿带。根据区内河流水质状况，通过建设生态河床、恢复河流水生生态系统来实现河流的水体自然净化能力，构建完整的河流廊道。

(4) 绿轴

DMG 滨水绿廊、XMG 滨水绿廊、XXH 滨水绿廊，SJ 大道、YL 大道道路绿廊等。

(5) 多园

RM 公园、YD 公园、SJ 公园、JLH 公园。

7.2 YZ市城市绿地系统规划(2014—2020)

1. 市域绿地系统布局

综合考虑市域的生态环境,与有相当规模的湿地、自然风景区、林地和遗产廊道以及河流、水产种质资源等因素,依托主要发展轴线,结合现状众多道路、河流沿线绿化、农田林网,市域绿地系统布局按链、片、核、带四个层次进行,形成“双链、四片、多核、多带”的布局结构(图7.2-1)。

(1) 双链

沿SB湖—LJ沟—DM河等形成的南北生态廊道;沿C江形成的东西生态廊道。

(2) 四片

城镇绿地发展区、西北丘陵区、LX河湿地区、S湖湿地区。

(3) 多核

在市域范围内建设荡滩、湿地保护区、自然保护区、生态功能保护区、森林旅游观光区等点珠状绿地,并纳入各县、市生态中心,营造点缀市域的绿色链珠。

(4) 多带

以市域范围内的道路、河流为主骨架,在其两侧规划建设20～30m、50～100m不等的防护林带,交错形成生态绿网,成为城市的绿色经脉。

2. 规划区绿地系统布局

为维护区域生态平衡,最大限度地降低资源开发与环境保护的冲突,提高城市环境质量,规划结合城市自然基础和生态要求,在规划区构建“两廊、四片、七心、八园”为主体的生态绿地网络(图7.2-2)。

(1) 两廊

为滨江生态走廊、古运河生态走廊以及绿道走廊,串联规划区范围内主要绿色生态斑块。

(2) 四片

南片为沿江片区,滨临C江,地势低洼,水网密集;北片为湿地核心区;西侧为浅丘陵地貌,东侧沿SB湖、运河地势低洼;东片为LX河农业产业园区,各乡镇以生态高效农业为主。南片与北片之间为历史名城保护区,以GL区为中心,创建YZ文化特色核心。

① 沿江地区:沿C江、J江滩地营造水土保持林和防浪林,保护生态环境和自然资源。建立滨江湿地保育带,加强对江边滩地以及水源地等湿地资源的保护。沿江高等级公路北侧50m以南、J江以东至C江地区,确定为自然保护地。采取积极的生态环境建设,大力保护生态环境敏感区,进行生态环境建设和综合治理,重视城郊重点生态区建设,大力发展生态型城市绿化,控制城镇工业外延,保护和完善现有绿网体系,加强对生态环境的控制。

② 湿地核心区:北部地区把生态景观绿地建设作为工作重心,根据本区湿地生态系统的特点,建立湿地生态保育区。建设以风景林、防护林为主,兼顾经济林的综合性林业体系,提高本区生态服务能力。

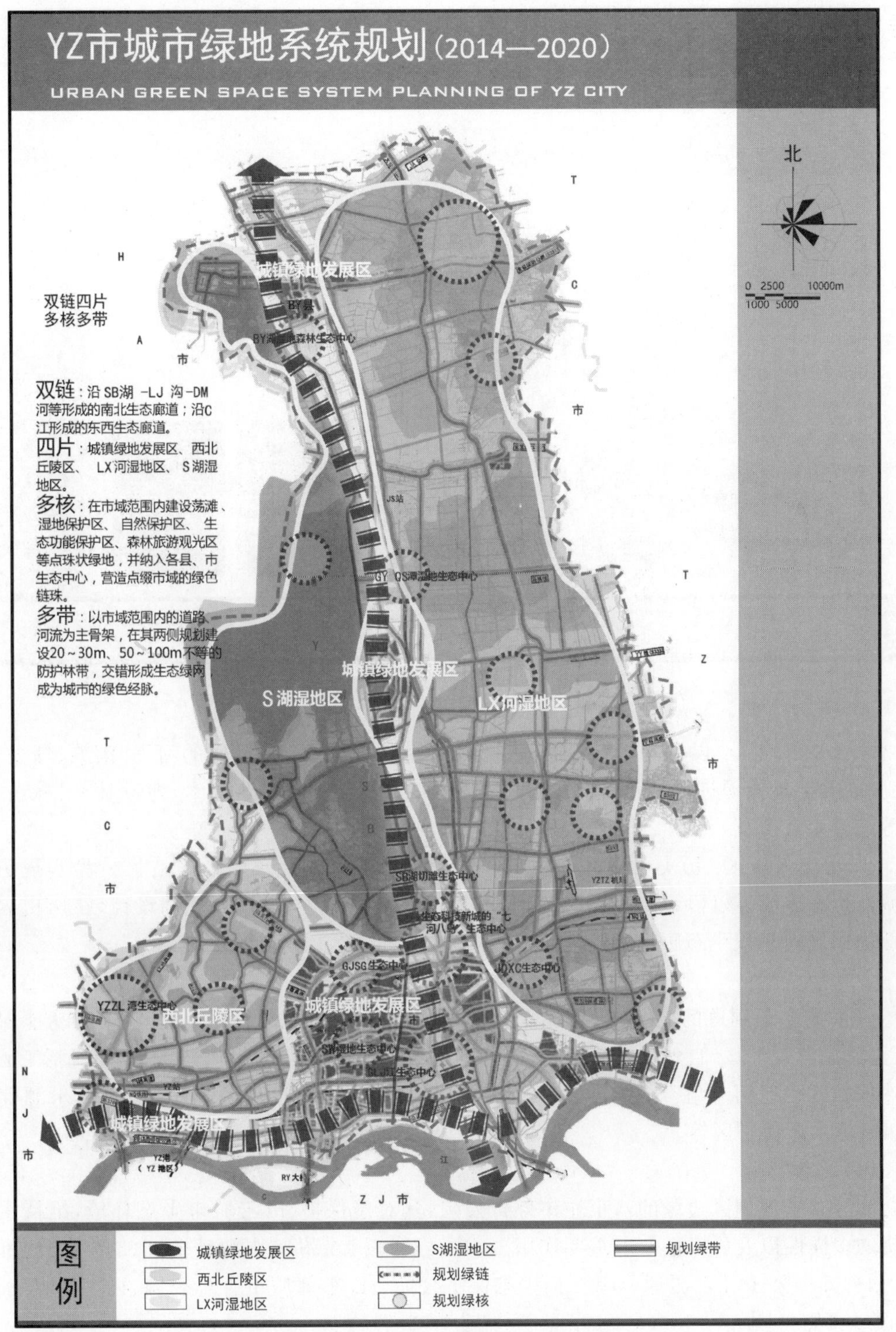

图 7.2-1　YZ 市市域绿地系统规划结构

图 7.2-2　YZ 市规划区绿地规划结构

③ LX 河地区：以发展生态农业为目标，充分挖掘本区未被利用的河堤、沟渠、圩堤、路旁、庭院等土地资源进行绿化，选择速生适生树种和乡土树种以及灌木，建设林渔、林农、林牧等综合生态工程。

④ 历史名城区：历史名城区是城市产业、人口、服务功能集聚的核心区。为实现历史名城区生态旅游，该区域绿地景观应与城市基础设施统筹考虑，统一规划设计，在历史名城内部组团之间建设生态廊道，并引导外围生态空间向城区内部渗透。

(3) 七心

以重要生态廊道的交叉点、脆弱点在规划区范围内建成的湿地保护区、生态功能保护区、森林旅游观光区、自然保护区等点珠状绿地，营造点缀市域的绿色链珠，主要包括 LY 河自然保护区、"七河八岛"水生态保护区、JDXC 生态园区、S 江水源保护区、G 洲水源保护区、PS 湾水源保护区等。

(4) 八园

为分布于规划区边缘的八个城市郊野公园，其对于保护、改善城市生态环境，维持生态系统的多样性以及稳定性有着重要作用。八园分别为 LY 湖郊野湿地公园、S 江郊野公园、YZ 西郊郊野公园、J 江湿地公园、LD 生态保护公园、JD 东郊城市森林公园、HD 湿地公园、JD 丁伙郊野公园。

3. 中心城区绿地系统布局

以城市现有的条件为基础，以城市建成区规划发展的方向为依据，形成"一脉、两环、四楔、四廊、多带、点线成网"的绿色景观视廊结构(图 7.2-3)。

图 7.2-3　YZ 市中心城区绿地规划结构

① 一脉：以 JH 大运河形成贯穿城区南北的景观、文化脉络。JH 大运河成功列入世界遗产，为 YZ 市建设“世界名城”带来契机。

② 两环：以市内北城河、古运河、ED 河和 SX 湖形成内城水系环；以 QY—YL 高速公路防护林、JH 高速防护林和 YY 河—J 江生态廊道构成城市的绿色外环。

③ 四楔：西南部 YZ 以丘陵山区为主，北接 SG—SX 湖景区跨铁路与北山生态区相连，向西经 SGXF 生态公园、体育公园、新城西区沿山河绿化等；北部以 SB 湖区为主，北接七河八岛，与 ZY 湾公园和 FHD 郊野公园相连；南部以 BZ 沿江地区和南水北调生态功能保护区为代表；东部以 XH 河湿地区为主形成四个方向深入市区的楔状绿地。

④ 四廊：JH 生态廊道、YY 河—J 江生态廊道、新 TY 运河生态廊道、MD 河生态廊道。

⑤ 多带：以 HYZ 铁路防护带、NQ 铁路防护带、HS 高速公路防护带、S333 省道公路防护带、YS 高速公路防护带等形成多条贯穿城市主城区的绿色景观轴。

⑥ 点线成网：以 ZY 湾公园、LJ 沟公园、XF 公园、S 湾公园、DM 河公园、YZJ 公园、RY 森林公园、XM 湖公园、B 江公园等公园为点，以城市主要道路绿带和古运河、FG 河等为线形成整个城市的绿色网络。

7.3　J 市城市绿地系统规划（2006—2020）

J 市地处 JS 省中部，SZ 平原的南端，CJ 下游的北岸，属 TZ 行政辖区。J 市东南西三面临江，市域东西最长距离 43km，南北最长距离 18km，境域总面积 664.76km^2，其中陆地面积 551.43km^2，水域面积 113.33km^2，拥有沿江深水线 52.3km。

1. 市域绿地系统规划

J 市域绿地系统从大形态上可划分为三大部分。

(1) 市域农田基质

境内地势低平，土壤均为 C 江淤泥土，土层深厚，各种农业用地比例合理。市域良好的农业空间为大环境的绿化体系提供了优良的绿色基质，为构建合理的市域绿地系统创造了条件。

(2) 生态斑块

城区与主要城镇建成区以及市域生产绿地、沿江保护带、滨江湿地构成了市域大环境绿地系统的斑块。根据城镇体系发展现状及未来城市化发展的趋势，市域城镇体系形成“一体、两翼、两支点”的空间结构发展模式。以 J 城区辐射全市域，重点向南向 C 江方向发展，将重点中心镇的 XQ 镇和 XP 镇作为“两翼”，把 SS 镇、JS 镇作为“两支点”，城镇一体发展。此外，市域城镇建设用地构成的市域绿化环境斑块与农田基质有机结合。生产绿地主要是 XL 镇、JC 镇、DX 镇与 JXZ 的四处较大规模的苗圃和园地。此外，沿江保护带和滨江湿地斑块也是市域绿化环境的重要组成部分。

(3) 绿化生态廊道

绿化生态廊道主要有河流廊道与道路廊道。YH 港、SLY 港、XLY 港、CJ 港、SY 港、LJQ 港与 XSG 组成“一横六纵”的河流绿化生态廊道。沿市域的主要道路 GJ 高速公路、GP 公路、YJ 高等级公路、JB 公路等一级公路，以及 NT 轨道交通、CCT 通道和 ZJR 通道建设沿路绿化生态廊道。

纵贯南北的通江航道以及高等级道路构建的绿化生态廊道，在市域农田基质的基础上，形成市域绿化系统的网络骨架，沟通市域生态斑块的联系，构建合理的市域绿地系统(图 7.3-1)。

2. 城市绿地系统规划

根据 J 市城市发展的空间格局特点，在市域绿地布局的基础上，形成“一带、两心、两环、三核、八楔、八点”绿地空间布局结构，突出“水城交融、水绿相依、环楔结合、点网布局”的特点。以 SY 港景观带为中心，通过带状、楔形、环状绿地连通点状分布的公园绿地，形成网络化的绿地系统构造(图 7.3-2)。

(1) 一带

沿 SY 港两侧布置纵向滨水景观带，串联新城和旧城，形成城市绿地系统的中心纵向轴线。优化城市景观结构，提供游憩空间，改善生态景观环境。

(2) 两心

主城东西两侧布置两处生态风景林地，分别为东部生态农业园和西部的 JX 风景林地，形成生态绿心，发挥绿色屏障及控制城市形态的作用。

(3) 两环

围绕城区、沿道路两侧布置的两层环状绿地控制带。内环为东环路—南环路—西环路—北环路道路绿带，外环为环城公路—ZQ 路—南部高等级公路—GJ 高速道路绿带。

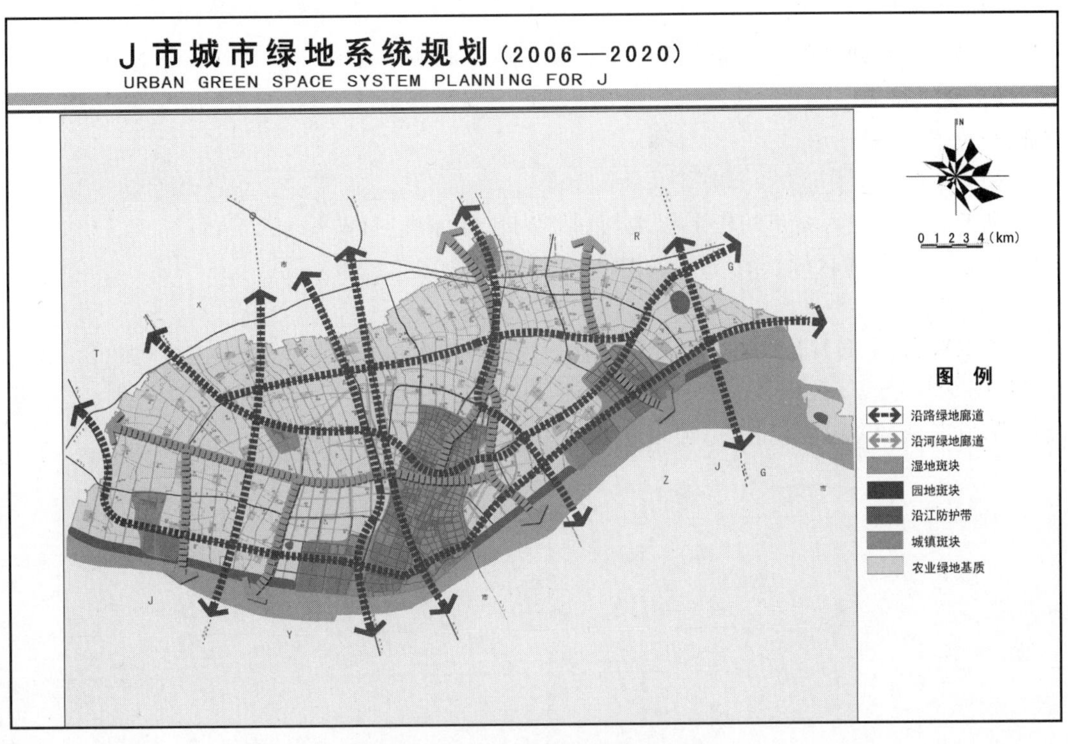

图 7.3-1　J 市市域绿地系统规划

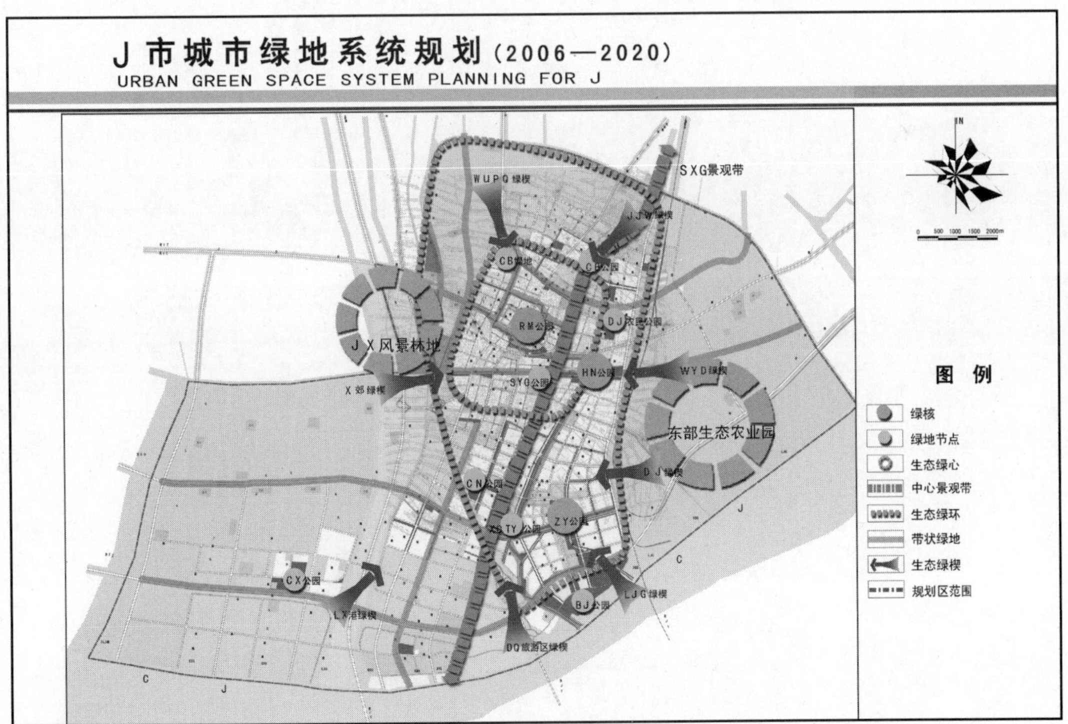

图 7.3-2　J 市城市绿地结构分析

(4) 三核

为城市中心地带的三处市级综合公园,分别形成城市绿核。从北往南依次为RM公园、HN公园和ZY公园。这三处公园处于城市主要发展轴线上,在城市绿地景观结构上位于核心位置。

(5) 八楔

从郊野绿地深入城市的楔形绿地,包括WUPQ绿楔、JJW绿楔、WYD绿楔、DJ绿楔、LJG绿楔、DQ旅游区绿楔、LY港绿楔、X郊绿楔。

(6) 八点

除RM公园、HN公园和ZY公园以外,分布在城区的八处节点绿地,包括CB公园、CN公园、BJ公园、SYG公园、CX公园、CB绿地、DJ农民公园、XCTY公园。

除以上结构型绿地以外,沿河道和道路两侧布置11条带状绿地。

第8章

城市绿地系统树种规划与古树名木保护规划

8.1 树种规划的原则与方法

8.1.1 树种选择的基本原则

树种规划是城市绿地系统规划的重要组成部分之一。恰当的树种选择，是保证树木健壮生长的前提，有利于较快地形成预期绿化效果，营造良好的绿化环境；有利于形成稳定的植物群落，发挥绿地的生态效益；有利于后期绿化的养护管理，节约人力和物力。一个完善的树种规划应遵循以下原则。

1. 选用易管理、抗逆性强的树种

充分考虑城市的土壤、水文、病虫害以及光照等实际情况，结合城市绿化投入预算，尽量选择能够较好地适应城市自然条件、潜在的自然灾害、污染状况并且树体脱落物（如花朵、果实、花粉、种子、叶片、枝条等）容易控制的树种。

2. 尊重自然规律，以地域性植物为主

分析当地植物的地域性分布规律、组成和结构特点，运用景观生态学知识，优先选择富有文化内涵且在当地群落优势明显的特色树种；可结合生态修复技术，构建多层次、多功能且季相分明、色彩丰富的植物群落，以提高绿地系统的稳定性，增强植物景观的多样性。

3. 以观赏价值为主，兼顾经济效益

应充分发挥树木在叶、花、果、枝干及遮阴等方面的景观性功能，综合考虑树木在一年四季中的观赏特性；同时在条件允许情况下，可与生产相结合，适当选择具有较高经济价值和药用价值的树种，如杜仲、山槐等。

4. 种类多样，搭配种植

城市绿化树种不是单一树种的片植与群植，而是应以乔木为主，乔、灌、藤、花、草搭配种植，形成高低错落、季相变化丰富的植物群落。如可使用速生树与慢生树相结合种植的方法，可利用速生树年生长量大的特点，在短期内形成植物景观，然后利用慢生树生长较慢的特性来延长植物群落的观赏周期；还要注意落叶树与常绿树的搭配，落叶树树形优美，花色叶色丰富,常绿树四季常青,有利于保持绿化景观在全年的观赏性。

8.1.2 树种规划的基本方法

1. 调查研究

现状树种调查是树种规划的基础。调查内容包括当地绿地中常用树种的生态习性、生长状况、对环境适应性以及对病虫害的抗性等,以及古树名木现状、外来引进树种的生长发育状况、特色树种调查、抗性树种调查等。

2. 树种选择

在对现状进行广泛调查的基础上,结合城市特点,确定城市绿化中的基调树种、骨干树种和一般树种。基调树种能够有效地体现城市地方特色,一般选择5种左右乡土树种或适宜当地气候条件的外来树种。骨干树种与绿地的总体布局密切相关,出现频率高、使用数量大,应选择适应性强、观赏价值和经济价值较高且适宜推广的树种,种类不宜过多,5~10种最为合适。一般树种是对骨干树种进行一定的搭配补充,通常选择经济且常用的树种。

3. 明确树种比例

根据各类绿地的性质和要求,合理确定城市绿化树种的比例,主要包括裸子植物与被子植物的比例、常绿树种与落叶树种的比例、乔木与灌木的比例、木本植物与草本植物的比例、外来树种与乡土树种的比例、速生树种与中生树种、慢生树种的比例等,确定植物名录。

8.1.3 常用绿化树种

我国地域辽阔,各个城市所处气候带不同,适宜种植的树种种类有较大差异。常见用于城市绿化的树种见表8.1-1。

表8.1-1 代表城市常用园林植物一览表

(参考国家建筑标准设计图集——《环境景观—绿化种植设计》及其他资料)

城市	区划	乔木	灌木	草坪、地被
北京(太原、天津、石家庄、秦皇岛、济南)	北部暖温带落叶阔叶林区	银杏、钻天杨、泡桐、旱柳、合欢、国槐、刺槐、悬铃木、梧桐、板栗、元宝枫、千头椿、核桃、榆、桑、玉兰、海棠花、山楂、栾树、油松、白皮松、乔松、华山松、龙柏、雪松、杜松、侧柏	沙地柏、大叶黄杨、铺地柏、金银木、天目琼花、白玉棠、玫瑰、月季、麻叶绣球、紫荆、丁香、迎春、石榴、金叶女贞、小叶女贞、珍珠花、雪柳	野牛草、紫羊茅、中华结缕草、日本结缕草、羊茅、蒲公英、二月兰、白三叶、羊胡子草、紫花地丁、匍茎剪股颖
哈尔滨(长春)	温带针阔叶混交林区	长白松、樟子松、黑皮油松、紫杉、长白侧柏、辽东冷杉、杜松、青杆、兴安落叶松、长白落叶松、旱柳、粉枝柳、五角枫、杏、山槐、山荆、花曲柳、山杨	天山圆柏、沙地柏、矮紫杉、欧丁香、水腊、匈牙利丁香、喜马拉雅丁香、黄刺玫、玫瑰、刺梅蔷薇、东北珍珠梅、风箱果、花木蓝、天目琼花、刺五加	草地早熟禾、林地早熟禾、加拿大早熟禾、紫羊茅

续表

城市	区划	乔木	灌木	草坪、地被
郑州（济南、西安）	南部暖温带落叶阔叶林区	云杉、桧柏、龙柏、刺柏、女贞、广玉兰、油松、白皮松、黑松、华山松、赤松、雪松、日本花柏、日本扁柏、侧柏、枇杷、石楠、棕榈、蚊母、桂花、刺桂水杉、银杏、悬铃木、毛泡桐、泡桐、梓树、楸树、桑树、青桐、毛白杨、黄连木、国槐、龙爪槐、刺槐、合欢、乌柏、旱柳、垂柳、枫杨、核桃、槲栎、光叶榉、栾树、小叶朴、杜仲、板栗、麻栎、栓皮栎、柿树、构树、白蜡、洋白蜡、玉兰、枣树、鸡爪槭、红枫、茶条槭、五角枫、流苏、刺楸、楝树、丝棉木、四照花、七叶树、臭椿、千头椿、东京樱花、杏、木瓜、海棠花、紫叶李、白梨、日本晚樱、山楂、碧桃	沙地柏、铺地柏、翠柏、鹿角柏、枸骨、海桐、大叶黄杨、小叶黄杨、黄杨、风尾兰、丝兰、十大功劳、八角金盘、桃叶珊瑚、小蜡、水蜡、夹竹桃、蔓常春花、火棘、金丝桃、香荚蒾、接骨木、猬实、糯米条、海州常山、贴梗海棠、麦李、欧李、郁李、白鹃梅、榆叶梅、黄刺玫、珍珠梅、珍珠花、粉花绣线菊、现代月季、平枝枸子、鸡麻、棣棠、细叶小檗、紫叶小檗、牡丹、东陵八仙花、木本绣球、三桠绣球、金叶女贞、紫荆、小叶女贞、连翘、丁香、雪柳、迎春、蜡梅、锦鸡儿、胡枝子、太平花、山梅花、红瑞木、锦带花、海仙花、天目琼花、金银木、石榴、花椒、竹叶椒、木槿、秋胡颓子、紫珠、紫薇、紫玉兰	中华结缕草、日本结缕草、马尼拉结缕草、草地早熟禾、早熟禾、匍茎剪股颖、小糠草、紫羊矛、羊矛、双穗雀稗、麦冬、红花酢浆草、鸢尾、萱草、紫萼、玉簪、白三叶、二月兰、连钱草
南京（扬州、无锡、苏州、合肥）	北亚热带落叶、常绿阔叶混交林区	湿地松、黑松、赤松、白皮松、马尾松、罗汉松、雪松、桧柏、龙柏、云片柏、柏木、日本冷杉、日本五针松、日本花柏、日本扁柏、北美圆柏、广玉兰、女贞、柳杉、青冈栎、棕榈、桂花、石楠、蚊母、刺桂、珊瑚树、枇杷、油橄榄、金钱松、水杉、落羽杉、池杉、悬铃木、黄金树、楸树、榔榆、光叶榉、白蜡、桑树、构树、刺槐、江南槐、国槐、龙爪槐、合欢、银杏、薄壳山核桃、枫杨、毛白杨、杜仲、柿树、垂柳、赤杨、板栗、麻栎、栓皮栎、朴树、槲树、槲栎、鹅掌楸、玉兰、二乔玉兰、皂荚、刺楸、青桐、毛泡桐、泡桐、七叶树、白蜡、三角枫、鸡爪槭、红枫、枳椇、枫香、丝棉木、南酸枣、黄连木、复羽叶栾树、重阳木、乌桕、臭椿、紫叶李、沙梨、东京樱花、山楂、木瓜、海棠花、梅花、碧桃、日本晚樱	平头赤松、翠柏、铺地柏、鹿角柏、千头柏、线柏、火棘、海桐、枸骨、山茶花、茶梅、胡颓子、大叶黄杨、小叶黄杨、黄杨、迎春、夹竹桃、南天竹、十大功劳、阔叶十大功劳、凤尾兰、丝兰、小叶女贞、金叶女贞、小蜡、水蜡、金丝桃、桃叶珊瑚、洒金东瀛珊瑚、八角金盘、紫玉兰、星花玉兰、珍珠花、麻叶绣线菊、菱叶绣线菊、玫瑰、现代月季、郁李、麦李、垂丝海棠、贴梗海棠、棣棠、山梅花、平枝枸子、海州常山、紫叶小檗、牡丹、溲疏、金钟花、紫珠、紫薇、蜡梅、紫荆、锦鸡儿、四照花、糯米条、海仙花、木本绣球、蝴蝶树、天目琼花、金银木、接骨木、无花果、结香、木槿、木芙蓉、云锦杜鹃、石榴、秋胡颓子、花椒、枸橘、醉鱼草、白鹃梅、雪柳、羽毛枫	狗牙根、假俭草、中华结缕草、日本结缕草、细叶结缕草、马尼拉结缕草、草地早熟禾、早熟禾、匍茎剪股颖、小糠草、紫羊茅、羊茅、双穗雀稗、宽叶麦冬、山麦冬、红花酢浆草、石蒜、石菖蒲、沿阶草、二月兰、吉祥草、鸢尾、忽地笑、玉簪、石竹、花叶蔓长春花

续表

城市	区划	乔木	灌木	草坪、地被
兰州(呼和浩特、银川、包头)	温带草原区	青海云杉、鳞皮云杉、紫果云杉、鳞皮冷杉、青杆、油松、杜松、西安桧、白皮松、华山松、祁连圆柏、大果圆柏、塔枝圆柏、侧柏、箭杆杨、钻天杨、小叶杨、青甘杨、康定杨、银白杨、新疆杨、青杨、山杨、康定柳、旱柳、小叶朴、黑榆、春榆、欧洲白榆、榆、红桦、坚桦、白桦、辽东栎、栾树、核桃、青榨槭、马氏槭、刺槐、国槐、白蜡、山荆子、山杏、海棠果、沙枣、火炬树、臭椿、暴马丁香、文冠果、山桃稠李、花红、甘肃山楂	香荚蒾、陕甘花楸、多腺悬钩子、水栒子、西北栒子、匍匐栒子、金露梅、银露梅、珍珠梅、黄刺玫、黄蔷薇、榆叶梅、东陵绣球、毛樱桃、假稠李、蒙古绣线菊、细枝绣线菊、高山绣线菊、欧李、鸡麻、接骨木、藏花忍冬、鞑靼忍冬、紫枝忍冬、黄花忍冬、小叶忍冬、陇塞忍冬、锦带花、红瑞木、金银木、紫丁香、波斯丁香、羽叶丁香、毛叶丁香、连翘、雪柳、牡丹、荆条、猬实、宁夏枸杞、直穗小檗、毛叶小檗、匙叶小檗、栓翅卫矛、紫花卫矛、沙棘、黄栌、盐肤木、刺五加、扁核木、宝兴茶藨子、五裂茶藨子、香茶藨子、紫穗槐、树锦鸡儿、多花胡枝子、百里香、太平花、山梅花、花椒、柽柳、长穗柽柳、互叶醉鱼草	野牛草、结缕草、草地早熟禾、早熟禾、林地早熟禾、加拿大早熟禾、羊茅、紫羊茅、苇状羊茅、匍茎剪股颖、小糠草、白颖苔草、糙缘苔草、异穗苔草、费菜、狭穗景天、马蔺、狼毒、东方草莓、歪头菜、金色补血草、白射干
杭州(温州、宁波、武汉、南昌)	中亚热带常绿、落叶阔叶林区	黑松、马尾松、赤松、湿地松、五针松、北美圆柏、日本冷杉、日本扁柏、柏木、侧柏、云片柏、日本花松、桧柏、龙柏、白皮松、罗汉松、雪松、柳杉、红豆杉、三尖杉、广玉兰、红茴香、木莲、厚皮香、桂花、女贞、香樟、浙江樟、檫木、红楠、紫楠、杜英、冬青、石楠、青冈栎、钩栗、苦槠、石栎、榜树、木荷、珊瑚树、杨梅、枇杷、大叶冬青、乐昌含笑、火力楠、深山含笑、浙江楠、华东楠、棕榈、蚊母、水杉、池杉、落叶杉、墨西哥落羽杉、金钱松、银杏、七叶树、鹅掌楸、玉兰、薄壳山核桃、麻栎、栓皮栎、白栎、板栗、槲栎、枫香、乌桕、栾树、全缘栾树、无患子、垂柳、大叶柳、水冬瓜、枫杨、悬铃木、重阳木、南酸枣、黄连木、八角枫、三角枫、鸡爪槭、红枫、羽扇槭、青榨槭、苦楝、川楝、榔榆、桑、柘、青桐、合欢、皂荚、枳椇、刺槐、国槐、龙爪槐、杜仲、榉树、朴树、珊瑚朴、油柿、喜树、刺楸、臭椿、天目木姜子、沙梨、东京樱花、杏、木瓜、紫叶李、海棠花、梅花、日本晚樱、碧桃、四照花、瓶兰花	铺地柏、翠柏、鹿角柏、千头柏、线柏、粗榧、南天竹、海桐、夹竹桃、栀子花、十大功劳、阔叶十大功劳、火棘、枸骨、红花油茶、油茶、山茶花、云南黄馨、含笑、瑞香、八角金盘、黄杨、桃叶珊瑚、洒金珊瑚、水蜡、小蜡、大叶黄杨、小叶女贞、金叶女贞、金丝桃、棣棠、垂丝海棠、贴梗海棠、笑靥花、珍珠花、麻叶绣线菊、菱叶绣线菊、现代月季、欧丁香、紫荆、蜡梅、木芙蓉、木槿、糯米条、石榴、毛白杜鹃、云锦杜鹃、牡丹、木本绣球、蝴蝶树、金银木、无花果、结香、花椒、枸橘、醉鱼草、紫薇、溲疏、紫叶小檗、山梅花、海仙花、羽毛枫、紫玉兰	狗牙根、假俭草、结缕草、细叶结缕草、中华结缕草、马尼拉结缕草、草地早熟禾、早熟禾、匍茎剪股颖、小糠草、紫羊茅、双穗雀稗、山麦冬、宽叶麦冬、沿阶草、石菖蒲、蝴蝶花、马蹄金、花叶蔓常春花、葱兰、韭兰、水仙、石蒜、鹿葱、忽地笑、连钱草、红花酢浆草、换锦花、雪滴花、大吴风草、二月兰

续表

城市	区划	乔　　木	灌　　木	草坪、地被
广州（福州、厦门）	南亚热带常绿阔叶林区	南洋杉、湿地松、杉木、加勒比松、桧柏、龙柏、侧柏、柏木、福建柏、罗汉松、柳杉、竹柏、长叶竹柏、香榧、三尖杉、印度橡胶榕、高山榕、小叶榕、大果榕、垂叶榕、黄葛榕、菩提树、木麻黄、白兰、广玉兰、厚朴、阴香、香樟、肉桂、苦梓、海南红豆、台湾相思、铁刀木、红花羊蹄甲、羊蹄甲、洋紫荆、扁桃、蒲桃、人心果、柠檬桉、窿缘桉、大叶桉、蓝桉、白千层、蝴蝶果、木波罗、樟叶槭、苦槠、青岗栎、石栗、银桦、杜英、黄槿、铁冬青、女贞、桂花、枇杷、南洋楹、桃花心木、大叶桃花心木、假苹婆、中国无忧花、番荔枝、龙眼、人面子、火力楠、腊肠树、花榈木、水翁、水石榕、油梨、盆架子、棕榈、假槟榔、蒲葵、鱼尾葵、皇后葵、大王椰子、董棕、老人葵、桄榔、槟榔、长叶刺葵、榄仁、水松、池杉、落羽杉、鹅掌楸、白玉兰、青铜、大花紫薇、木棉、凤凰木、洋金凤、蓝花楹、黄槐、苦楝、麻楝、刺桐、板栗、麻栎、栓皮栎、朴树、榔榆、白栎、喜树、合欢、金合欢、刺楸、枫香、垂柳、二乔玉兰、水冬瓜、乌桕、枳椇、沙梨、无患子、全缘栾树、鸡蛋花、紫叶李、碧桃、梅、木瓜	苏铁、粗榧、米仔兰、四季米仔兰、九里香、红背桂、鹰爪花、山茶花、油茶、大叶茶、夹竹桃、黄花夹竹桃、小花黄蝉、六月雪、软枝黄蝉、小叶驳骨丹、朱蕉、变叶木、红桑、金边桑、金叶榕、光叶决明、马银花、紫金牛、含笑、海桐、十大功劳、南天竹、八角金盘、夜合、扶桑、吊灯花、红千层、福建茶、假连翘、栀子花、虎刺梅、一品红、云南黄馨、桃叶珊瑚、枸骨、洋杜鹃、映山红、凤尾兰、丝兰、华南黄杨、大叶黄杨、密花胡颓子、茶梅、华南珊瑚树、洒金珊瑚、金丝桃、三药槟榔、散尾葵、琼棕、轴榈、软叶刺葵、短穗鱼尾葵、矮棕竹、筋头竹、木芙蓉、木槿、紫荆、郁李、笑靥花、珍珠花、麻叶绣线菊、菱叶绣线菊、现代月季、糯米条、石榴、紫珠、紫玉兰、胡枝子、金银木、木本绣球、蝴蝶树、接骨木、无花果、花椒、枸橘、醉鱼草、小蜡	地毯草、狗牙根、假俭草、双穗雀稗、细叶结缕草、中华结缕草、马尼拉结缕草、广东万年青、石菖蒲、葱兰、韭兰、忽地笑、吊竹梅、紫露草、蚌花、沿阶草、大叶仙茅、白蝴蝶、蝴蝶花、红花酢浆草、黑眼花、山麦冬、吉祥草、一叶兰

续表

城市	区划	乔　木	灌　木	草坪、地被
海　口(三亚、澳门、珠海、南宁、北海)	热带季雨林及雨林区	蝴蝶果、火焰木、观光木、海南五针松、罗汉松、竹柏、南洋杉、异叶南洋杉、侧柏、龙柏、北美圆柏、木莲、红花木莲、腰果、酸豆树、大叶桃花木、血桐、白兰、黄兰、乐昌含笑、香樟、阴香、阳桃、白千层、木荷、青皮、乌墨、木波罗、蒲桃、芒果、扁桃、橄榄、柠檬胺、银桦、杜英、水石榕、假萍婆、萍婆、铁刀木、大花五桠果、台湾相思、马占相思、南洋楹、洋紫荆、中国无忧花、海南红豆、木麻黄、高山榕、大叶榕、大果榕、垂叶榕、桂木、铁冬青、桃花心木、龙眼、荔枝、石栗、秋枫、人面子、鹅掌柴、人心果、羊蹄甲、红花羊蹄甲、桂花、黑板树、海南菜豆树、柚木、黄槿、假槟榔、槟榔、鱼尾葵、董棕、椰子、酒瓶椰子、三角椰子、王棕、油棕、长叶刺葵、皇后葵、丝葵、红刺露兜树、水杉、池杉、落羽杉、玉兰、二乔玉兰、大花紫薇、鱼木、榄仁、梧桐、爪哇木棉、美丽异木棉、木棉、海红豆、楹树、阔叶合欢、黄槐决明、腊肠树、凤凰木、刺桐、紫檀、枫香、垂柳、朴树、榔榆、菩提树、麻楝、非洲楝、复羽叶栾树、无患子、红枫、岭南酸枣、喜树、蓝花楹、三角枫、紫叶李、碧桃	野牡丹、金丝桃、扶桑、千头柏、苏铁、夜合花、含笑、鹰爪花、南天竹、金栗兰、海桐、油茶、山茶花、红千层、桃金娘、吊灯扶桑、金英、红桑、变叶木、肖黄栌、铁海棠、一品红、红背桂、火棘、石斑木、华南黄杨、棱果蒲桃、密花胡颓子、九里香、米仔兰、八角金盘、鹅掌藤、云南黄馨、茉莉、夹竹桃、黄花夹竹桃、大花栀子、希茉莉、龙船花、红叶金花、六月雪、珊瑚树、福建茶、夜香树、驳骨丹、黄钟花、小腊(山指甲)、荷包花、假连翘、马缨丹、红花檵木、枸骨、锦绣杜鹃、朱蕉、龙血树、凤尾兰、散尾葵、短穗鱼尾葵、美丽针葵、棕竹、矮棕竹、琼棕、三药槟榔、轴榈、紫薇、石榴、木芙蓉、木槿、木本绣球、现代月季、金风花、双荚决明	马尼拉结缕草、彩叶草、蚌花、地毯草、狗牙根、假俭草、双穗雀稗、细叶结缕草、中华结缕草、紫鸭趾草、吊竹梅、白蝴蝶、大花美人蕉、蟛蜞菊、蜘蛛兰、文殊兰、万年青、仙茅、土麦冬、阔叶麦冬、忽地笑、石蒜、葱兰、柊叶

续表

城市	区划	乔　木	灌　木	草坪、地被
乌鲁木齐（乌海）	温带荒漠区	旱柳、榆树、圆冠榆、欧洲大叶榆、春榆、黄檗、桑、樟子松、西伯利亚杉、雪岭云杉、西伯利亚刺柏、胡杨、钻天杨、箭杆杨、新疆杨、黑杨、灰杨、银白杨、青杨、白柳、文冠果、水曲柳、美国白蜡、小叶白蜡、夏橡、三刺皂荚、刺槐、国槐、紫椴、心叶椴、茶条槭、复叶槭、五角枫、平基槭、沙枣、山荆子、暴马丁香、西洋梨、新疆梨、新疆野苹果、海棠果、山楂、新疆桃、巴旦杏、毛稠李、天山花楸	紫丁香、珍珠梅、榆叶梅、欧亚绣球菊、山梅花、沙地柏、高山桧、新疆方枝柏、沙冬青、鞑靼忍冬、金银木、细叶小檗、刺檗、西伯利亚小檗、太平花、连翘、沙棘、胡枝子、金雀儿、新疆锦鸡儿、金露梅、毛叶欧李、多花栒子、大果栒子、玫瑰、新疆蔷薇、黄蔷薇、罗布麻、黄刺玫、柽柳、细穗柽柳、密花柽柳、长穗柽柳、多花柽柳、球花水枝柏、秀丽水枝柏	新疆百脉根、细叶百脉根、草地早熟禾、林地早熟禾、加拿大早熟禾、细叶早熟禾、无芒雀麦、紫羊矛、羊茅、韦状羊矛、匍茎剪股颖、白颖苔草、异穗苔草、紫花苜蓿、白三叶、红花三叶草、黄芩、广布野豌豆、草原老鹳草、石竹、瞿麦、番红花、小鸢尾、马蔺

注：括号内为同一植物区划中的主要城市。

8.2　珍稀、濒危植物与古树名木保护

8.2.1　珍稀、濒危植物保护

稀有和濒危植物是指数量稀少、容易因环境变化而受到严重威胁的植物。

造成植物濒危的原因主要有两个：一是外部因素，主要是人类活动的干扰和破坏，其中过度开发和利用是威胁植物最重要和最直接的原因；二是植物本身造成的，即濒危植物的生物学特性。一些植物因其生物学特性竞争力较弱常影响到其生存，如一些物种虽然可以开花，但没有大量成熟的种子且播种率低；一些种类虽然能正常开花但成熟种子少、结实率低；还有些则因种子的寿命较短或者是休眠期过长、发芽率低或幼苗成长率低等。另外，由于森林植被的严重破坏，土壤受到严重侵蚀，持水性差导致许多物种的更新困难，最后造成植物的濒危。

迁地保护和就地保护是抢救珍稀、濒危植物的重要措施。迁地保护主要是以植物园和树木园的形式实施的，就地保护的主要措施是建立森林公园、风景名胜区。

8.2.2　古树名木

古树名木，一般是指在人类历史过程中保存下来的年代久远或具有重要科研、历史、文化价值的树木。古树指树龄在 100 年以上的树木。树龄在 500 年以上为一级古树，300～499 年的树木为二级古树，100～299 年的树木为三级古树。名木指具有重要的历史文化、纪念观赏或科学价值的树木。名木不受年龄限制，不作分级。古树名木是中华民族悠久历史文化的象征，是绿色的文物和活化石。它们是大自然和祖先留下的无价珍宝。

编制保护古树名木规划的基本工作步骤如下。

① 确定调查方案,参加调查的工作人员需进行相应的技术培训,使其掌握正确的调查方法以统一普查方法和技术标准。

② 对古树名木进行实地测量调查,实时对应调查表记录数据。用相机记录树木的全貌以及树干情况。对树木的种类、位置、树龄、树高、胸径(地径)、冠幅、生长势、立地条件、树木特殊状况(如树体连生、雷击断梢等)、权属、管护责任单位等进行调查。

③ 对调查资料进行收集整理,有必要时可进行一定的信息化技术处理,分析城市古树名木保护的现状,提出相应的保护建议。

④ 组织相关的专家论证调查结果,建立动态的信息化管理(杨瑞卿 等,2011)。

8.3 案例分析

J市地处东亚季风盛行区,年平均气温15℃,平均降水量1033.1mm,湿度与温度均适合植物生长。境内自然植被以北亚热带落叶阔叶树种为主,兼有少量常绿阔叶树种,主要乡土树种有银杏、榉、朴、构、皂荚、苦楝、枫、丝棉木、桑、樟树、刺槐、合欢、榆树、香椿、乌桕、青桐、石榴、紫丁香、黄檀、无患子、木槿、桂花、独杆女贞、白皮黄杨、泡桐、枇杷、桃、柿、侧柏、扁柏、栀子、木瓜、国槐、棕榈、玉兰、枫香、刚竹、紫竹等;1949年后引进了雪松、柳杉、落羽杉、龙柏、意杨、广玉兰、鹅掌楸、杜仲、法国梧桐、垂丝海棠、樱花、紫藤、黄连木、红瑞木、八角金盘、中华红枫、美人梅、观赏桃、枫香、海桐、枸橼、乐昌含笑、南天竹、十大功劳、红叶小檗、水杉、中山杉、湿地松、杜英、金丝桃、紫薇、火炬树、喜树、杜鹃、法国冬青、四季桂、黄金间碧竹和孝顺竹等。这些为J市绿化树种提供了较大的选择空间。

1. 树种规划原则

① 遵循因地制宜原则。以北亚热带落叶阔叶树种为主,适当种植引进成功表现良好的外来树种,适地适树,优先选择抗逆性强的树种,以满足城市不同地段的绿化要求。

② 遵循生物多样性原则。生态功能与景观效果并重,兼顾经济效益。促使绿地可持续发展,有利于城市生态环境保护,建立城市植物物种资源库,保持生态系统的平衡稳定发展。

③ 充分考虑气候条件,强调冠华且遮阴的乔木,形成园林城市特点。

④ 城市绿化的种植配置要以乔木为主,乔灌藤草相结合。

⑤ 增加彩色叶树种,丰富城市色感。

⑥ 合理利用和搭配观叶、观花、观果、芳香树种,形成动态的、丰富多彩的植物景观。

2. 绿化树种规划

(1) 基调树种

香橼、香樟、法国梧桐、广玉兰、国槐、中山杉等。

(2) 骨干树种

① 行道树

悬铃木、香樟、香橼、银杏、杜英、乐昌含笑、榉树、冬青、枫香、重阳木、栾树、白玉兰、鸡爪槭、榔榆等既可观赏又能抗污染型行道树。

② 公园、小游园、庭园

常绿乔木：香樟、雪松、桂花、广玉兰、乐昌含笑、珊瑚树、龙柏、棕榈等。

常绿或半常绿亚乔木及灌木：四季桂、女贞、龙柏、石楠、构骨、枇杷、夹竹桃、毛鹃、海桐、黄杨、火棘、红花檵木、竹柏等。

落叶乔木：银杏、合欢、杜英、枫香、白玉兰、枫杨、垂柳。

落叶灌木：紫薇、石榴、红叶李、蜡梅、樱花、花桃、红枫、紫荆、木槿、海棠、龙爪槐、月季等。

③ 防护树种

根据不同的防护对象选择相应的防护树种，如珊瑚树、女贞、夹竹桃、广玉兰、香椿、楸树等。

3. 古树名木保护规划

(1) 古树名木现状

古树名木是J市珍贵的自然、历史和文化遗产，必须加以严格保护。全市现有古树名木65棵，11个树种，具体为：银杏39棵、榉树9棵、桂花3棵、瓜子黄杨4棵、朴树2棵、黄檀2棵、桧柏1棵、香橼1棵、紫树2棵、麻栎1棵、柞木1棵。其中，树龄100年以上的有15棵，分别是：GS镇XZ村的银杏460年，BY镇BL村8组的麻栎320年，HGSY村的银杏200年，HGZG村TZT学校旁的银杏200年，MQLS村10组的紫树140年，XQHP村8队的瓜子黄杨120年，XLWY村4组的银杏120年，MQXF村SY庵的银杏106年，JSXG村BYD的银杏103年，DJ村4组的桂花100年，XJB路179号的朴树100年，BYZQ村6组的2棵银杏100年，XQ镇政府大院内的瓜子黄杨100年，JSCA村AJD的桂花100年（表8.3-1）。树龄最大的为GS镇XZ村的银杏，其次为BY镇BL村8组的麻栎，这两棵古树均受损严重，急待采取保护和抢救措施。其他古树名木大多处于无人监管状态，需要专业机构进行登记、管理并采取古树保护措施进行保护。

表8.3-1　J市古树名木调查汇总

树名	古树地点	权属	雌/雄株	树龄	胸径/cm	树高/m	冠幅/m^2	立地条件	生长状况	管护情况	存在问题
桧柏	RM公园内DG坡	国有		50	22	10	9	位于DG坡，土、肥、水情况良好	长势良好	绿化组正常管护	
朴树	RM公园内LQ桥旁	国有		60	45.8	12	80	位于LQ桥旁，土、肥、水情况良好	长势良好	绿化组正常管护	
黄檀	RM公园办公楼旁	国有		80	29	11	25	位于办公室门西，土、肥、水情况良好	长势良好	绿化组正常管护	
榉树	RM公园内DG坡	国有		50	29.6	10	16	位于DG坡，土、肥、水情况良好	长势良好	绿化组正常管护	

续表

树名	古树地点	权属	雌/雄株	树龄	胸径/cm	树高/m	冠幅/m²	立地条件	生长状况	管护情况	存在问题
银杏	RM 公园 YC 亭南侧	国有	雌株	85	43	12	80	位于 YC 亭南侧，土、肥、水情况良好	长势良好，结果较多	正常养护管理，修剪、施肥、采果专人负责	
瓜子黄杨	RM 公园内 HH 厅	国有		60		2	3	位于河边	长势一般	绿化组管护	
桂花	DJ 村 4 组	个人		100	30	6.5	10	位于宅旁	生长良好	专人看管	
榉树	CB 小学幼儿园	集体		50	30	15	14	位于 CB 小学幼儿园操场	长势良好		
	CB 小学幼儿园	集体		50	25	13	13	位于 CB 小学幼儿园操场	虫害较多		
香橼	RMN 路 107-8	个人		60	25	8	5	位于私宅花坛内	树干有裂痕、空洞	私人管护	
银杏	QX 阁旁	集体	雌株	50	25	11	10	位于路边	生长良好		
	QX 阁旁	集体	雌株	50	25	11	10	位于路边	生长良好		
	QX 阁旁	集体	雄株	50	30	12	10	位于路边	生长良好		
	QX 阁旁	集体	雄株	50	30	12	10	位于路边	生长良好		
	QX 阁旁	集体	雄株	50	30	12	10	位于路边	生长良好		
	市政府画廊旁	国有	雄株	50	40	12	10	位于路边花坛内	生长良好		
	市政府画廊旁	国有	雄株	50	40	12	10	位于路边花坛内	生长良好		
榉树	XJB 路 216 号	个人		50	27	10	10	位于宅旁	生长良好		
朴树	XJB 路 179 号	个人		100	30	11	11	位于宅旁	生长良好		
银杏	JC 镇 JX15 队	集体	雄株	68	58.6	18	81	位于路旁	长势一般		
	JC 镇 JX15 队	集体	雌株	68	59.3	18	100	位于路旁	长势一般		
	JC 镇光明 3 队	个人	雌株	50	41.5	13	121	位于宅旁	长势良好，结果多	每年施饼肥一次	
	JC 镇 GM 村 3 队	个人	雌株	55	43	15	131	位于宅旁	长势较好，结果一般	每年施饼肥、复合肥	
桂花	JC 镇 BM 村 4 队	个人		55	丛生	5.5	4.5	DT 花圃内，土、肥、水较好	刚移植	私人管护	
榉树	JC 镇 YJ 村部	集体		96	42.5	15	81	位于路边	靠大路一边枝条枯死		
紫树	XP 村 6 队	个人		53	31	9.5	49	位于港边	生长旺盛		

续表

树名	古树地点	权属	雌/雄株	树龄	胸径/cm	树高/m	冠幅/m²	立地条件	生长状况	管护情况	存在问题
银杏	GS镇XZ村	集体	雌株	460	122	8.5	100	位于河路之间	长势衰败，树头损坏		烧香致使树干内部烧毁，有塌方的危险
紫树	MQSS村10组	权属不清		140	86	15	144	东临大路，西临LS港	生长良好		
黄檀	MQMK9组	个人		80	70	15	130	位于屋后河边，土、肥、水情况一般	生长良好		有一半塌方
银杏	MQXFC三义庵	集体	雄株	106	56.6	12	110	土、肥、水情况良好	长势旺盛	SYA小学管护	
	MQJG观音堂	集体	雄株	86	56.7	12	120	土、肥、水情况良好	长势旺盛		
	MAJG观音堂	集体	雄株	86	56	11	110	东临大路、西临LS港	长势旺盛		
	MAJG观音堂	集体	雄株	86	56	11	110	东临大路、西临LS港	长势旺盛		
	BYZQ村6组	集体	雌株	100	63	15	140	土、肥、水情况良好	生长良好，结果		
	BYZQ村6组	集体	雌株	100	54	15	130	土、肥、水情况良好	生长良好，结果		
麻栎	BYB六村8组	集体		320	96	14	85	位于屋后	树顶部已枯死，在6m位置上有侧枝，生长良好		雷击致使树干顶部毁坏、腐朽
银杏	XQWB村12队	个人	雌株	78	31.2	15	50	位于屋后	长势一般，结果	私人管护	
	XQWB村12队	个人	雌株	78	31.2	15	50	位于屋后	长势一般，结果	私人管护	
	XQWB村12队	个人	雌株	74	30	15	50	位于屋后	长势一般，结果	私人管护	
	XQ镇政府内	集体	雌株	90	45.9	14	64	位于大院内	长势一般，结果		
	XQDS村10队	集体	雌株	70	36.6	15	20	南临公路	长势一般，结果	生产队负责施肥、喷粉、采果	
	XQDS村10队	集体	雌株	70	36.6	15	20	南临公路	长势一般，结果	生产队负责施肥、喷粉、采果	
	XQDS村10队	集体	雌株	70	36.6	15	20	南临公路	长势一般，结果	生产队负责施肥、喷粉、采果	

续表

树名	古树地点	权属	雌/雄株	树龄	胸径/cm	树高/m	冠幅/m²	立地条件	生长状况	管护情况	存在问题
银杏	XQDS村10队	集体	雌株	70	36.6	15	20	南临公路	长势一般，结果	生产队负责施肥、喷粉、采果	
	HGSY村	个人	雌株	200	120	10.5	36	位于河岸	长势一般，尚能结果	私人管护、施肥	
	HGZGT村TZT学校旁	集体	雌株	200	96	9.2	25	位于大路边	长势一般，挂少量果		有烧香者
	XQFM村部	集体	雄株	50	33	13	10	土、肥、水情况一般	生长状况一般		
	XQDJ15队	集体	雄株	55	41	13.5	15	土、肥、水情况一般	长势一般		树旁立土地庙
	XQYQ5队	集体	雄株	55	45	13	10	地势低洼	长势一般		有烧香者
	XQYQ5队	集体	雄株	55	36	13	12	地势低洼	长势衰弱		有烧香者
瓜子黄杨	XQ镇政府大院内	集体		100	15	4.5	2.5	土、肥、水情况一般	长势一般		
	XQHP村8队	个人		120	18	4	3.5	土、肥、水情况一般	长势一般，2000年移栽	私人管护	
	XQQJL村	个人		55	9	2.5	4	土、肥、水情况一般	长势良好	私人管护	
榉树	QXCD9队	个人		58	31	12.5	6.5	土、肥、水情况一般	长势一般		
银杏	JSHH村6组	集体	雄株	80	51	15	136.8	位于河边	长势良好		
	JSBG村白衣殿	集体	雌株	103	70	25	169	位于河边，三面环水	长势一般	由白衣殿庙堂内人员管护	
榉树	JSXA村	个人		60	54	9	90	位于门前	长势良好		
	JSLM村	个人		70	31	30	64	位于门前	长势一般		
	JSLM村	个人		80	31	35	64	位于围墙外，土、肥、水情况一般	长势一般		
柞木	JSLM村	个人		75	30	15	64	位于河边	长势一般		
桂花	JSCA村	个人		100	15	4.5	14.8	位于屋后	生长状况良好		
银杏	XLDL28组	集体	雌株	65	51.9	15	64	位于AD港港边	生长良好，结果多		树旁建有土地庙
	XLDY村4组	集体	雄株	120	81.8	19	225	位于YJ港边	生长状况良好		树旁建有土地庙
	XLDC19组	集体	雌株	68	52.5	16	70	位于宅基旁	生长良好，结果多		树旁建有土地庙
	TJ卫生院石桥旁	集体	雄株	80	52.9	19	56	位于河路之间	生长良好		树旁建有土地庙

（2）保护范围的界定与保护内容

划定古树名木保护范围为：古树名木成林地带、外缘树冠垂直投影以外 5m 所围合范围，单株树应同时满足树冠垂直投影以外 5m 和距树干基部外缘水平距离为胸径 20 倍所围合的范围。保护内容为：树体本身以及生存（生长）的环境和景观特色。控制范围内，除文物古迹外的其他建筑应逐步清理，未经依法批准不得进行建设活动。

（3）古树名木保护立法规划

按照国家建设部 2000 年发布实施的《城市古树名木保护管理办法》，进一步完善保护法规，制定相应的实施细则，明确古树名木管理部门、职责、经费、方法等内容；制定可操作的奖励与处罚条款以及科学合理的古树名木保护技术管理规范等。

第9章

防灾避险功能绿地规划

我国是世界上遭受自然灾害较为严重的国家之一，随着城市化的迅速发展，人口和建筑密度高度集中，一旦发生重大灾害，人民群众的生命财产安全将受到严重威胁。自党的十八大以来，党中央高度重视城市防灾减灾工作，相继出台了一系列的法规政策，推进城市防灾避险能力的提升。城市绿地作为城市开敞空间的主要组成部分，能够承担避难通道、避难点或者灾害对策据点的功能。因此，应该充分重视绿地的防灾避险功能，每个城市都需要根据城市灾害特点编制绿地系统防灾避险规划，提高城市的防灾减灾应急能力。

9.1 城市绿地防灾避险功能

9.1.1 城市灾害

城市灾害是指由自然、人为因素或两者共同引发的对城市居民生活或城市社会发展造成暂时或长期不良影响的灾害，即是以城市为承灾体的灾害。城市灾害涉及的内容复杂、种类繁多，不仅包括“地震、洪水、风灾、火灾”等自然巨灾，还涉及城市噪声、室内公害污染、“建设性”破坏致灾等人为因素诱发的现代灾害（丁石孙，2004）。城市灾害除了具有灾害的一般特征外，还具有以下特点：

(1) 破坏性强且具有放大性

我国已经进入城镇高速发展时期，城市（特别是大城市）经济越发达，人员越稠密，建筑越密集，财富就越集中，灾害往往能在有限区域内造成巨大损失。例如省会城市、国家首都、金融中心城市，遭受灾难后其破坏不仅涉及城市本身，还可能波及全省、全国，乃至全世界。

(2) 次生灾害严重

城市中具有密集的煤气管道，各个角落都可能存在危险品、易爆品、易燃品，地震、风灾等发生后，容易出现严重的次生灾害。

(3) 连发性强

当今社会，城市已经成为一个复杂庞大的系统工程，涉及建筑、能源、交通、工业等多个领域，各领域之间关系密切，一旦发生灾害导致其中某个领域受到损坏，其他领域也受其影响而失灵，造成城市大面积的生产生活秩序瘫痪。

9.1.2 城市绿地的防灾避险功能

城市灾害复杂多样，城市绿地只承担有限的防灾避险功能，且防灾重点是地震及其次生灾害，适当兼顾其他灾害类型，并不应对所有类型的灾害。城市绿地的防灾避险功能主要有以下几点。

1. 防火隔离

地震发生后往往伴随着次生灾害——火灾的发生，大面积的绿地可以阻隔火势的蔓延，减少次生火灾的发生。许多绿化植物枝叶中含有大量水分，燃点很高，本身就是防火的天然屏障。一旦发生火灾，这些"防火树"可以有效地阻止火势蔓延扩大。1995 年日本阪神大地震在神户引发了 176 起火灾，火灾面积 65.85hm^2，烧毁房屋 7377 间；由于地震破坏了城市的供水系统，道路又被倒塌的建筑物阻塞，因此，救火工作十分困难，但许多火头烧到公园前就熄灭了，显示了公园绿地有效的隔火功能(李洪远 等，2005)。

2. 灾民临时避难及安置场所

在破坏性极强的大地震发生后，各类建筑物倒塌，次生灾害不断发生，不仅使各种建筑受到进一步损坏，也增加了人员的伤亡。所以，迅速将居民从遭受破坏的建筑物中疏散到空旷地带，可有效减少人员的伤亡。城市绿地以绿化面积为主，建筑物少而低矮，是理想的避灾场所。唐山大地震发生后，数以万计的灾民在凤凰山公园、人民公园(现大钊公园)、大城山公园等搭建窝棚或简易房作为临时的或固定的避难所。不仅如此，唐山大地震还波及北京市和天津市，仅中山公园、天坛公园和陶然亭公园就收容避灾人员 17.4 万人(苏幼坡 等，2004)。

3. 救灾运输通道

汶川大地震后，道路交通被阻断不能通行，为了及时抢救受伤人员、运输救灾物资及疏散灾民、伤员，通过绿地等开阔地带作为救援直升机的起降场地，启用了空中运输通道。同样，1995 年日本阪神地震后的调查表明，虽然树干中空老化，折断有所发生，但基本没有树木整体倒伏的情况，震灾发生后，绿化带成为道路畅通的有力保障(新田敬师，2000)。

4. 城市重建和复兴的据点

建设与城市规模相适应的城市绿地可作为灾后重建家园和复兴城市的据点。可在城市绿地驻扎救援部队营地，设置必备的卫星通信设施、加油站、储存粮食等生活必需物资仓库等设施，以满足灾后重建的需要(初建宇 等，2008)。

9.2 城市绿地防灾避险规划总则

9.2.1 规划目标

基于城市绿地的防灾避险功能，在城市总体规划的框架下，以城市绿地系统规划层次及布局为依托，针对各类灾害类型，结合城市的人口分布、绿地建设现状及服务半径，统筹安排，合理布局，形成城乡一体、功能完善、系统完整、层级性突出，具有综合防灾能力的城市防灾避险绿地体系，能较好地指导下一步防灾避险绿地设计与建设及相关防灾避险的法律法规的制定，从而满足防御灾难和灾难发生时全体居民在各个灾难时序中的避难需求。

9.2.2 规划原则

1. 规划引领、因地制宜

根据城市的经济、社会、自然、城市建设以及易发生的灾害类型等实际情况，遵照城市综合防灾规划、城市绿地系统规划以及抗震防灾规划、消防规划、人防规划等基本要求，确定合理的规划建设指标，科学设置防灾公园、中短期避险绿地、紧急避险绿地、隔离缓冲绿带、绿色疏散通道等，形成一个防灾避险综合能力强、各项功能完备的城市绿地系统。

2. 平灾结合、以人为本

应充分考虑具有防灾避险功能绿地的平灾转换，确保生态、游憩、观赏、科普等城市绿地常态功能，同时兼顾防灾避险功能，合理配套相应的应急避险设施，确保灾害发生时绿地能够快速转换角色，发挥避难减灾功能(费文君，2010)。

3. 科学设置、合理布局

根据人口数量、绿地功能、位置、面积等合理确定绿地避难容量及疏散通道等，历史名园、文物古迹密集区，需要特别保护的动物园、遗址公园，以及不具备安全性和防灾避险条件的绿地不应纳入绿地防灾避险体系。

9.3 城市防灾避险功能绿地分类规划

2018 年，住房和城乡建设部发布《城市绿地防灾避险设计导则》，将承担防灾避险功能的城市绿地(又称防灾避险功能绿地)按功能分为四类，分别为长期避险绿地、中短期避险绿地、紧急避险绿地和城市隔离缓冲绿带。

9.3.1 长期避险绿地

长期避险绿地是指在灾害发生后可为避难人员提供较长时间(30d 以上)生活保障、集中救援的城市绿地。长期避险绿地应依据相关规划和技术规范要求配置应急保障与辅助设施以及应急保障设备和物资。

长期避险绿地以生态、游憩等城市绿地常态功能为主，并按平灾结合、灾时转换要求，兼具防灾避险功能，一般结合郊野公园等区域绿地设置。

9.3.2 中短期避险绿地

中短期避险绿地是指在灾害发生后可为避难人员提供较短时期(中期 7～30d、短期

1～6d)生活保障,能够开展集中救援的绿地。中短期避险绿地一般靠近居住区或人口稠密的商业区、办公区设置,应依据相关规划和技术规范要求配置相应的应急保障基础设施、辅助设施以及一定物资。

中短期避险绿地应确保城市绿地的常态功能,适度兼顾防灾避险功能,一般结合综合公园、专类公园及居住区公园等设置。

9.3.3　紧急避险绿地

紧急避险绿地是指在灾害发生后,避难人员可以在极短时间内(3～10min)到达,并能满足短时间避险需求(1h～3d)的城市防灾避险功能绿地。

紧急避险绿地在满足生态、游憩、观赏等功能的基础上,兼顾灾时短时间防灾避险功能,一般结合街头绿地、小游园、广场绿地及部分条件适宜的附属绿地设置,并与周边广场、学校等其他灾时可用于防灾避险的场所统筹协调。

9.3.4　城市隔离缓冲绿带

城市隔离缓冲绿带是指位于城市外围,城市功能分区之间、城市组团之间,城市生活区、城市商业区与加油站、变电站、工矿企业、危险化学品仓储区、油气仓储区等之间,以及易发生地质灾害的区域,具有阻挡隔离、减缓灾害扩散,防止次生灾害发生的城市绿地。

城市隔离缓冲绿带以生态防护、安全隔离为主要功能,一般结合防护绿地、生产绿地和附属绿地设置。

除以上分类外,根据绿地空间在防灾避险中所起的作用及其面积大小,可以划分为点状空间、线状空间和面状空间三类(申世广 等,2009)(表 9.3-1)。

表 9.3-1　防灾避险空间类型与城市绿地分类关系

空间类型	防灾避险功能	绿地类型对应关系	规模要求
点状空间	紧急或临时避震减灾场所(将灾民临时集合并转移到固定避难场所的过渡性场所)	社区公园,居住用地附属绿地,公共管理与公共服务设施用地附属绿地,商业服务业设施用地附属绿地,工业用地附属绿地,物流仓储用地附属绿地,公用设施用地附属绿地	紧急减灾场所面积不小于 $0.1hm^2$；临时避难场所面积不小于 $1hm^2$
线状空间	防灾避险通道	游园,防护绿地,道路与交通设施用地附属绿地,区域设施防护绿地	绿化带宽度不低于 10m
面状空间	固定或中心防灾避险场所(供灾民较长时期集中生活或城市重建和复兴据点)	综合性公园,专类公园,广场用地,风景游憩绿地,生态保育绿地,生产绿地,带状公园,其他	固定防灾避险场所面积不小于 $10hm^2$；中心避震减灾场所面积不小于 $50hm^2$

9.4 城市防灾避险功能绿地分级规划

分级规划对城市防灾避险功能绿地空间布局与规模的合理性具有重要作用,一般包括以下几部分。

9.4.1 分级配置

城市防灾避险绿地以中短期避险绿地和紧急避险绿地为主,人口规模在300万以上的Ⅰ型大城市和特大城市可根据实际需求,考虑适量设置长期避险绿地。Ⅰ型大城市、特大城市和抗震设防烈度7度以上的城市,宜形成"长期—中期—短期—紧急"4级配置。抗震设防烈度7度及以下的小城市、中等城市、Ⅱ型大城市,宜按"中期—短期—紧急"3级配置①。

9.4.2 服务半径

城市防灾避险功能绿地服务半径一般结合城市特点、灾害类型以及绿地周边其他应急避险场所分布情况,经专题评估确定。

9.4.3 有效避险面积

有效避险面积是指城市绿地总面积扣除水域、建(构)筑物及其坠物和倒塌影响范围(影响范围半径按建(构)筑物高度的50%计算)、树木稠密区域、坡度大于15%区域和救援通道等占地面积之后,实际可用于防灾避险的面积。人均有效避险面积的设计要求见表9.4-1。

表9.4-1 城市防灾避险功能绿地有效避险面积设计要求分类

分类		总面积/hm^2	有效避险面积比率/%	人均有效避险面积/(m^2/人)
长期避险绿地		≥50	≥60	≥5
中短期避险绿地	中期	≥20	≥40	≥2
	短期	≥1	≥40	≥2
紧急避险绿地		≥0.2	≥30	≥1

9.4.4 防灾避险容量

防灾避险容量=城市防灾避险功能绿地有效避险总面积/人均有效避险面积

其中,紧急避险绿地人均有效避险面积不低于$1m^2$/人,中短期避险绿地不低于$2m^2$/人,

① 根据《国务院关于调整城市规模划分标准的通知》(国发〔2014〕51号),城区常住人口50万以下的城市为小城市;50万以上100万以下的城市为中等城市;100万以上500万以下的城市为大城市;其中300万以上500万以下的城市为Ⅰ型大城市,100万以上300万以下的为Ⅱ型大城市;500万以上1000万以下的城市为特大城市。

长期避险绿地不低于 $5m^2$/人。

除分级规划外，城市防灾避险绿地规划还包括城市防灾避险绿色通道规划、防灾避险设施配置规划等。

1. 城市防灾避险绿色通道规划

城市防灾避险通道是指连接各类防灾避险绿地、保障灾民有序疏散和救援工作而建立的绿色道路网络体系，是在对应灾害发生的时序上，第一个开始运作的防灾避险空间体系。按照绿色通道的主要功能和作用，可以分为特殊、一级、二级、三级共四种类型。特殊防灾避险绿色通道用于外界进入城市进行救援；一级通道是把城市出入口、中心避灾疏散场所、救灾指挥中心相连的主干通道；二级通道用于连接紧急避灾疏散绿地和固定避灾疏散绿地；三级通道是避灾人员前往紧急避灾疏散绿地的辅助性道路。

2. 防灾避险设施配置规划

防灾避险设施是防灾避难绿地灾时功能正常发挥的基础和保障，设施构造应简洁、操作简便、易于维护、持久耐用，方便避险人群使用。城市防灾避险绿地中避险设施配置分为基础设施配置、一般设施配置、综合设施配置三类。基础设施主要包括应急市政设施（如电力、供水、厕所等）、应急医疗卫生设施（如卫生防疫、医疗救护等）和标识设施；一般设施主要包括应急指挥管理设施、消防设施、物资储备设施等；综合设施主要内容包括应急停机坪、停车场等。

防灾避险设施中的建（构）筑物层数不宜过多，1～2 层为宜，并与绿地整体景观相协调，且符合相关抗震防灾要求。标识系统应清晰规范，灾害发生时能够快速有效地引导避难人群进入安全空间，提高救灾效率。

9.5 案例分析

9.5.1 FP县中心城区防灾避险绿地分类规划

预计至 2030 年年末，中心城区规划范围内，防灾避难绿地总面积共达 $399.86hm^2$。长期避险绿地规划有 3 处，共计 $228.2hm^2$；中短期避险绿地规划有 6 处，共计 $110.38hm^2$；其余 24 处均为紧急防灾避难绿地（图 9.5-1、表 9.5-1）。

9.5.2 FP县中心城区防灾避险绿色通道规划

防灾避难绿色通道主要功能是连接城市各类大大小小的避难绿地，依托城市现有的交通网络，保障灾民有序疏散和救援工作顺利开展，是灾时疏散和灾后救援的生命通道。防灾避难绿色通道根据其功能、有效宽度等标准分为 3 个层级（图 9.5-2）。

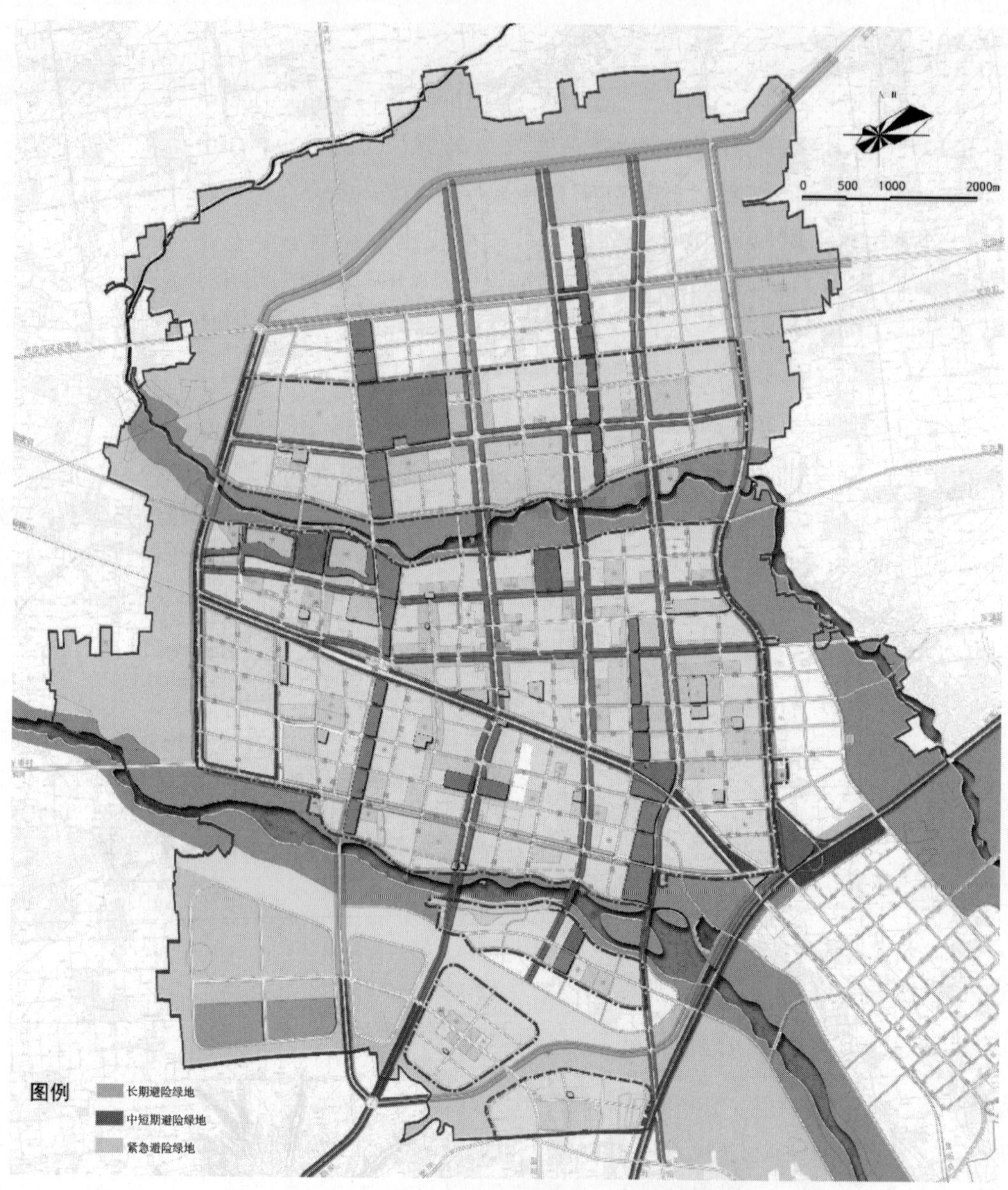

图 9.5-1 FP 县中心城区防灾避险绿地分类规划

表 9.5-1 FP 县中心城区防灾避险绿地规划类型一览表

编号	名　　称	面积/hm²	位　　置	防灾避险绿地类型	建设状态
1	HD 公园	76.43	HX 大道与 DZ 大街交叉口东北	长期	改建
2	CD 绿廊	75.62	JS 大道西侧	长期	新建
3	CX 绿廊	76.15	HX 大道东侧	长期	新建
4	WB 绿廊	26.58	FXB 路西侧	中短期	新建
5	CN 公园	13.52	GH 路与 PY 大道交叉口两侧	中短期	改建
6	DH 公园	18.75	HCD 路东南侧	中短期	新建
7	WN 公园	12.47	FC 大道与 LH 大街交叉口西北	中短期	新建
8	QC 公园	26.43	HX 大道与 WQN 路交叉口西南	中短期	新建
9	NY 公园	12.63	FC 大道东侧	中短期	新建
10	CD 公园	7.81	JS 大道与 SYD 路交叉口东北	紧急	改建
11	HX 公园	9.83	HX 大道与 SYX 路交叉口西北	紧急	新建
12	DB 公园	3.24	PY 大道与 DB 路交叉口西北	紧急	新建
13	RM 公园	1.62	DN 路与 RM 路交叉口东南	紧急	新建
14	QS 公园	0.82	LH 大街与 QS 路交叉口西北	紧急	改建
15	FC 公园	1.76	HC 南路与 FC 大道交叉口西南	紧急	新建
16	JS 公园	6.49	LF 大街与 JS 大道交叉口东北	紧急	新建
17	DZ 公园	3.12	HC 西路与 DZ 大街交叉口东南	紧急	新建
18	WH 公园	1.37	WG 大道与 SY 西路交叉口西南	紧急	新建
19	CX 公园	1.87	WH 大道和 CP 大街交叉口东南	紧急	新建
20	CP 公园	2.17	CP 大街和 RM 路交叉口西北	紧急	新建
21	NH 公园	1.56	HCN 路东南侧	紧急	新建
22	SZ 公园	1.73	LF 大街和 JS 大道交叉口东南	紧急	新建
23	SYD 路街旁绿地	0.52	SYD 路和 RM 路交叉口西北	紧急	新建
24	LG 路街旁绿地	1.09	规划 SY 路和 PY 大道交叉口东南	紧急	新建
25	DN 路街旁绿地	0.48	DN 路和 PY 大道交叉口东北	紧急	改建
26	PY 大道街旁绿地	1.12	规划 B 路和 PY 大道交叉口北侧	紧急	改建
27	NY 街旁绿地	0.18	NY 初中旁西南侧	紧急	新建
28	KJY 街旁绿地	0.22	地产开发服务总公司 FP 实验基地南侧	紧急	新建
29	SG 公园	1.31	SG 大街与 JS 大道交叉口东北	紧急	新建
30	DN 公园	4.71	规划 B 路和规划 SQ 路交叉口东北	紧急	新建
31	CX 公园	3.01	WH 大道和 CP 大街交叉口东南	紧急	新建
32	TL 公园	3.24	规划 SY 路北侧	紧急	新建
33	YB 公园	4.73	规划 W 路和规划 L 路交叉口东北	紧急	新建

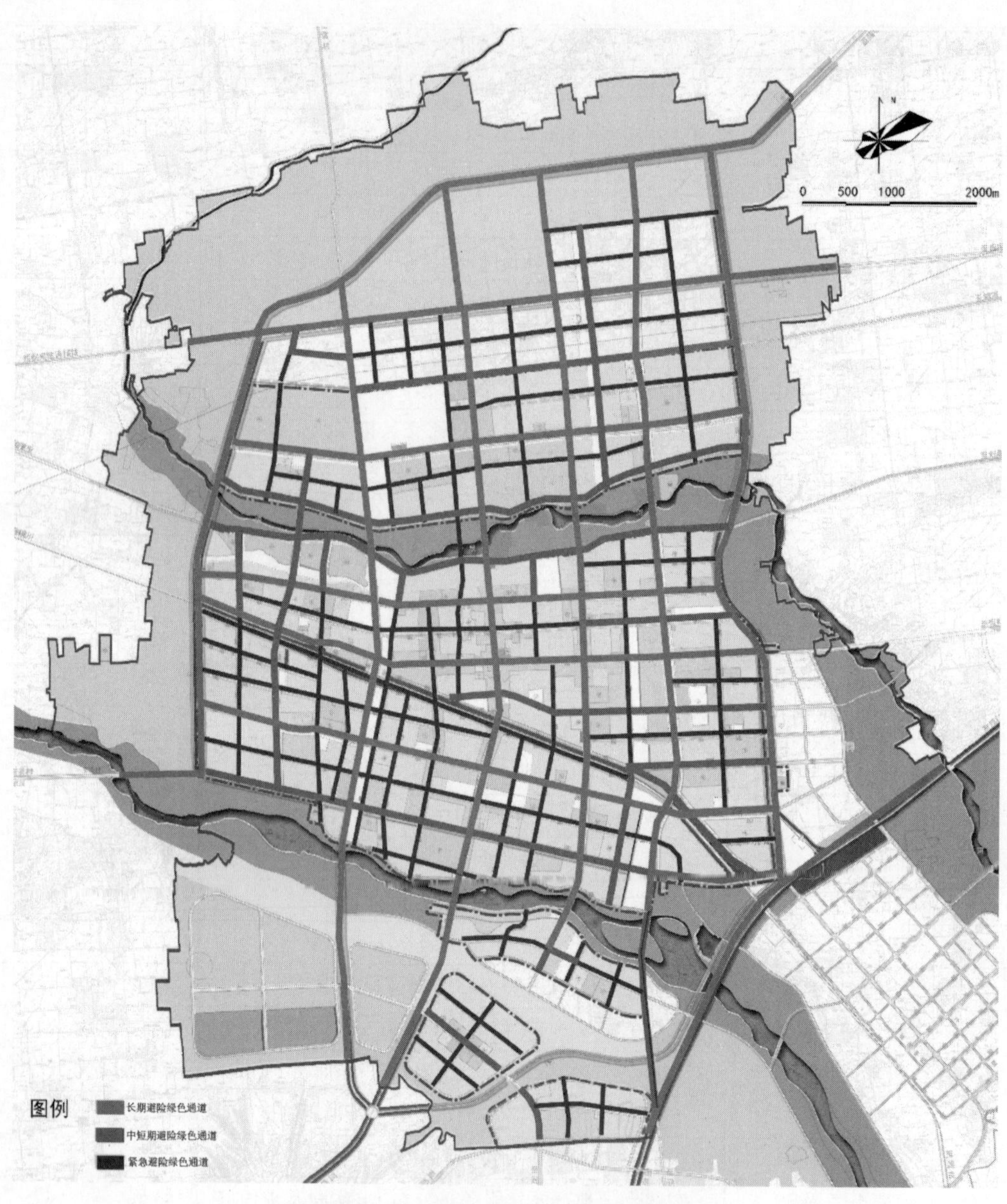

图 9.5-2 FP 县中心城区避难绿色通道规划

附 录

附录 1 《城市绿地分类标准》(CJJ/T 85—2017)

附表 1 城市建设用地内的绿地分类和代码

类别代码			类别名称	内容	备注
大类	中类	小类			
G1			公园绿地	向公众开放,以游憩为主要功能,兼具生态、景观、文教和应急避险等功能,有一定游憩和服务设施的绿地	—
	G11		综合公园	内容丰富,适合开展各类户外活动,具有完善的游憩和配套管理服务设施的绿地	规模宜大于 $10hm^2$
	G12		社区公园	用地独立,具有基本的游憩和服务设施,主要为一定社区范围内居民就近开展日常休闲活动服务的绿地	规模宜大于 $1hm^2$
	G13		专类公园	具有特定内容或形式,有相应的游憩和服务设施的绿地	—
		G131	动物园	在人工饲养条件下,移地保护野生动物,进行动物饲养、繁殖等科学研究,并供科普、观赏、游憩等活动,具有良好设施和解说标识系统的绿地	—
		G132	植物园	进行植物科学研究、引种驯化、植物保护,并供观赏、游憩及科普等活动,具有良好设施和解说标识系统的绿地	—
		G133	历史名园	体现一定历史时期代表性的造园艺术,需要特别保护的园林	—
		G134	遗址公园	以重要遗址及其背景环境为主形成的,在遗址保护和展示等方面具有示范意义,并具有文化、游憩等功能的绿地	—
		G135	游乐公园	单独设置,具有大型游乐设施,生态环境较好的绿地	绿化占地比例应大于或等于 65%
		G139	其他专类公园	除以上各种专类公园外,具有特定主题内容的绿地,主要包括儿童公园、体育健身公园、滨水公园、纪念性公园、雕塑公园以及位于城市建设用地内的风景名胜公园、城市湿地公园和森林公园等	绿地占地比例宜大于或等于 65%
	G14		游园	除以上各种公园绿地外,用地独立,规模较小或形状多样,方便居民就近进入,具有一定休憩功能的绿地	带状游园的宽度宜大于 12m; 绿化占地比例应大于或等于 65%

续表

类别代码			类别名称	内　容	备　注
大类	中类	小类			
G2			防护绿地	用地独立,具有卫生、隔离、安全、生态防护功能,游人不宜进入的绿地。主要包括卫生隔离防护绿地、道路及铁路防护绿地、高压走廊防护绿地、公用设施防护绿地等	—
G3			广场用地	以游憩、纪念、集会和避险等功能为主的城市公共活动场地	绿化占地比例宜大于或等于35%;绿化占地比例大于或等于65%的广场用地计入公园绿地
XG			附属绿地	附属于各类城市建设用地(除"绿地与广场用地")的绿化用地,包括居住用地、公共管理与公共服务设施用地、商业服务业设施用地、工业用地、物流仓储用地、道路与交通设施用地、公用设施用地等用地中的绿地	不再重复参与城市建设用地平衡
	RG		居住用地附属绿地	居住用地内的配建绿地	—
	AG		公共管理与公共服务设施用地附属绿地	公共管理与公共服务设施用地内的绿地	—
	BG		商业服务业设施用地附属绿地	商业服务业设施用地内的绿地	—
	MG		工业用地附属绿地	工业用地内的绿地	—
	WG		物流仓储用地附属绿地	物流仓储用地内的绿地	—
	SG		道路与交通设施用地附属绿地	道路与交通设施用地内的绿地	—
	UG		公共设施用地附属绿地	公用设施用地内的绿地	—

附表 2　城市建设用地外的绿地分类和代码

类别代码			类别名称	内　容	备　注
大类	中类	小类			
G1			区域绿地	位于城市建设用地之外，具有城乡生态环境及自然资源和文化资源保护、游憩健身、安全防护隔离、物种保护、园林苗木生产等功能的绿地	不参与建设用地汇总，不包括耕地
	EG1		风景游憩绿地	自然环境良好，向公众开放，以休闲游憩、旅游观光、娱乐健身、科学考察等为主要功能，具备游憩和服务设施的绿地	—
		EG11	风景名胜区	经相关主管部门批准设立，具有观赏、文化或科学价值，自然景观、人文景观比较集中，环境优美，可供人们游览或者进行科学、文化活动的区域	—
		EG12	森林公园	具有一定规模，且自然风景优美的森林地域，可供人们进行游憩或科学、文化、教育活动的绿地	—
		EG13	湿地公园	以良好的湿地生态环境和多样化的湿地景观资源为基础，具有生态保护、科普教育、湿地研究、生态休闲等多种功能，具备游憩和服务设施的绿地	—
		EG14	郊野公园	位于城区边缘，有一定规模，以郊野自然景观为主，具有亲近自然、游憩休闲、科普教育等功能，具备必要服务设施的绿地	—
		EG19	其他风景游憩绿地	除上述外的风景游憩绿地，主要包括野生动植物园、遗址公园、地质公园等	—
	EG2		生态保育绿地	为保障城乡生态安全，改善景观质量而进行保护、恢复和资源培育的绿色空间。主要包括自然保护区、水源保护区、湿地保护区、公益林、水体防护林、生态修复地、生物物种栖息地等各类以生态保育功能为主的绿地	—
	EG3		区域设施防护绿地	区域交通设施、区域公共设施等周边具有安全、防护、卫生、隔离作用的绿地。主要包括各级公路、铁路、输变电设施、环卫设施等周边的防护隔离绿化用地	区域设施指城市建设用地外的设施
	EG4		生产绿地	为城乡绿化美化生产、培育、引种试验各类苗木、花草、种子的苗圃、花圃、草圃等圃地	—

附录 2 《城市绿地系统规划编制纲要(试行)》

建设部关于印发《城市绿地系统规划(试行)》的通知

建城〔2002〕240 号

为贯彻落实《城市绿化条例》(国务院〔1992〕100 号令)和《国务院关于加强城市绿化建设的通知》(国发〔2001〕20 号),加强我国《城市绿地系统规划》编制的制度化和规范化,确保规划质量,充分发挥城市绿地系统的生态环境效益、社会经济效益和景观文化功能,特制定本《纲要》。

《城市绿地系统规划》是《城市总体规划》的专业规划,是对《城市总体规划》的深化和细化。《城市绿地系统规划》由城市规划行政主管部门和城市园林行政主管部门共同负责编制,并纳入《城市总体规划》。

《城市绿地系统规划》的主要任务,是在深入调查研究的基础上,根据《城市总体规划》中的城市性质、发展目标、用地布局等规定,科学制定各类城市绿地的发展指标,合理安排城市各类园林绿地建设和市域大环境绿化的空间布局,达到保护和改善城市生态环境、优化城市人居环境、促进城市可持续发展的目的。

《城市绿地系统规划》成果应包括:规划文本、规划说明书、规划图则和规划基础资料四个部分。其中,依法批准的规划文本与规划图则具有同等法律效力。

本《纲要》由建设部负责解释,自发布之日起生效。全国各地城市在《城市绿地系统规划》的编制和评审工作中,均应遵循本《纲要》。在实践中,各地城市可本着"与时俱投"的原则积极探索,发现新问题及时上报,以便进一步充实完善本《纲要》的内容。

规 划 文 本

一、总则

包括规划范围、规划依据、规划指导思想与原则、规划期限与规模等

二、规划目标与指标

三、市域绿地系统规划

四、城市绿地系统规划结构、布局与分区

五、城市绿地分类规划

简述各类绿地的规划原则、规划要点和规划指标

六、树种规划

规划绿化植物数量与技术经济指标

七、生物多样性保护与建设规划

包括规划目标与指标、保护措施与对策

八、古树名木保护

古树名木数量、树种和生长状况

九、分期建设规划

分近、中、远三期规划，重点阐明近期建设项目、投资与效益估算

十、规划实施措施

包括法规性、行政性、技术性、经济性和政策性等措施

十一、附录

规划说明书

第一章　概况及现状分析

一、概况。包括自然条件、社会条件、环境状况和城市基本概况等。

二、绿地现状与分析。包括各类绿地现状统计分析，城市绿地发展优势与动力，存在的主要问题与制约因素等。

第二章　规划总则

一、规划编制的意义

二、规划的依据、期限、范围与规模

三、规划的指导思想与原则

第三章　规划目标

一、规划目标

二、规划指标

第四章　市域绿地系统规划

阐明市域绿地系统规划结构与布局和分类发展规划，构筑以中心城区为核心，覆盖整个市域，城乡一体化的绿地系统。

第五章　城市绿地系统规划结构布局与分区

一、规划结构

二、规划布局

三、规划分区

第六章　城市绿地分类规划

一、城市绿地分类（按国标《城市绿地分类标准》（GJJ/T 85—2002）执行）

二、公园绿地（G1）规划

三、生产绿地（G2）规划

四、防护绿地（G3）规划

五、附属绿地（G4）规划

六、其他绿地（G5）规划

分述各类绿地的规划原则、规划内容（要点）和规划指标并确定相应的基调树种、骨干树种和一般树种的种类。

第七章　树种规划

一、树种规划的基本原则

二、确定城市所处时植物地理位置。包括植被气候区域与地带、地带性植被类型、建群

种、地带性土壤与非地带性土壤类型。

三、技术经济指标

确定裸子植物与被子植物比例、常绿树种与落叶树种比例、乔木与灌木比例、木本植物与草本植物比例、乡土树种与外来树种比例(并进行生态安全性分析)、速生与中生和慢生树种比例,确定绿地植物名录(科、属、种及种以下单位)。

四、基调树种、骨干树种和一般树种的选定

五、市花、市树的选择与建议

第八章　生物(重点是植物)多样性保护与建设规划

一、总体现状分析

二、生物多样性的保护与建设的目标与指标

三、生物多样性保护的层次与规划(含物种、基因、生态系统、景观多样性规划)

四、生物多样性保护的措施与生态管理对策

五、珍稀濒危植物的保护与对策

第九章　古树名木保护

第十章　分期建设规划

城市绿地系统规划分期建设可分为近、中、远三期。在安排各期规划目标和重点项目时,应依城市绿地自身发展规律与特点而定。近期规划应提出规划目标与重点,具体建设项目、规模和投资估算;中、远期建设规划的主要内容应包括建设项目、规划和投资匡算等。

第十一章　实施措施

分别按法规性、行政性、技术性、经济性和政策性等措施进行论述

第十二章　附录、附件

规划图则

一、城市区位关系图

二、现状图

包括城市综合现状图、建成区现状图和各类绿地现状图以及古树名木和文物古迹分布图等。

三、城市绿地现状分析图

四、规划总图

五、市域大环境绿化规划图

六、绿地分类规划图

包括公园绿地、生产绿地、防护绿地、附属绿地和其他绿地规划图等。

七、近期绿地建设规划图

注:图纸比例与城市总体规划图基本一致,一般采用1∶250 00～1∶5000;城市区位关系图宜缩小(1∶500 00～1∶100 00);绿地分类规划图可放大(1∶100 00～1∶2000);并标明风玫瑰。

绿地分类现状和规划图如生产绿地、防护绿地和其他绿地等可适当合并表达。

基础资料汇编

第一章　城市概况

第一节　自然条件

地理位置、地质地貌、气候、土壤、水文、植被与主要动、植物状况

第二节　经济及社会条件

经济、社会发展水平、城市发展目标、人口状况、各类用地状况

第三节　环境保护资料

城市主要污染源、重污染分布区、污染治理情况与其他环保资料

第四节　城市历史与文化资料

第二章　城市绿化现状

第一节　绿地及相关用地资料

一、现有各类绿地的位置、面积及其景观结构

二、各类人文景观的位置、面积及可利用程度

三、主要水系的位置、面积、流量、深度、水质及利用程度

第二节　技术经济指标

一、绿化指标

(一) 1. 人均公园绿地面积；2. 建成区绿化覆盖率；3. 建成区绿地率；4. 人均绿地面积；5. 公园绿地的服务半径

(二) 公园绿地、风景林地的日常和节假日的客流量

二、生产绿地的面积、苗木总量、种类、规格、苗木自给率

三、古树名木的数量、位置、名称、树龄、生长情况等

第三节　园林植物、动物资料

一、现有园林植物名录、动物名录

二、主要植物常见病虫害情况

第三章　管理资料

第一节　管理机构

一、机构名称、性质、归口

二、编制设置

三、规章制度建设

第二节　人员状况

一、职工总人数(万人职工比)

二、专业人员配备、工人技术等级情况

第三节　园林科研

第四节　资金与设备

第五节　城市绿地养护与管理情况

附录3 《城市绿线管理办法》

《城市绿线管理办法》已在2002年9月9日建设部第63次常务会议审议通过，自2002年11月1日起施行。

第一条 为建立并严格实行城市绿线管理制度，加强城市生态环境建设，创造良好的人居环境，促进城市可持续发展，根据《中华人民共和国城乡规划法》《城市绿化条例》等法律法规，制定本办法。

第二条 本办法所称城市绿线，是指城市各类绿地范围的控制线。本办法所称城市，是指国家按行政建制设立的直辖市、市、镇。

第三条 城市绿线的划定和监督管理，适用本办法。

第四条 国务院建设行政主管部门负责全国城市绿线管理工作。省、自治区人民政府建设行政主管部门负责本行政区域内的城市绿线管理工作。城市人民政府规划、园林绿化行政主管部门，按照职责分工负责城市绿线的监督和管理工作。

第五条 城市规划、园林绿化等行政主管部门应当密切合作，组织编制城市绿地系统规划。

城市绿地系统规划是城市总体规划的组成部分，应当确定城市绿化目标和布局，规定城市各类绿地的控制原则，按照规定标准确定绿化用地面积，分层次合理布局公共绿地，确定防护绿地、大型公共绿地等的绿线。

第六条 控制性详细规划应当提出不同类型用地的界线、规定绿化率控制指标和绿化用地界线的具体坐标。

第七条 修建性详细规划应当根据控制性详细规划，明确绿地布局，提出绿化配置的原则或者方案，划定绿地界线。

第八条 城市绿线的审批、调整，按照《中华人民共和国城乡规划法》《城市绿化条例》的规定进行。

第九条 批准的城市绿线要向社会公布，接受公众监督。

第十条 城市绿线范围内的公共绿地、防护绿地、生产绿地、居住区绿地、单位附属绿地、道路绿地、风景林地等，必须按照《城市用地分类与规划建设用地标准》《公园设计规范》等标准，进行绿地建设。

第十一条 城市绿线内的用地，不得改作他用，不得违反法律法规、强制性标准以及批准的规划进行开发建设。

有关部门不得违反规定，批准在城市绿线范围内进行建设。

因建设或者其他特殊情况，需要临时占用城市绿线内用地的，必须依法办理相关审批手续。

在城市绿线范围内，不符合规划要求的建筑物、构筑物及其他设施应当限期迁出。

第十二条 任何单位和个人不得在城市绿地范围内进行拦河截溪、取土采石、设置垃圾堆场、排放污水以及其他对生态环境构成破坏的活动。

近期不进行绿化建设的规划绿地范围内的建设活动，应当进行生态环境影响分析，并按照《中华人民共和国城乡规划法》的规定，予以严格控制。

第十三条 居住区绿化、单位绿化及各类建设项目的配套绿化都要达到《城市绿化规划建设指标的规定》的标准。

各类建设工程要与其配套的绿化工程同步设计，同步施工，同步验收。达不到规定标准的，不得投入使用。

第十四条 城市人民政府规划、园林绿化行政主管部门按照职责分工，对城市绿线的控制和实施情况进行检查，并向同级人民政府和上级行政主管部门报告。

第十五条 省、自治区人民政府建设行政主管部门应当定期对本行政区域内城市绿线的管理情况进行监督检查，对违法行为，及时纠正。

第十六条 违反本办法规定，擅自改变城市绿线内土地用途、占用或者破坏城市绿地的，由城市规划、园林绿化行政主管部门，按照《中华人民共和国城乡规划法》《城市绿化条例》的有关规定处罚。

第十七条 违反本办法规定，在城市绿地范围内进行拦河截溪、取土采石、设置垃圾堆场、排放污水以及其他对城市生态环境造成破坏活动的，由城市园林绿化行政主管部门责令改正，并处一万元以上三万元以下的罚款。

第十八条 违反本办法规定，在已经划定的城市绿线范围内违反规定审批建设项目的，对有关责任人员由有关机关给予行政处分；构成犯罪的，依法追究刑事责任。

第十九条 城镇体系规划所确定的，城市规划区外防护绿地、绿化隔离带等的绿线划定、监督和管理，参照本办法执行。

第二十条 本办法自二〇〇二年十一月一日起施行。

附录 4 《城市绿地规划标准》(GB/T 51346—2019)(节选)

……

3 基本规定

3.0.1 城市绿地系统规划应遵循下列原则：

1 应遵循尊重自然、生态优先的原则，尊重自然地理特征和山水格局，优先保护城乡生态系统，维护城乡生态安全；

2 应遵循统筹兼顾、科学布局的原则，统筹市域生态保护和城乡建设格局，构建绿地生态网络，促进城绿协调发展，优化城市空间格局和绿地空间布局；

3 应遵循以人为本、功能多元的原则，满足人民群众日益增长的美好生活需要，提高绿地游憩服务供给水平，充分发挥绿地综合功能；

4 应遵循因地制宜、突出特色的原则，依托各类自然景观和历史文化资源，塑造绿地景观风貌，凸显城市地域特色。

3.0.2 城市总体规划中的绿地系统规划和单独编制的绿地系统专项规划的内容宜包括市域和城区两个层次。

3.0.3 城市绿地系统的发展目标和指标应近、远期结合，与城市定位、经济社会及园林绿化发展水平相适应。

3.0.4 城市总体规划中的绿地系统规划应明确发展目标，布局重要区域绿地，确定城区绿地率、人均公园绿地面积等指标，明确城区绿地系统结构和公园绿地分级配置要求，布局大型公园绿地、防护绿地和广场用地，确定重要公园绿地、防护绿地的绿线等，绿地率计算方法应符合本标准第 A.0.1 条的规定。

3.0.5 城市绿地系统专项规划期限应与城市总体规划保持一致，并应对城市绿地系统的发展远景提出规划构想。

3.0.6 城市绿地系统专项规划应以城市总体规划为依据，明确绿地系统发展的目标、指标、市域和城区的绿地系统布局结构，分类规划城区公园绿地、防护绿地和广场用地，提出附属绿地规划控制要求，编制专业规划和近期建设规划。

3.0.7 城市绿地系统专项规划应从市域绿色生态空间管控、城区绿地布局结构和指标、各类绿地建设管养、绿线管控、专业规划实施等方面综合评价城市园林绿化现状发展水平。

3.0.8 详细规划应对规划范围内的综合公园、社区公园、专类公园、游园、广场用地和各类防护绿地划定绿线，并应规定绿地率控制指标和绿化用地界线的具体坐标。修建性详细规划还应划定纳入绿地率指标统计范围的附属绿地的绿线。

3.0.9 城市绿地规划在保证绿地生态、游憩、景观和防护功能的前提下，宜与海绵城市建设相结合，发挥城市绿地滞缓、净化和利用雨水的功能。

3.0.10 城市绿地规划应与城市生态修复和城市功能修补规划相结合，修复利用城市废弃地，改善城市生态环境。

4 系统规划

……

4.2 市域绿地系统规划

4.2.1 市域绿地系统规划应明确规划原则和目标，确定市域绿地系统布局，构建兼有生态保育、风景游憩和安全防护功能的绿地生态网络，明确市域绿色生态空间管控措施；可提出重要区域绿地规划指引，以及下一级行政单元的绿地系统规划重点。

4.2.2 市域绿地系统布局应突出系统性、完整性与连续性，并应符合下列规定：

1 构建市域生态保育体系应尊重自然地理特征和生态本底，构建"基质—斑块—廊道"的绿地生态网络；

2 构建市域风景游憩体系应科学保护、合理利用自然与人文景观资源，构建绿地游憩网络；

3 构建市域安全防护体系应统筹城镇外围和城镇间绿化隔离地区、区域通风廊道和区域设施防护绿地，建立城乡一体的绿地防护网络。

4.2.3 城镇开发边界内规划人均区域绿地的面积不应小于 $20m^2$/人。

4.2.4 生态保育绿地选择应包含自然保护区、湿地保护区、生态公益林、水源涵养林、水土保持林、防风固沙林、生态修复绿地、特有和珍稀生物物种栖息地等各类需要保护培育生态功能的区域。

4.2.5 生态保育绿地规划应遵循下列规定：

1 应严格保护自然生态系统，维护生物多样性；

2 不应缩小已有保护地的规模和范围；

3 不应降低已有保护地的生态质量和生态效益；

4 应培育和修复生态脆弱区、生态退化区的生态功能。

4.2.6 市域风景游憩体系规划应整合风景名胜区、郊野公园、森林公园、湿地公园、野生动植物园等绿色空间，结合城镇和交通网络布局，提出风景旅游布局结构策略，优化区域绿道、绿廊以及游憩网络体系。

4.2.7 风景游憩绿地选址应优先选择自然景观环境良好、历史人文资源丰富、适宜开展自然体验和休闲游憩活动，并与城区之间具有良好交通条件的区域；风景游憩绿地规划应遵循保护优先、合理利用的原则，协调与城镇发展建设的关系。

4.2.8 规划市域人均风景游憩绿地面积不应小于 $20m^2$/人，其中城镇开发边界内不应小于 $10m^2$/人。人均风景游憩绿地计算方法应符合本标准第 A.0.2 条的规定。

4.2.9 市域绿道体系规划应以自然要素为基础，串联风景名胜区、历史文化名镇名村、旅游度假区、农业观光区、特色乡村等城乡休闲游憩空间，构建兼顾生态保育功能和风景游憩功能的城乡绿色廊道体系。

4.2.10 风景名胜区选址和边界的确定，应有利于保护风景名胜资源及其环境的完整性，便于保护管理和游憩利用；功能分区等应符合现行国家标准《风景名胜区总体规划标准》GB/T 50298 的规定。

4.2.11 森林公园的选址应有利于保护森林资源的自然状态和完整性，单个森林公园的规划面积宜大于 $50hm^2$，并应进行功能分区规划。

4.2.12 城市湿地公园选址应有利于保护湿地生态系统完整性、湿地生物多样性和湿地资源稳定性,有稳定的水源补给保证,充分利用自然、半自然水域,可与城市污水、雨水处理设施相结合,并应符合下列规定:

1 单个城市湿地公园的规划面积宜大于 50hm^2,其中湿地系统面积不宜小于公园面积的 50%;

2 城市湿地公园规划应以湿地生态环境的保护与修复为首要任务,兼顾科普、教育和游憩等综合功能。

4.2.13 郊野公园选址应选择城区近郊公共交通条件便利的区域,并有利于保护和利用自然山水地貌,维护生物多样性,并应符合下列规定:

1 单个郊野公园的规划面积宜大于 50hm^2;

2 应配置必要的休闲游憩和户外科普教育设施,不得安排大规模的设施建设。

4.2.14 生产绿地规划面积应符合现行国家标准《城市绿线划定技术规范》GB/T 51163 的规定。

4.2.15 城区外铁路和公路两侧应设置区域设施防护绿地,宽度不应小于现行国家标准《城市对外交通规划规范》GB 50925 规定的铁路隔离带宽度。

4.2.16 城区外的公用设施外围、公用设施廊道沿线宜参照相关防护距离要求规划布置区域设施防护绿地。

4.3 城区绿地系统规划

4.3.1 城区绿地系统规划应布局组团隔离绿带和通风廊道,构建公园体系,布置防护绿地,优化城市空间结构,并应符合下列规定:

1 应尊重城区地理地貌特征,与市域绿色生态空间有机贯通;

2 应因地制宜,保护和展现自然山水和历史人文资源;

3 应与城区规模、布局结构和景观风貌特征相适应;

4 宜采用绿环、绿楔、绿带、绿廊、绿心等方式构建城绿协调的有机网络系统。

4.3.2 在城市各功能组团之间应利用自然山体、河湖水系、农田林网、交通和公用设施廊道等布置组团隔离绿带,并应与城区外围绿色生态空间相连接。

4.3.3 构建公园体系、配置各类公园绿地,应遵循分级配置、均衡布局、丰富类型、突出特色、网络串联的原则,并应符合下列规定:

1 新城区应均衡布局公园绿地,旧城区应结合城市更新,优化布局公园绿地,提升服务半径覆盖率;

2 应按服务半径分级配置大、中、小不同规模和类型的公园绿地;

3 应合理配置儿童公园、植物园、体育健身公园、游乐公园、动物园等多种类型的专类公园;

4 应丰富公园绿地的景观文化特色和主题;

5 宜结合绿环、绿带、绿廊和绿道系统等构建公园网络体系。

4.3.4 城区公园绿地和广场用地 500m 服务半径覆盖居住用地的比例应大于 90%,其中规划新区应达到 100%,旧城区应达到 80%;500m 服务半径覆盖居住用地的比例计算方法应符合本标准第 A.0.3 条的规定。

4.3.5 对有卫生、隔离、安全、生态防护功能要求的下列区域应设置防护绿地:

1　受风沙、风暴、海潮、寒潮、静风等影响的城市盛行风向的上风侧；

2　城市粪便处理厂、垃圾处理厂、净水厂、污水处理厂和殡葬设施等市政设施周围；

3　生产、存储、经营危险品的工厂、仓库和市场，产生烟、雾、粉尘及有害气体等工业企业周围；

4　河流、湖泊、海洋等水体沿岸及高速公路、快速路和铁路沿线；

5　地上公用设施管廊和高压走廊沿线、变电站外围等。

……

参考文献

白林波，吴文友，吴泽民，等，2001. RS 和 GIS 在合肥市绿地系统调查中的应用[J]. 西北林学院学报，16(1)：59-63.

贝纳沃罗，2000. 世界城市史[M]. 薛钟灵，等译. 北京：科学出版社.

布鲁顿 M，布鲁顿 S，2003. 英国新城发展与建设[J]. 城市规划 (12)：78-81.

北村信正，1972. 造园实务集成：公共造园篇：(1)計画と設計の実際[M]. 東京：技報堂.

常州市规划设计院，2004. 常州市城市总体规划(2004—2020)[Z].

常州统计局，2008. 常州统计年鉴[M]. 北京：中国统计出版社.

陈纪凯，2004. 适宜性城市设计：一种实效的城市设计理论及应用[M]. 北京：中国建筑工业出版社.

城市园林绿地规划编写委员会，2006. 城市园林绿地规划与设计[M]. 北京：中国建筑工业出版社.

初建宇，苏幼坡，刘瑞兴，2008. 城市防灾公园“平灾结合”的规划设计理念[J]. 世界地震工程，24(1)：99-102.

崔彩辉，韩志刚，苗长虹，等，2017. 河南省人口分布与乡镇可达性空间耦合特征[J]. 人文地理，32(5)：98-104，118.

达良俊，李丽娜，李万莲，等，2004. 城市生态敏感区定义类型与应用实例[J]. 华东师范大学学报(自然科学版)(2)：97-102.

丁石孙，2004. 城市灾害管理[M]. 北京：群言出版社.

冯维波，2000. 关于主题公园规划设计的策略思考[J]. 中国园林(3)：21-23.

费文君，2010. 城市避震减灾绿地体系规划理论研究[D]. 南京：南京林业大学.

傅伯杰，陈利顶，马克明，等，2003. 景观生态学原理[M]. 北京：科学出版社.

广州市市政园林局，2001. 广州市城市绿地系统规划(2001—2020)[Z].

高凯，周志翔，杨玉萍，2010. 长江流域土地利用结构及其空间自相关分析[J]. 长江流域资源与环境，19(S1)：13-20.

霍华德，2000. 明日的田园城市[M]. 北京：商务印书馆.

霍尔，2002. 城市和区域规划[M]. 4 版. 邹德慈，李浩，陈熳莎，译. 北京：中国建筑工业出版社.

贺晓辉，2008. 基于 GIS 的呼和浩特市城市公园绿地可达性的研究[D]. 呼和浩特：内蒙古农业大学.

胡志斌，何兴元，陆庆轩，等，2005. 基于 GIS 的绿地景观可达性研究：以沈阳市为例[J]. 沈阳建筑大学学报(自然科学版)，21(6)：671-675.

黄光宇，陈勇，2002. 生态城市理论与规划设计方法[M]. 北京：科学出版社.

黑天乃生，小野良平，2004. Transition of landscape's position in the national monuments at the beginning of preservation systems from the end of the mejji Era to the beginning of the showa era[J]. landscape Research Japan，67(5)：597-600.

姜允芳，刘滨谊，刘颂，等，2007. 国外市域绿地系统分类研究的评述[J]. 城市规划学刊，6(172)：109-114.

金远，2006. 对城市绿地指标的分析[J]. 中国园林(8)：56-60.

况平，1995. 城市园林绿地系统规划中的适宜度分析[J]. 中国园林(4)：47- 50.

郦芷若，朱建宁，2001. 西方园林[M]. 郑州：河南科学技术出版社.

乐卫忠，2009. 美国国家公园巡礼[M]. 北京：中国建筑工业出版社.

李洪远，杨洋，2005. 城市绿地分布与防灾避难功能[J]. 城市与减灾(2)：9-13.

李小马，刘常富，2009. 基于网络分析的沈阳城市公园可达性和服务[J]. 生态学报，29(3)：1554-1562.

李铮生，2006. 城市园林绿地规划与设计[M]. 2 版. 北京：中国建筑工业出版社.

梁艳平，刘兴权，刘越，等，2001. 基于 GIS 的城市总体规划用地适宜性评价探讨[J]. 地质与勘探，37(3)：64-68.

廖远涛，肖荣波，艾勇军，2010. 面向规划管理需求的城乡绿地分类研究[J]. 中国园林，26(3)：47-50.

刘骏，蒲蔚然，2001. 小议城市绿地指标 [J]. 重庆建筑大学学报(社科版)(4)：35-48.

柳尚华,1999.中国风景园林当代五十年[M].北京：中国建筑工业出版社.
陆大道,1988.区位论及区域研究方法[M].北京：科学出版社.
栗山浩一,庄子康,2005.環境と観光の経済評価：国立公園の維持と管理［M].东京：勁草書房.
李方正,解爽,李雄,2018.基于多源数据分析的北京市中心城绿色空间时空演变研究(1992-2016)[J].风景园林,25(8)：46-51.
刘卫东,1999.大城市郊区土地非农开发及其合理利用模式[J].城市规划(4)：8-13,64.
尹海伟,孔繁花,宗跃光,2008.城市绿地可达性与公平性评价[J].生态学报(7)：3375-3383.
马琳,陆玉麒,2011.基于路网结构的城市绿地景观可达性研究：以南京市主城区公园绿地为例[J].中国园林,27(7)：92-96.
马晓虹,甄帅,2018.公园绿地服务面积与可达性研究［J].城乡建设(20)：49-51.
(民国)国都设计技术专员办事处,2006.首都计划[M].南京：南京出版社.
麦克哈格,1992.设计结合自然[M].芮经纬,译.北京：中国建筑工业出版社.
诺克斯,迈克卡西,2009.城市化[M].顾朝林,等译.北京：科学出版社.
南京林业大学风景园林学院,2008.商丘市城市绿地系统规划(2008—2020)[Z].
南京市规划局,南京市城市规划编制研究中心,2004.南京城市规划(2004)［Z].
(清)徐扬,2009.姑苏繁华图[M].天津：天津人民美术出版社.
容曼,蓬杰蒂,2011.生态网络与绿道[M].余青,等译.北京：中国建筑工业出版社.
申世广,王浩,费文君,2009.基于避震减灾的城市绿地规划建设思考[J].林业科技开发(2)：1-4.
申世广,2010.3S技术支持下的城市绿地系统规划研究[D].南京：南京林业大学.
石雪东,李敏,张宏利,等,2001.遥感技术在广州市城市绿地系统总体规划中的应用[J].测绘科学,26(4)：42-44.
宋劲松,温莉,2012.珠江三角洲绿道网规划建设方法城市发展研究[J].城市发展研究(2)：7-14.
苏幼坡,刘瑞兴,2004.城市地震避难所的规划原则与要点[J].灾害学,19(1)：87-91.
索奎霖,1999.面积·位置·效率：城市绿地生态效益的三大柱石[J].中国园林,15(63)：52-53.
石川幹子,2001.都市と緑地[M].東京：岩波書店.
矢野桂司,中谷友樹,1999.Biodiversity and landscape planning with geographical information systems alternative futures for the Region of Camp Pendletion,California,U.S.A[M].京都市：地人書房.
唐国安,杨昕,2006.ArcGIS地理信息系统空间分析实验教程[M].北京：科学出版社.
唐宏,盛业华,陈龙乾,1999.基于GIS的土地适宜性评价中若干技术问题[J].中国土地科学,13(6)：36-38.
田野,罗静,孙建伟,等,2018.区域可达性改善与交通联系网络结构演化：以湖北省为例[J].经济地理,38(3)：72-81.
同济大学建筑系园林教研室,1986.公园规划与建筑图集[M].北京：中国建筑工业出版社.
田代顺孝,1996.緑のパッチワーク[M].東京：技術書院.
汪成刚,宗跃光,2007.基于GIS的大连市建设用地生态适宜性评价[J].浙江师范大学学报(自然科学版),30(1)：109-115.
王恩涌,赵荣,张小林,等,2004.人文地理学[M].北京：高等教育出版社.
王洁宁,王浩,2019.新版《城市绿地分类标准》探析[J].中国园林,35(4)：92-95.
邬建国,2007.景观生态学：格局、过程、尺度与等级[M].2版.北京：高等教育出版社.
肖华斌,袁奇峰,徐会军,2009.基于可达性和服务面积的公园绿地空间分布研究[J].规划师,25(2)：83-88.
徐文辉,2018.城市园林绿地系统规划[M].武汉：华中科技大学出版社.
许浩,2002.国外城市绿地系统规划[M].北京：中国建筑工业出版社.
徐旳,陆玉麒,2004.高等级公路网建设对区域可达性的影响：以江苏省为例［J].经济地理,24(6)：830-833.
新田敬师,2000.防公园の整の推について[J].都市公园,7(149)：73-79.

杨赉丽,1995.城市园林绿地规划[M].北京:中国林业出版社.

杨瑞卿,陈宇,2011.城市园林绿地规划[M].重庆:重庆大学出版社.

杨文悦,陈伟,1999.依据服务半径理论合理布局上海园林绿地[J].中国园林,15(2):44-45.

杨志峰,李巍,徐林瑜,等,2004.生态城区环境规划理论与实践[M].北京:化学工业出版社.

尹海伟,孔繁花,宗跃光,2008.城市绿地可达性与公平性评价[J].生态学报,28(7):3375-3383.

尹海伟,孔繁花,2006.济南市城市绿地可达性分析[J].植物生态学报,30(1):17-24.

尹海伟,徐建刚,2009.上海公园空间可达性与公平性分析[J].城市发展研究,16(6):71-76.

尹海伟,2006.上海开敞空间格局变化与宜人度分析[D].南京:南京大学.

俞孔坚,段铁武,李迪华,等,1999.景观可达性作为衡量城市绿地系统功能指标的评价方法与案例[J].城市规划(8):8-11.

俞孔坚,李迪华,2003.景观设计:专业、学科与教育[M].北京:中国建筑工业出版社.

俞孔坚,张蕾,2007.基于生态基础设施的禁建区及绿地系统:以山东菏泽为例[J].城市规划,31(12):89-92.

袁东生,2001.应用遥感技术进行城市绿化现状调查的研究[J].中国园林,17(77):74-76.

尹海伟,徐建刚,2009.上海公园空间可达性与公平性分析.城市发展研究,16(06):71-76.

俞孔坚,段铁武,李迪华,等,1999.景观可达性作为衡量城市绿地系统功能指标的评价方法与案例[J].城市规划(8):7-10,42,63.

张成刚,2005.基于GIS和RS的冀北地区农用地适宜性评价[D].石家庄:河北师范大学.

张志伟,母睿,刘毅,2018.基于可达性的城市交通与土地利用一体化评价[J].城市交通,16(2):19-25.

赵文武,东野光亮,张银辉,等,2000.MapGIS支持下的土地适宜性评价研究[J].国土资源管理,17(6):8-12.

中华人民共和国建设部,1993.公园设计规范:CJJ 48—1992[S].北京:中国建筑工业出版社.

中华人民共和国建设部,1997.城市道路绿化规划与设计规范:CJJ 75—1997[S].北京:中国建筑工业出版社.

中华人民共和国建设部,2017.城市绿地分类标准:CJJ/T 85—2017[S].北京:中国建筑工业出版社.

中华人民共和国住房和城乡建设部,2018.城市绿地防灾避险设计导则[Z].

中华人民共和国住房和城乡建设部,中华人民共和国国家质量监督检验检疫总局,2002.建筑地基基础设计规范:GB 50007—2002[S].北京:中国建筑工业出版社.

中华人民共和国住房和城乡建设部,2018.城市居住区规划设计标准:GB 50180—2018[S].北京:中国建筑工业出版社.

中国城市规划设计研究院,建设部城乡规划司,2005.城市规划资料集(第九分册)[M].北京:中国建筑工业出版社.

周维权,2008.中国古典园林史[M].北京:清华大学出版社.

宗跃光,王蓉,汪成刚,等,2007.城市建设用地生态适宜性评价的潜力—限制性分析:以大连城市化区为例[J].地理研究,26(6):1117-1126.

赵海霞,王淑芬,孟菲,等,2020.绿色空间格局变化及其驱动机理:以南京都市区为例[J].生态学报,40(21):7861-7872.

周婕,李海军,2004.城市边缘区绿色空间体系架构及优化对策[J].武汉大学学报(工学版)(2):149-152.

ANON,1990.Contemporary landscape in the world[M].東京:プロセス アーキテクチュア.

CHAILES E L,1995.Greenways for American[M].New York:The Johns Hopkinss University Press.

DONY C C,DELMELLE E M,DELMELLE E C,2015.Re-conceptualizing accessibility to parks in multi-modal cities:a variable-width floating catchment area (VFCA) method[J].Landscape and Urban Planning,143:90-99.

ELIZABETH B R,2001.Landscape design:a cultural and architectural history[M].New York:Harry N. Abrams.

ERKIP F,1997.The distribution of urban public services:the case of parks and recreational services in

Ankara[J]. Cities,14(6): 353-361.

FAN Y,ZHAO M,MA L,et al.,2016. Research on the accessibility of urban green space based on road network-a case study of the park green space in city proper of Nanjing[J]. Journal of Forest and Environmental Sciences,32(1): 1-9.

FLINK C,SEARNS R,1993. Greenways: a guide to planning,design and development[M]. Washington: Island Press.

FORMAN R T,GORDON M,1986. Landscape ecology[M]. New Jersey: Wiley.

FAN Y,ZHAO M, MA L,et al.,2016. Research on the accessibility of urbangreen space based on road network- a case study of the park green space in city proper of Nanjing. Journal of Forest and Environmental Science, 32(1),1-9.

FORMAN R T T,1995. Land mosaics: the ecology of landscapes and regions[M]. Cambridge: Cambridge university press.

GU X,TAO S,DAI B,2017. Spatial accessibility of country parks in Shanghai, China. Urban Forestry & Urban Greening, 27: 373-382.

GU X K,TAO S,DAI B,2017. Spatial accessibility of country parks in Shanghai,China[J]. Urban Forestry and Urban Greening (27): 373-382.

HANSENWG,1959. How accessibility shapes land-use[J]. Journal of the American Institute of Planners (25): 73-76.

HERZELE A V,WIEDEMANN T,2003. A monitoring tool for the provision of accessible and attractive urban green spaces[J]. Landscape Urban Plan (63): 109-126.

HIOKI Y,2000. Landscape planning methods for conservation and restoration of biodiversity [J]. Landscape Research Japan,64(2): 138-139.

JIM C Y,CHEN W Y,2006. Recreation: amenity use and contingent valuation of urban green spaces in Guangzhou,China[J]. Landscape and Urban Planning,75(2): 81-96.

JORGENSEN A,ANTHOPOULOU A,2007. Enjoyment and fear in urban woodlands-does age make a difference? [J]. Urban Forestry & Urban Greening,6(4): 267-278.

KOENIG J G,1980. Indicators of urban accessibility: theory and application[J]. Transportation,9(2): 145-172.

KWAN M,MURRAY A T,2003. Recent advances in accessibility research: representation[J]. Methodology and Applications Geographical Systems (5): 129-138.

KYUSHIK J S,2007. Assessing the spatial distribution of urban parks using GIS[J]. Landscape and Urban Planning,82(1): 25-32.

LEE G,HONG I,2013. Measuring spatial accessibility in the context of spatial disparity between demand and supply of urban park service[J]. Landscape and Urban Planning (119): 85-90.

Li Z W,ZENG G M,JIAO S,et al.,2004. Integrated assessment of ecology and environment of hilly region of red soil based on GIS: a case study in Shanghai[J]. Ecology and Environment,13(3): 358-361.

LIANG H L,ZHANG Q P,2018. Assessing the public transport service to urban parks on the basis of spatial accessibility for citizens in the compact megacity of Shanghai,China[J]. Urban Studies,55(9): 1983-1999.

LUCY W H,1981. Equity and planning for local services[J]. Journal of the American Planning Association, 47(4): 447-457.

LUO W,WANG F,2003. Measures of spatial accessibility to healthcare in a GIS environment: synthesis and a case study in Chicago Region[J]. Environment and Planning,30(6): 865-884.

LIANG H,ZHANG Q,2018. Assessing the public transport service to urban parks on the basis of spatial accessibility for citizens in the compact megacity of Shanghai, China. Urban Studies, 55(9): 1983-1999.

MALCZEWSKI J,2004. GIS-based land-use suitability analysis: a critical overview[J]. Progress in Planning

(7): 623-651.

MASUDA N,2001. Landscape planning using GIS: an educational program by GSD at Harvard University [J]. Landscape Research Japan,64(3): 212-215.

MCALLISTER D M,1976. Equity and efficiency in public facility location[J]. Geographical Analysis,8(1): 47-63.

MULLICK A, 1993. Accessibility issues in park design: the national parks[J]. Landscape and Urban Planning,26(4): 25-33.

RICHARD R,1987. Ecocity Berkeley: building cities for a healthy future [M]. Berkeley: North Atlantic Books.

SAATY T L,1980. The analytic hierarchy process [M]. New York: McGraw-Hill.

SEO H J,JUN B W,2011. Environmental equity analysis of the accessibility of urban neighborhood parks in Daegu City[J]. Physiological and Biochemical Zoology (14): 271-280.

SUTHERLAND L,1998. Designing the new landscape[M]. London: Thames & Hudson.

SUZUKI M,FUJITA H,UESHIMA K,et al.,1997. Frameworks of geographic information system for yoshinogari historical park [J]. Papers and Proceedings of the Geographic Information Systems Association (6): 163-168.

SONG W,DENG X,2017. Land-use/land-cover change and ecosystem service provision in China[J]. Science of the Total Environment,576: 705-719.

TUTUI Y,2001. Environmental information analysis with GIS[J]. Landscape Research Japan,64(3): 216-219.

XING L,LIU Y,LIU X,2018. Measuring spatial disparity in accessibility with a multi-mode method based on park green spaces classification in Wuhan,China[J]. Applied Geography,94: 251-261.

YANITSKY,1984. Ecological knowledge in the theory of urbanization [J]. Social Sciences,15(2): 133-151.